创意案例欣赏

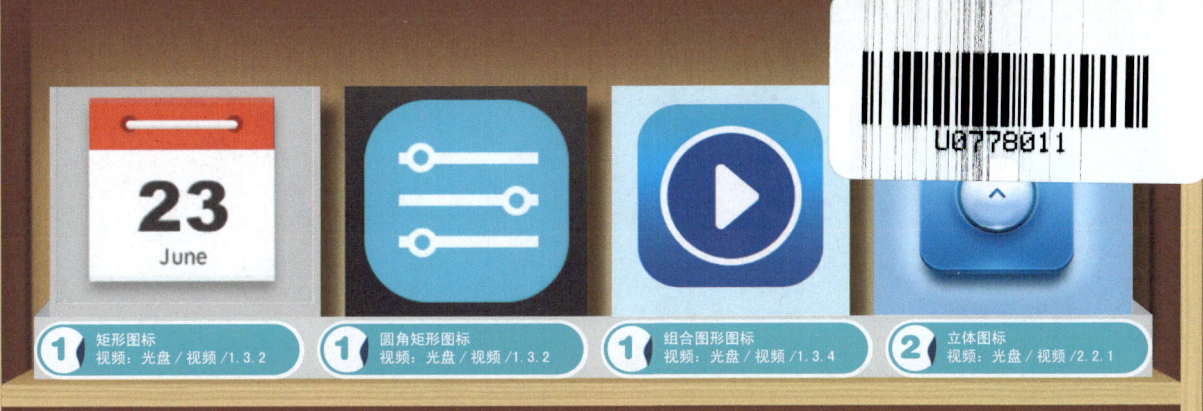

④ 抽屉导航
视频：光盘／视频／4.2.2

④ 混合组合导航
视频：光盘／视频／4.2.5

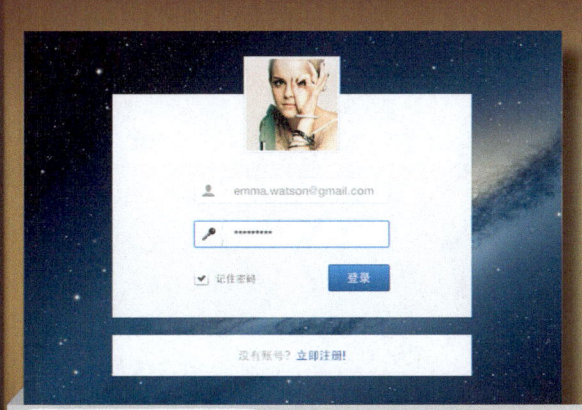

⑤ 登录表单
视频：光盘／视频／5.1.1

⑤ 搜索表单
视频：光盘／视频／5.1.3

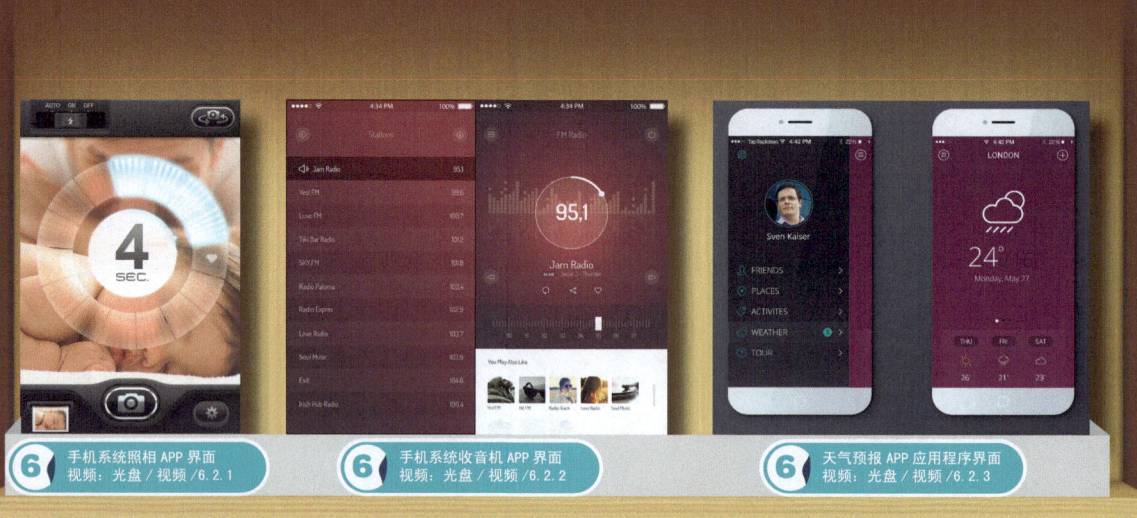

更赞的UI Photoshop创意APP元素设计从入门到精通

贾冬青 刘振名 编著

机械工业出版社
CHINA MACHINE PRESS

随着智能手机和各种移动终端设备的普及，APP作为第三方应用程序已逐渐把人们带入一个习惯使用APP客户端上网的时期。目前，各种APP应用层出不穷，APP UI设计师也成为了人才市场上十分紧俏的职业。

✘ 本书内容

本书是一本专门介绍使用Photoshop设计制作APP元素的图书。全书分为6章，第1章介绍了APP UI元素设计基础，帮助读者了解APP UI基础以及使用Photoshop绘制基础元素；第2章~第4章介绍了APP图标设计、APP按钮设计和APP导航设计，通过理论知识与案例制作的结合逐一讲解这些APP中最常见的元素；第5章介绍了APP其他元素的设计，包括表单设计、对话框设计和主页桌面小工具设计等，前面章节的安排使读者由浅及深逐步地了解使用Photoshop进行APP元素设计的设计思路和制作过程；第6章介绍了APP整体框架界面设计，包括界面设计基础知识，以及系统界面、应用程序界面和手机主题界面的制作，通过完整界面的制作来综合前面各章知识，帮助读者巩固学习，并能将理论应用到实际工作中。

✘ 本书特色

讲练结合，专业性强。本书将APP UI元素设计的相关理论与实例操作相结合，不仅能使读者学到专业知识，也能在实例操作中掌握实际应用，全面掌握APP UI的元素设计方法。

案例丰富，实操性强。书中案例涉及APP中的界面元素设计，如图标设计、按钮设计、导航设计等，最后一章介绍了完整的APP界面设计，将前面所学应用到实际操作中去。

创意灵感，全面性强。书中每章添加了"设计师心得"模块，全面讲解了APP UI设计中的行业知识、准则知识，帮助读者拓展APP UI的相关知识。

海量资源，轻松学习。本书配套光盘中包括书中所有案例的相关设计素材、效果文件和视频教学，读者可以通过书盘结合轻松掌握书中知识。

✘ 本书适合读者

本书不仅适合APP UI设计爱好者，以及准备从事APP UI设计的人员，也适合Photoshop使用者，包括平面设计师、网页设计师等相关人员，同时也可作为大中专相关专业及培训中心学生的辅助教材。

✘ 本书团队

本书由众多UI设计师、用户体验设计师，以及设计类院校专家、教授共同策划编写。其中第1章、第2章、第3章和第7章由河北工程技术高等专科学校的贾冬青负责主要编写工作，共约25万字；第4章、第5章、第6章和第8章由河北工程技术高等专科学校的刘振名负责主要编写工作，共约23万字；其他相关章节的内容整理和案例测试工作由张小雪、何辉、邹国庆、姚义琴、江涛、李雨旦、邹清华、向慧芳、袁圣超、陈萍、张范、李佳颖、邱凡铭、谢帆、周娟娟、张静玲、王晓飞、张智、席海燕、宋丽娟、黄玉香、董栋、董智斌、刘静、王疆、杨枭、李梦瑶、黄聪聪、毕绘婷、李红术等人完成。全书由贾冬青和刘振名负责统稿并审读。

由于时间仓促、作者水平有限，书中不足之处在所难免，欢迎广大读者批评指正。

前言

第 1 章　APP UI 元素设计基础 1

1.1 认识 APP UI 设计 2
    1.1.1 APP UI 设计与网页 UI 设计的区别 2
    1.1.2 APP UI 设计流程 2
    1.1.3 APP 界面配色 4
    1.1.4 APP 界面设计原则 6
    1.1.5 APP UI 设计师必须掌握的基本技能 8
1.2 APP UI 元素质感 9
    1.2.1 质感的体现 9
    1.2.2 用 Photoshop 图层样式实现 UI 质感 11
1.3 用 Photoshop 绘制基础元素图形 14
    1.3.1 椭圆 14
    1.3.2 矩形、圆角矩形 17
    1.3.3 椭圆矩形 21
    1.3.4 组合图形 23
1.4 APP UI 设计师心得 26
    1.4.1 图形绘制中的布尔运算 26
    1.4.2 APP 设计规范 29

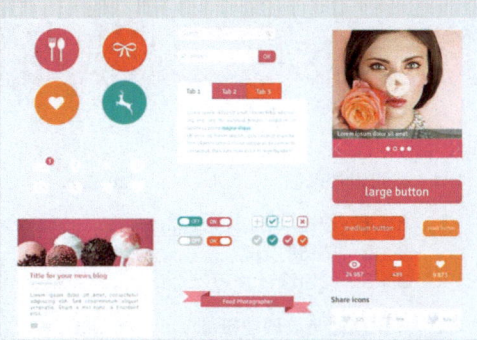

第 2 章　APP 图标设计 32

2.1 图标设计基础 33
    2.1.1 图标尺寸 33
    2.1.2 图标分类 34
    2.1.3 图标设计优点 36
    2.1.4 图标设计原则 36
    2.1.5 图标设计流程 37
    2.1.6 设计技巧 38
2.2 不同风格图标设计 39
    2.2.1 立体图标设计 39
    2.2.2 写实拟物图标设计 55
    2.2.3 线性图标设计 56
    2.2.4 扁平化图标设计 61
2.3 不同质感与纹理的图标 74
    2.3.1 糖果质感 74
    2.3.2 木头纹理 78
    2.3.3 织布纹理 87

2.4 应用图标设计 94
　2.4.1 时间图标 94
　2.4.2 照相机图标 101
　2.4.3 日历图标 102
🔍 2.5 APP UI 设计师心得 106
　2.5.1 图标设计的重要细节 106
　2.5.2 如何提升应用图标的点击率 108

第 3 章　APP 按钮设计 113

3.1 按钮设计基础 114
　3.1.1 按钮尺寸 114
　3.1.2 按钮的形态 114
　3.1.3 按钮设计技巧 115
3.2 不同质感与纹理按钮 117
　3.2.1 水晶质感 117
　3.2.2 金属质感 120
　3.2.3 纸盒质感 124
　3.2.4 发光效果 129
3.3 不同功能按钮设计案例 131
　3.3.1 开关按钮 131
　3.3.2 滑块按钮 136
　3.3.3 进度条滑块 141
🔍 3.4 APP UI 设计师心得 148
　3.4.1 设计新手使用 Photoshop 的技巧 148
　3.4.2 设计师需要熟记的 Photoshop
　　　　快捷键 149

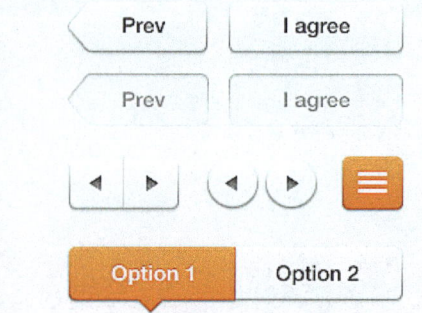

第 4 章　APP 导航设计 150

4.1 如何设计导航 151
4.2 主要导航样式 151
　4.2.1 标签式导航 152
　4.2.2 抽屉式导航 167
　4.2.3 宫格式导航 171
　4.2.4 列表式导航 173
　4.2.5 混合组合导航 176
　4.2.6 滑动式导航 179
4.3 其他导航 179
　4.3.1 次要导航模式 180

4.3.2 悬浮导航........................... 181
4.3.3 个性导航........................... 182
🔍 **4.4　APP UI 设计师心得**............................. 183
4.4.1 APP 界面中的文字排版设计原则........ 183
4.4.2 将 iOS 的 UI 设计转换成安卓
　　　平台的技巧 186

第 5 章　APP 其他界面元素设计 188

5.1 表单设计... 189
　　5.1.1 登录表单.................................. 189
　　5.1.2 注册表单.................................. 194
　　5.1.3 搜索表单.................................. 195
5.2 对话框设计....................................... 198
　　5.2.1 聊天对话框............................... 198
　　5.2.2 操作提示对话框........................ 205
5.3 主页桌面小工具设计......................... 213
　　5.3.1 天气插件.................................. 214
　　5.3.2 音乐插件.................................. 218
🔍 **5.4　APP UI 设计师心得**............................. 221
　　5.4.1 设计师不得不知的安卓屏幕知识........... 221
　　5.4.2 APP 动效设计........................... 225

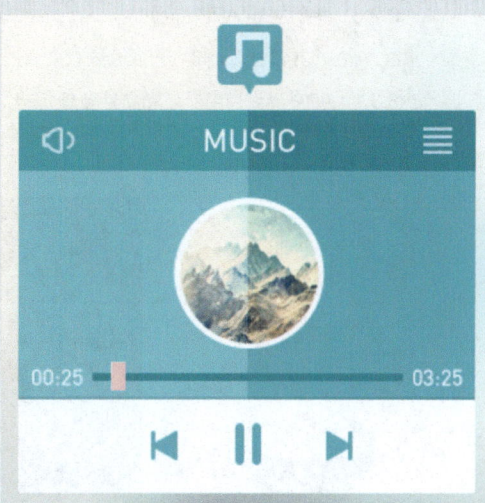

48dp　　48dp　　48dp　　48dp
48px　　72px　　96px　　144px
mdpi　　hdpi　　xhdpi　　xxhdpi

 drawable-ldpi 文件夹　　 drawable-mdpi 文件夹　　 drawable-hdpi 文件夹

 drawable-xhdpi 文件夹　　 drawable-xxhdpi 文件夹　　 drawable-nodpi 文件夹

第 6 章　APP 整体框架界面设计 230

6.1　APP 界面设计基础 231
　　6.1.1　APP 分类 231
　　6.1.2　APP 界面设计的原则 232
　　6.1.3　界面的构图 232
　　6.1.4　常见的界面 241
　　6.1.5　界面切图与导出 243
6.2　主流类型 APP 界面设计 246
　　6.2.1　手机系统照相 APP 界面 246
　　6.2.2　手机系统收音机 APP 界面 256
　　6.2.3　天气预报 APP 界面 261
　　6.2.4　平板电脑音乐 APP 界面 266
　　6.2.5　手机主题 APP 界面 269
6.3　APP UI 设计师心得 275
　　6.3.1　APP 界面切图命名和文件整理规范 275
　　6.3.2　APP 设计师必知的用户体验十大原则 276

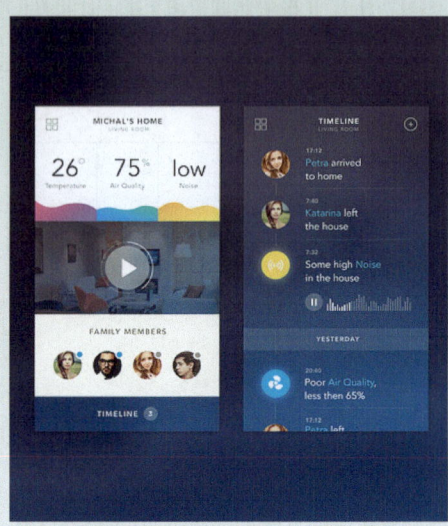

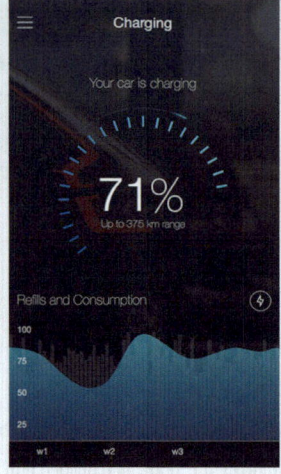

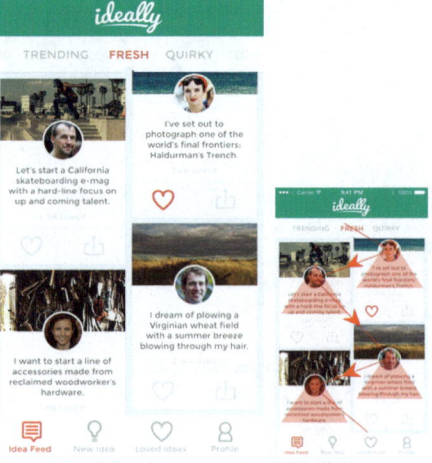

第1章

APP UI 元素设计基础

APP 应用程序的界面是由多个不同的基本元素组成的,如图标、按钮、菜单、表单等,它们通过色调、材质、风格的统一搭配布局,形成一个界面。主界面与其他多个界面之间再进行组合,最终构成一个完整的 APP 界面。

认识 APP UI 设计

APP UI 是指可移动的操作系统（包括手机和平板电脑等）和 UI 设计的人机交互、操作逻辑、界面美观的整体设计。UI 设计的好坏影响了一款 APP 产品的成败，下面我们一起来认识 APP UI 设计。

1.1.1 APP UI 设计与网页 UI 设计的区别

由于操作的媒介不同，APP UI 设计与网页 UI 设计有一些区别。

1. 界面空间不同

APP UI 和网页 UI 最大的区别是空间不同。网页的空间非常大，操作鼠标可以查看非常多的信息；而手机空间有限，我们只能通过上下滑动来获取更多的信息，因此手机上的按钮等重要控件元素需要放置在醒目的位置，以方便用户操作。

2. 操作习惯不同

在网页中，我们可以利用鼠标进行点击、双击、右击等各种操作，而在手机上我们只能进行点击，或者长按和滑动的操作，因此我们需要按照浏览者在不同媒介的习惯来定位不同的 UI 设计，从而更好地引导浏览者进行浏览等相关操作，以便更好地满足浏览者的需求。

3. 精确度不同

我们知道，在网页上鼠标的精确度是非常高的，即使再小的东西也能够通过点击或者鼠标拖拽来实现，而且精确率非常高。但是在手机上就不同了，通常需要设计一个精致的按钮，点击的范围最好大一些，这样才能够保证按钮的精确度。

4. 按钮位置不同

在网页界面中，无论按钮在屏幕中的哪个位置，对于操作的影响都不是很大，浏览者可以轻松地移动鼠标到任何想去的位置，点击任何需要的按钮即可，因此我们可以看到大部分网页中按钮都在边缘的一个狭小空间内。

而在 APP 界面中，设计者需要考虑的是手机的使用环境以及使用者的习惯。通常人们更加希望单手操作手机，因此我们设计的按钮更多地置于屏幕下方，或左、右手大拇指能控制到的区域内。

5. 按钮状态不同

网页中的按钮通常有 4 个状态，即默认状态、鼠标经过状态、鼠标点击状态、不可用状态。而 APP 中的按钮通常只有 3 个状态，即默认状态、点击状态和不可用状态。在手机界面中，按钮需要更加明确、指向性更强。

1.1.2 APP UI 设计流程

任何设计都需要按流程进行，APP UI 设计也不例外。

1. 产品定位

根据产品的功能分析不同场景下的网络环境、光线和使用条件等，针对共性因素和特定因素提供相应的功能和界面设计。

考虑用户的系统体验，因为用户在使用其他同类 APP 软件时积累了大量的使用经验，并且自觉地养成了一定的使用习惯，因此用户的习惯十分重要。

2. 风格定位

产品定位直接影响产品的风格。风格有很多种，例如扁平化的还是立体化的，卡通的还是清新的，如图 1-1 所示。选择一种主颜色以及相应的搭配色彩，需要符合风格定位。

图 1-1 产品风格

3. 产品控件设计

对产品界面中的菜单、按钮、功能图标等控件进行设计，以及对选用何种控件进行分析研究，如图 1-2 所示。

图 1-2 产品控件

4. 界面整体视觉优化

完成原型后对整体进行视觉设计，对界面的文字、配色、布局、图标大小等统一规划，对相对位置、间距等进行细节调整，以及查看交互细节、交互操作是否符合用户的操作习惯。

5. 应用图标设计

应用图标是APP的入口，与APP界面中的功能图标不同。将应用图标设计放在最后是为了避免APP界面修改导致的应用图标的修改，也能使应用图标和APP界面统一。为了不同界面和网页推广的使用，应用图标必须保证可以输出为多种尺寸，并且在小尺寸中也能清晰辨别图标中的信息，如图1-3所示。

6. 其他页面设计

设计其他二级页面，添加图标等控件到界面中，完成整套APP设计。

7. 切片与输出

对图片进行切片并输出，即完成了一个APP UI 的设计。

图1-3 不同尺寸的应用图标

1.1.3 APP界面配色

在手机APP界面设计中，色彩是很重要的一个UI设计元素，合理地搭配色彩能够制作出震撼的视觉效果，设计出吸引人的焦点。

1. APP中的三色构成

APP色彩搭配方案由主色、辅助色和点睛色构成。

> **主色：** 主色约占75%，是决定画面风格趋向的色彩。主色并不一定只有一个颜色，它可以是一种色调，一般为同色系或邻近色的1~3种色调，如图1-4所示。

图1-4 主色

> **辅助色：** 辅助色约占20%，用于辅助主色，使画面更完美、更丰富、更显优势，如图1-5中白色、灰色为辅助色。

🔸 **点睛色：** 点睛色约占5%，起到引导阅读、装饰画面、营造独特画面风格的作用，如图1-6中左图中的蓝色、黄色和绿色为点睛色，右图中的红色为点睛色。

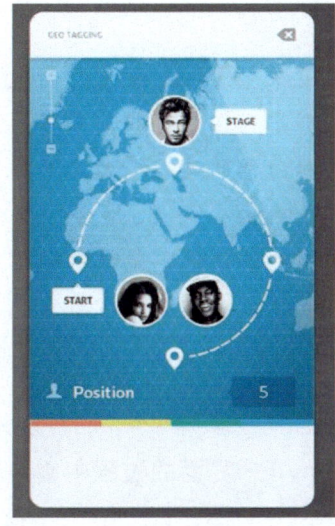 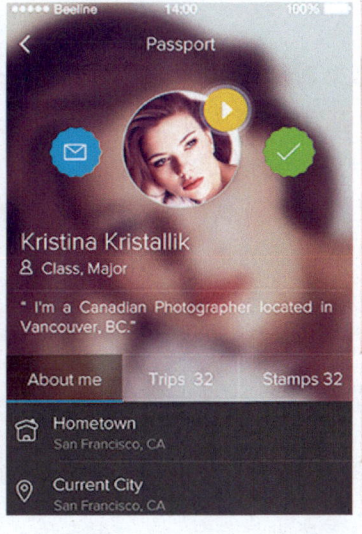 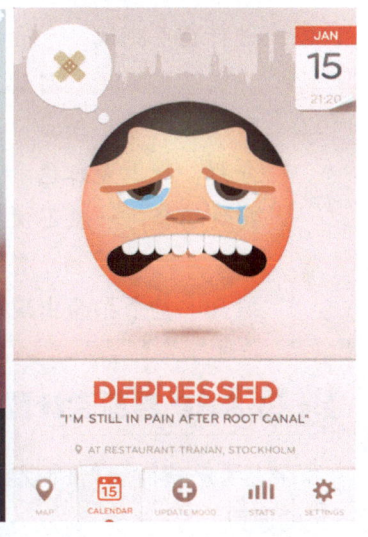

图1-5 辅助色　　　　　　　　　　　图1-6 点睛色

2. APP色彩运用原理

手机APP界面要给人简洁整齐、条理清晰之感，依靠的是界面元素的排版和间距设计，以及色彩的合理、舒适度搭配，如图1-7所示。

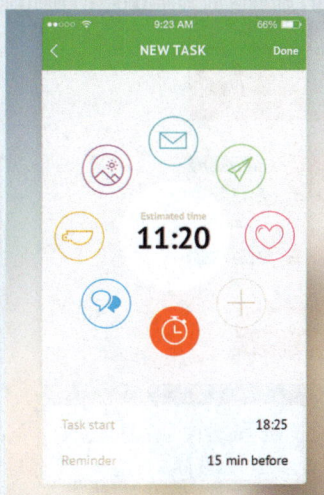 

图1-7 色彩的搭配

其色彩运用原理如下。

🔸 **色调的统一：** 针对软件类型以及用户工作环境选择恰当的色调，如绿色体现环保、紫色代表浪漫、蓝色表现时尚等。淡色系让人舒适，而背景为暗色可以不让人觉得疲劳。

🔸 **色盲、色弱用户：** 在进行设计的时候不要忽视了色盲、色弱群体，如果使用了特殊颜色表示重点或者特别的东西，应该使用特殊指示符、着重号或图标等。

> ● 颜色方案的测试：对颜色方案的测试是必需的，因为显示器、显卡的问题，色彩的表现在每台机器上都不一样，所以应该经过严格测试，通过不同机器进行颜色测试。
>
> ● 遵循对比原则：对比原则很简单，就是浅色背景使用深色文字，深色背景使用浅色文字。例如，蓝色文字在白色背景中容易识别，而在红色背景中不易分辨，原因是红色和蓝色没有足够的反差，但蓝色和白色的反差很大。除非特殊场合，一般不使用对比强烈、让人产生憎恶感的颜色。
>
> ● 色彩类别的控制：整个界面的色彩尽量少用类别不同的颜色，以免让人眼花缭乱，整个界面出现混杂之感。

1.1.4 APP 界面设计原则

为了使用户获得更好的视觉体验和操作体验，我们在设计 APP 界面的过程中需要遵循一定的原则。

1. 视觉一致性

视觉一致性是 APP 界面设计最重要的原则。在设计界面元素时，只有把握了外形、颜色、质感的统一才能使整个界面形成统一的风格，如图 1-8 所示。

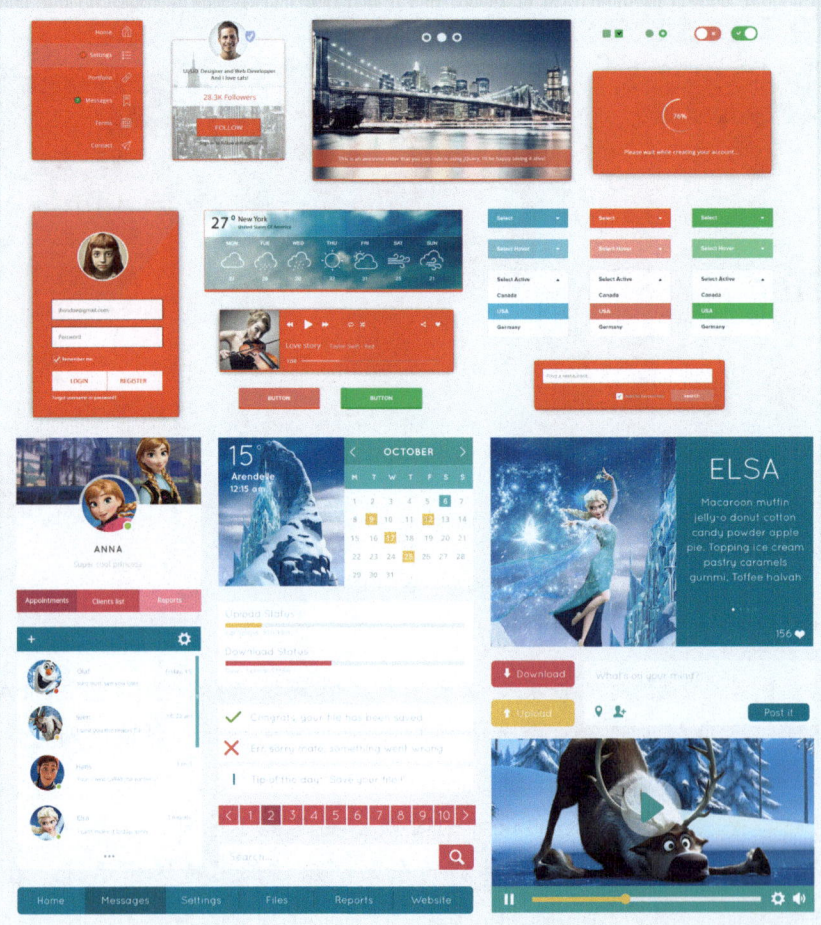

图 1-8 视觉一致性

2. 简易性

简易性是指界面的简洁、直观、易用。软件是为了方便普通用户而设计开发的，所以在设计的时候要充分考虑软件的简单性、简易操作性和实用性，这样才会吸引更多的用户使用。界面上华而不实的修饰、元素等会削弱软件本身的功能，也不便于用户使用。iOS系统中的界面设计严格遵循了简约、直观的设计原则，如图1-9所示。

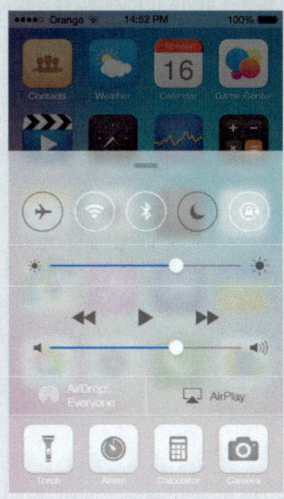

图1-9 简约、直观的界面设计

3. 用户导向

在设计手机软件界面时，设计师要清楚软件的使用者是谁，要站在用户的立场和观点来设计软件。

手机APP软件已成为如今企业宣传产品和文化理念的手段，因此作为一种交互方式需要设计师做好软件的UI界面设计去吸引大量用户使用。

4. 遵循用户习惯

根据用户的使用习惯、操作习惯来设计。例如，我们对某个操作进行确认时按钮上会显示出"确定"或"确认"的文字，以提示用户进行操作。按钮上的文字和菜单上的信息都要注意这个标准，当不知道如何设计时可以借鉴其他优秀程序的语言。

应用程序中的控件可以实现开启/关闭等功能，这些控件的位置也影响了用户的操作体验，操作起来是否顺手、方便，这是检测UI设计是否遵循用户操作习惯的标准。用户使用手机的习惯有以下三种。

> **单手持握操作**：49%的用户习惯单手持手机，这也是主流的持机方式，如图1-10所示。同时，调查还发现有67%的用户习惯用右手拇指操作，33%的用户则是用左手拇指进行操作。尽管屏幕尺寸在不断变化，人们依然习惯于拇指操作。

> **一只手持握另一只手操作**：这种操作方式占36%，不同于单手操作和双手操作，用户一只手拿着手机，另一只手操作，其中用大拇指来操控的有72%，用其他手指的有28%。通常有79%的人使用左手拿手机，而21%的人使用右手拿手机。图1-11所示为一只手持握、另一只手操作的示意图。

图 1-10 单手持握操作　　　图 1-11 一只手持握、另一只手操作

> **双手操作：** 双手操作占 15%，在双手操作的用户中有 90% 的使用者在双手操作时是竖着拿手机，只有 10% 的使用者是横着拿手机。另外，即使是双手操作，使用者也只用一根手指操作，可能是右手或左手的大拇指或者是其他手指。图 1-12 所示为双手操作示意图。

图 1-12 双手操作

掌握了用户使用手机的操作习惯后，在设计时将重要的操作放在界面的两侧，便于用户进行单手操作，将次要操作放在界面的顶端，这样的设计更符合用户的习惯。

5. 操作人性化

用户根据自己的习惯设置界面就是操作人性化的表现，目前很多 APP 都支持用户设置界面的皮肤、风格等，这些人性化的功能让用户体验到程序的多样性和丰富度。

6. 色彩搭配原则

不同的颜色对人的感觉有不同的影响，例如黄色可以让人联想到阳光，是一种温暖的颜色；黑色则显得比较庄重，所以在设计软件时要根据软件主题和功能进行色彩的搭配。

7. 视觉平衡原则

平衡的视觉能让用户舒服地使用软件，所以设计师不可忽视这一重要原则。通常，要达到视觉平衡需按照用户的阅读习惯来设计，让界面整齐，使用户可以流畅地阅读内容。

8. 布局控制原则

有很多设计师不是很重视界面的排版布局，所以将界面设计得过于死板；或者直接模仿别人的软件排版，把大量信息堆集在页面上，导致布局凌乱，造成使用者阅读困难的问题，这些都是不可取的。

1.1.5 APP UI 设计师必须掌握的基本技能

随着智能手机和各种移动终端设备的普及，APP 作为第三方智能手机应用程序已逐渐把我们带入一个习惯使用 APP 客户端上网的时期，APP UI 设计师也成了最热门的职业，要想成为 APP UI 设计师必须掌握以下基本技能。

1. 熟练操作绘图软件

对绘图软件的熟练操作是制作一款优秀 APP 的前提，这类软件有很多，其中最常用的是 Photoshop 和 Illustrator，本书选择的是 Photoshop CC。

2. 了解移动端的界面模式

三大移动平台之间有着相似之处，但是深入探究它们的交互设计会发现在理念上彼此之间存在着巨大差异。作为一个设计师，需要明白这些差异所在，以及它们是如何体现在实际案例中的。

3. 审美能力

对界面的视觉设计、色彩的观察和分析、文字的选择、整体界面的统一等都是设计师必须要有的基本审美。

4. 理解能力和手绘能力

设计师应该具备理解能力和手绘能力，能快速地看懂产品需求文档，以及在设计前期的手绘草图能力。

1.2 APP UI 元素质感

在目前数不胜数的 APP 软件中，一款新的 APP 软件要想脱颖而出，必须具有一定的特色。这个特色除了软件本身的功能之外，还有很重要的一点就是 UI 设计要足够突出和吸引人，要给用户一定的视觉冲击效果。界面元素是组成完整界面的个体，元素的突出设计是整个设计的关键。

1.2.1 质感的体现

元素的质感包括元素的材质体现、立体感体现、光影体现等，这些细节能让元素脱颖而出。

1. 透视关系

透视法则是造型的重要依据，也是指导我们在造型中正确地观察、理解和表现形体、物象的科学的理性法则之一。

① 透视原理

人的眼睛观看物象是通过瞳孔反映于眼睛的视网膜上而被感知的。远近距离不同的相同物象，距离越近的在视网膜上的成像越大，距离越远的则成像越小，这个近大远小的视觉现象被称为透视现象。

② 透视变化的基本类型

透视的基本类型包括平行透视、成角透视、倾斜透视、圆面的透视、圆柱体的透视、圆球体的透视等。透视在图标上的应用较多，如图 1-13 所示。

图 1-13 图标中的透视

在 APP 界面透视展示效果上大部分采用的是倾斜透视，如图 1-14 所示。

图 1-14 倾斜透视

2. 光影处理

在任何设计中光影关系都尤为重要，其主要通过光照的角度和物体本身的阴影来具体体现。掌握好光影关系也是做好设计的必备基础，光影光线的处理得当能让我们的设计更加自然、生动、直观、精致。图 1-15 所示为对一个平面添加了高光、阴影、投影，平面立刻变得立体，从空间中脱颖而出。

物体在光线的照射下产生立体感，对出现物体明暗调子的规律可归纳为"三面五调"。

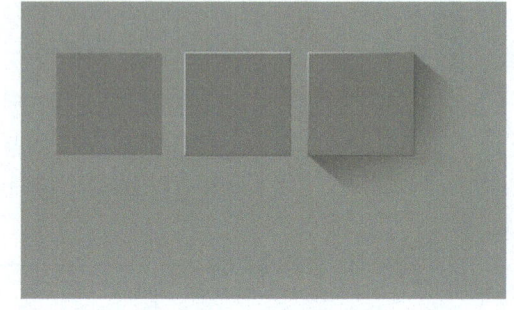

图 1-15 光影使平面立体化

> ▶ 物体在受光的照射后呈现出不同的明暗，受光的一面叫亮面，侧受光的一面叫灰面，背光的一面叫暗面。
>
> ▶ 调子是指画面不同明度的黑白层次，是面所反映光的数量，也就是面的深浅程度。在三大面中，根据受光的强弱不同还有很多明显的区别，形成了 5 种调子。除了亮面的亮调、灰面的灰调和暗面的暗调之外，暗面由于环境的影响又出现了"反光"。另外，在灰面与暗面交界的地方既不受光源的照射，也不受反光的影响，因此挤出了一条最暗的面，叫"明暗交界"，这就是我们常说的"五大调子"。

在 UI 设计中不用把所有的调子都绘制出来，一般而言，表现物体的厚度有两个部分必不可少，分别是受光部分和阴影部分。

我们需要清楚光源从哪里来，高光的位置决定了阴影的位置，如图1-16所示。

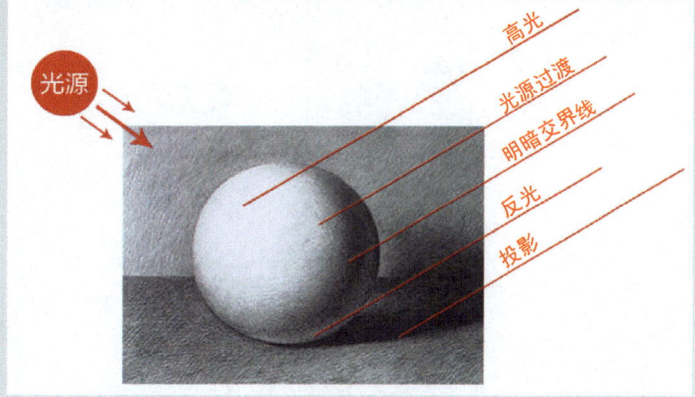

图1-16 光与影

1.2.2 用 Photoshop 图层样式实现 UI 质感

在 APP UI 设计中，为了让界面中的元素立体化以及添加光影等视觉效果，经常会用到 Photoshop 中的图层样式。单击"图层"面板底部的"添加图层样式"按钮，在展开的菜单中有10种不同的图层样式，如图1-17所示。双击图层可打开"图层样式"对话框，如图1-18所示。

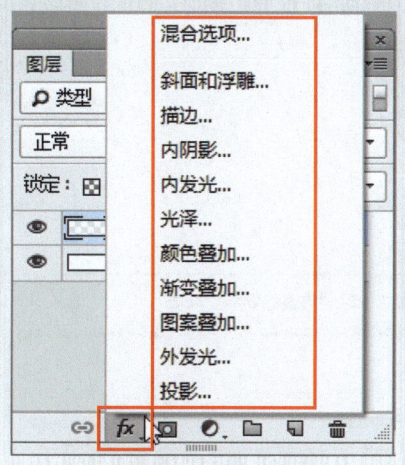

图1-17 图层样式

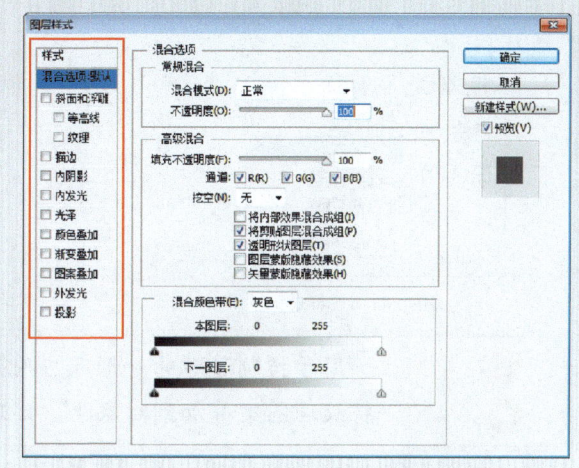

图1-18 "图层样式"对话框

下面介绍图层样式中几个比较常用的样式。

1. 混合选项

混合选项对应我们打开"图层样式"对话框后看到的第一个设置面板，包括常规混合、高级混合、混合颜色带三个大的功能区，这些功能区会影响样式的总体效果，因此学会其设置是非常必要的。

2. 斜面和浮雕

打开一个按钮，为按钮添加"斜面和浮雕"样式，如图1-19所示。添加样式后的效果如图1-20所示。

11

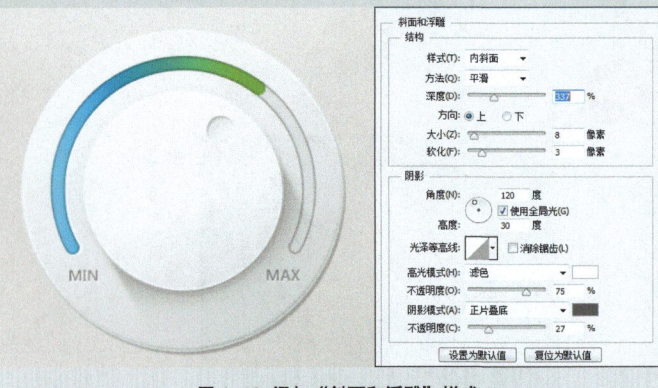

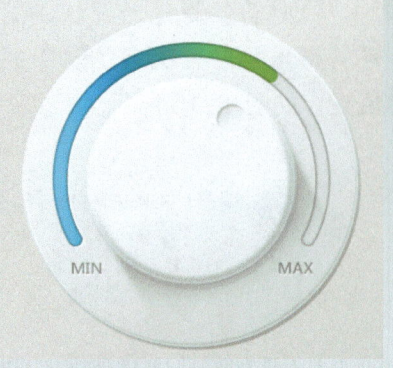

图1-19 添加"斜面和浮雕"样式　　　　　　　　图1-20 添加样式后的效果

"斜面和浮雕"样式包括内斜面、外斜面、浮雕效果、枕状浮雕和描边浮雕5个样式，如图1-21所示。虽然每一项中包含的设置选项都是一样的，但是制作出来的效果却大相径庭。

"斜面和浮雕"样式设置参数包括"结构"和"阴影"两部分，通过这些设置我们可以控制浮雕的类型、立体面的幅度、高光及暗部的颜色等，做出立体感和质感较强的图形。

在"图层样式"对话框左侧的样式选项中，"斜面和浮雕"下方包含了"等高线"和"纹理"两个选项，如图1-22所示。

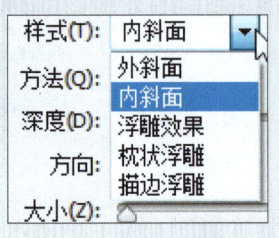

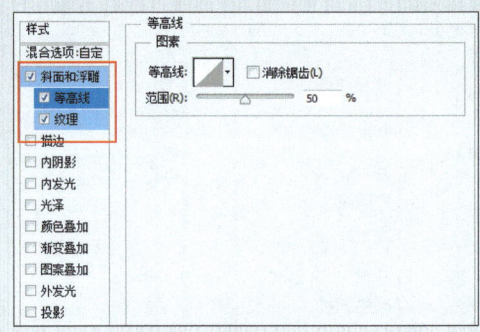

图1-21 5个样式　　　　　　　　　　图1-22 "等高线"和"纹理"

> ● **等高线**：用于控制浮雕的外形及应用范围。
> ● **纹理**：将纹理图案叠加到对象上，实现材质效果。

3. 内阴影

图1-23所示为对象添加"内阴影"样式后在紧靠图层内容的边缘添加阴影，使图层具有凹陷的效果。在设计APP UI元素时，为了体现凹陷的质感通常会用到"内阴影"图层样式。

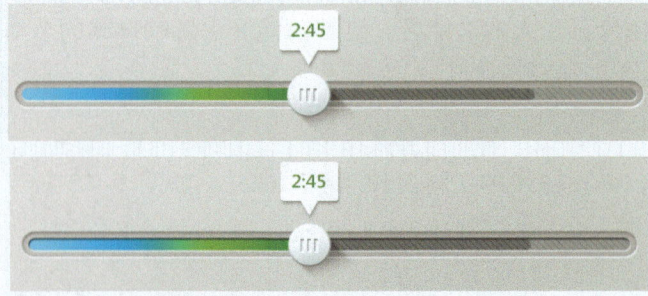

图1-23 添加"内阴影"样式的前后对比

4. 投影

图 1-24 所示为对象添加"投影"图层样式后在对象的下方出现了一个和图像内容相同的"影子",在"投影"样式中可以设置影子的方向、距离、大小等,如图 1-24 所示。

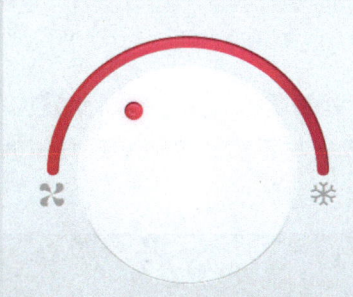 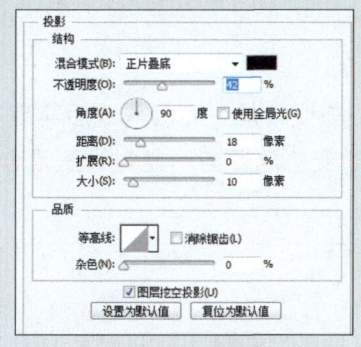 

图 1-24 添加"投影"样式的前后对比

5. 内发光

图 1-25 所示为对象添加"内发光"图层样式后在内侧边缘形成了一种发光效果。

提示:在 Photoshop 中每个图层样式的"角度"旁都有一个"使用全局光"复选框,选中该复选框能保证创造的光影都在一个位置。

 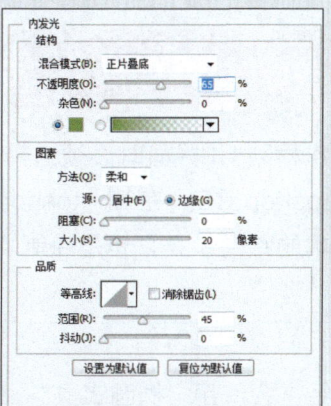 

图 1-25 添加"内发光"样式的前后对比

6. 外发光

图 1-26 所示为对象添加"外发光"图层样式后在边缘外侧形成发光的效果。

 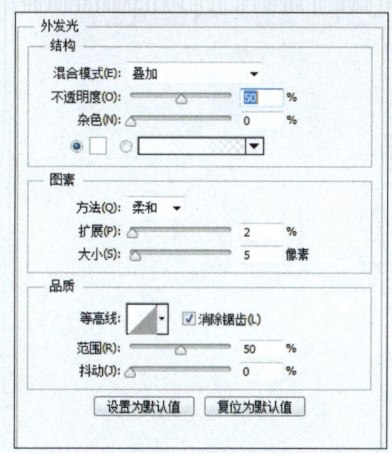

图 1-26 添加"外发光"样式的前后对比

"外发光"图层样式的设置参数包含了三组。

- 结构：用于设置外发光的颜色和光照强度等属性。
- 图素：用于设置光芒的大小。
- 品质：用于设置外发光效果的细节。

7. 渐变叠加

图 1-27 所示为对象应用"渐变叠加"图层样式后实现了金属质感效果。"渐变叠加"图层样式一般用于为对象进行渐变色的覆盖，通过设置混合模式与不透明度来实现与原对象颜色的混合。

 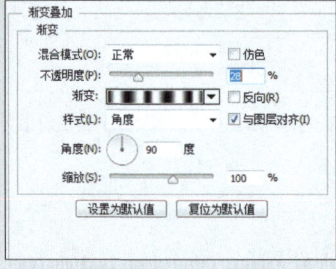 

图 1-27 添加"渐变叠加"样式的前后对比

1.3 用 Photoshop 绘制基础元素图形

在制作移动 UI 界面时必须选择一款合适的绘图软件，本书选择的是 Photoshop CC。在 Photoshop 中矩形、椭圆、圆角矩形等工具是最基本的绘图工具，也是绘制 APP 元素的常用工具。

1.3.1 椭圆

在绘制 APP 界面的过程中经常会使用"椭圆工具"绘制椭圆元素，包括椭圆的图形、按钮、图标等，如图 1-28 所示。

图 1-28 椭圆元素

对于 APP UI 设计，"椭圆工具"是 Photoshop 中最常用的工具之一，下面介绍如何使用"椭圆工具"绘制椭圆元素。

01 启动 Photoshop，新建文档，在工具箱中选择"椭圆工具"，如图 1-29 所示。

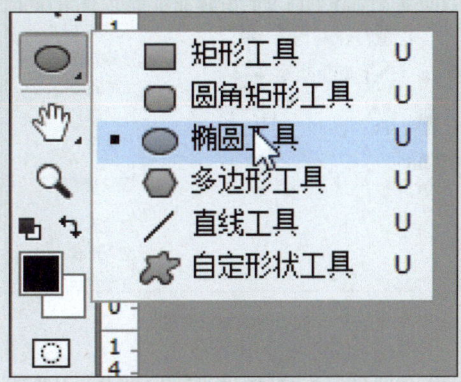

图 1-29 选择"椭圆工具"

02 在选项栏中单击"填充"后的颜色，在打开的面板中单击"拾色器"图标，如图 1-30 所示。

图 1-30 单击"拾色器"图标

03 在弹出的对话框中选择一种颜色，如图 1-31 所示。

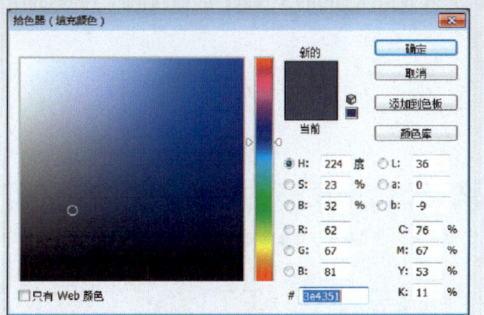

图 1-31 选择颜色

04 单击"确定"按钮，进入选项栏中设置宽、高参数均为 180 px，如图 1-32 所示。

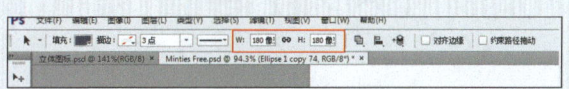

图 1-32 设置宽高参数

05 在画布上单击并拖动绘制圆，然后用同样的方法修改颜色并绘制一个小圆，如图 1-33 所示。

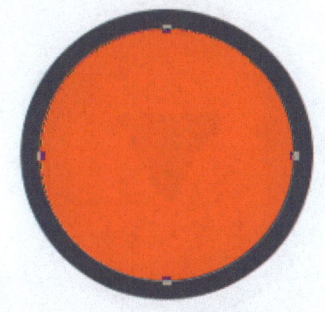

图 1-33 绘制圆

06 在工具箱中按住"椭圆工具"，在打开的工具组中选择"自定形状工具"，如图 1-34 所示。

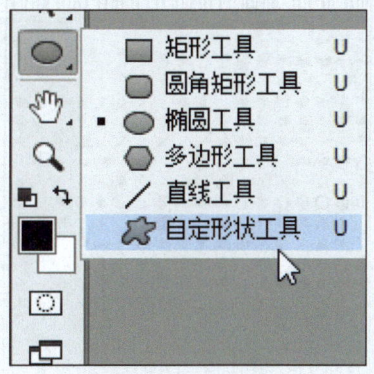

图 1-34 选择"自定形状工具"

07 在选项栏中单击如图1-35所示的三角按钮。

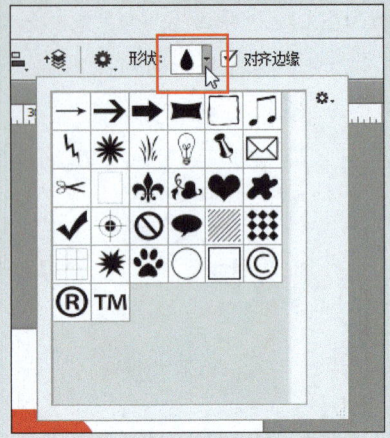

图1-35 单击按钮

08 展开列表，单击如图1-36所示的图标。

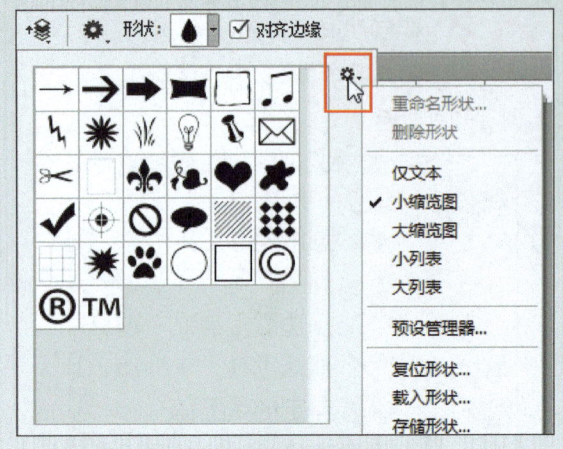

图1-36 单击图标

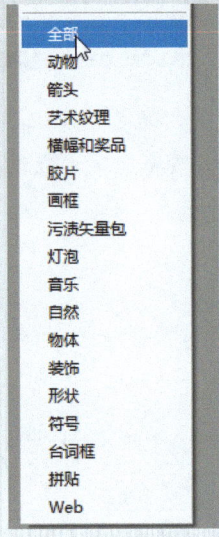

图1-37 选择"全部"选项

09 在展开的子菜单中选择"全部"选项，如图1-37所示。

10 在弹出的对话框中单击"确定"按钮，如图1-38所示。

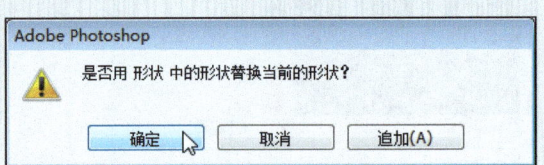

图1-38 单击"确定"按钮

11 在载入的形状中选择"标志3"，如图1-39所示。

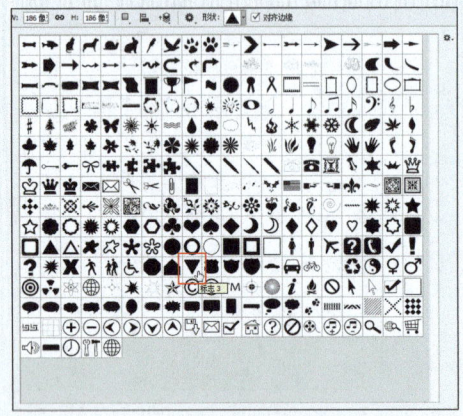

图1-39 选择"标志3"

12 在画面中按住Shift键进行绘制，如图1-40所示。

图1-40 绘制形状

13 按 Ctrl+T 组合键，然后按住 Shift 键旋转 -90 度，如图 1-41 所示。

14 按 Enter 键确认，完成效果如图 1-42 所示。

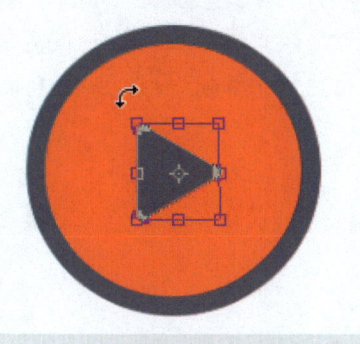

图 1-41 旋转

图 1-42 完成效果

1.3.2 矩形、圆角矩形

1. 矩形

使用"矩形工具"可以绘制出正方形、矩形等图形效果，一般 APP 整个界面外框就是矩形，而界面中用于分隔的对象也常用矩形，如图 1-43 所示。

图 1-43 矩形元素

01 在工具箱中选择"矩形工具"，如图 1-44 所示。

02 在画布中单击并拖动鼠标即可绘制一个矩形，如图 1-45 所示。

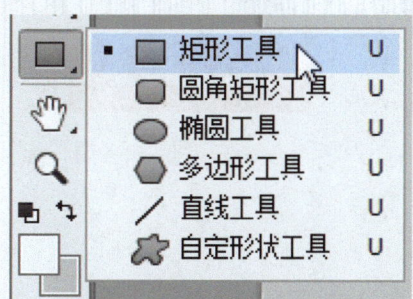

图 1-44 选择"矩形工具"

图 1-45 绘制矩形

03 双击图层,在打开的对话框中选择"投影"复选框并设置参数,如图1-46所示。

04 单击"确定"按钮,然后选择"矩形工具",设置填充颜色为#cc3333,绘制矩形,如图1-47所示。

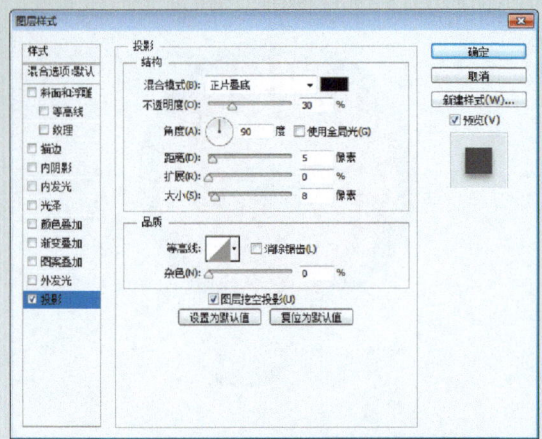

图1-46 设置"投影"

图1-47 绘制矩形

05 设置填充颜色为灰色,使用"矩形工具"在下方绘制矩形条,如图1-48所示。

06 设置填充颜色为白色,使用"矩形工具"在上方绘制矩形条,并设置不透明度为20%,如图1-49所示。

图1-48 绘制矩形条

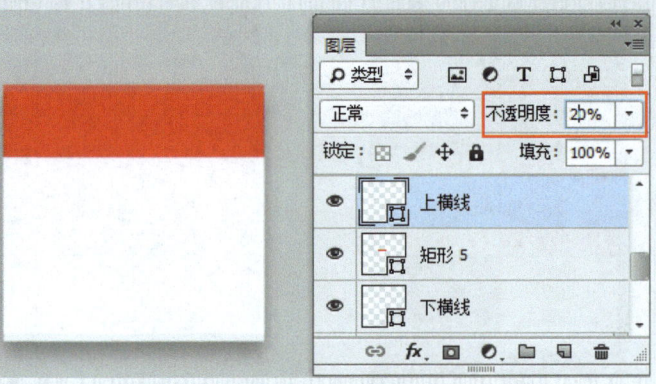

图1-49 绘制矩形并设置不透明度

07 使用"椭圆工具"绘制椭圆,颜色为#880000,如图1-50所示。

08 使用"椭圆工具"绘制一个填充颜色为白色的椭圆,然后复制一个到右侧,并在中间使用"矩形工具"绘制一个矩形条,如图1-51所示。

图1-50 绘制椭圆

图1-51 绘制矩形条

09 使用"矩形工具"绘制一个填充颜色为灰色的矩形,然后按住Alt键单击两个图层之间创建剪贴蒙版,如图1-52所示。

10 使用"横排文字工具"输入文字,完成绘制,如图1-53所示。

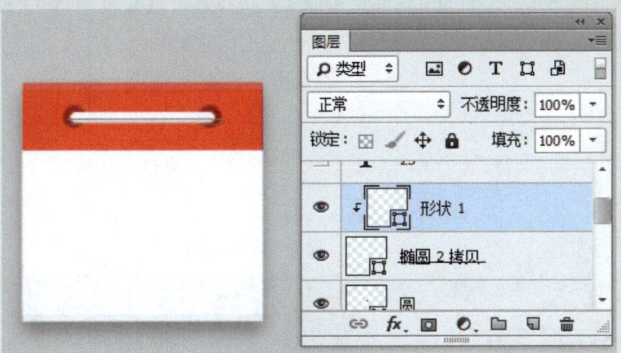
图1-52 创建剪贴蒙版

图1-53 完成绘制

2. 圆角矩形

使用"圆角矩形工具"可以绘制圆角矩形,在APP元素中最常见的圆角矩形图形就是图标,如图1-54所示。除此之外,界面边界也多用圆角矩形,如图1-55所示。

图1-54 图标

下面介绍使用"圆角矩形工具"绘制简易图标的方法,并通过设置圆角半径来改变圆角大小。

01 在工具箱中按住"矩形工具",在展开的按钮组中选择"圆角矩形工具",如图1-56所示。

02 在选项栏中单击"填充"后的颜色,在展开的面板中吸取颜色,如图1-57所示。

图1-55 界面边界

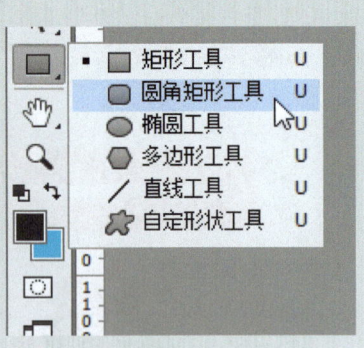

图1-56 选择"圆角矩形工具"

图1-57 吸取颜色

03 在画布中单击并拖动鼠标绘制图形，然后在"属性"面板中修改宽、高为145 px，圆角半径为45 px，如图1-58所示。

04 修改后的圆角矩形如图1-59所示。

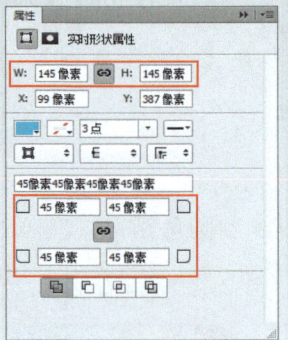

图1-58 设置宽、高及圆角半径

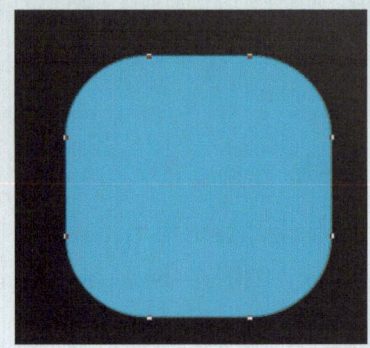

图1-59 圆角矩形

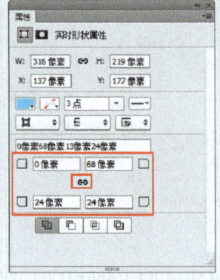

图1-60 单独设置4个角的半径

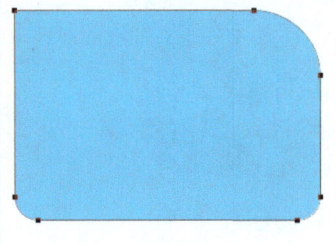

提示： 单击"属性"面板中的"将角半径值链接在一起"按钮可以单独设置4个角的半径，如图1-60所示。

在使用圆角半径绘制前也可以直接在选项栏中设置宽、高参数和所有的圆角半径，如图1-61所示。

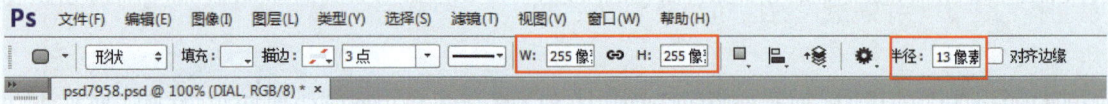

图1-61 在选项栏中设置

05 选择"矩形工具"，设置填充颜色为白色，绘制一个矩形条，并按Alt键拖动复制两个，调整位置，如图1-62所示。

06 选择"椭圆工具"，绘制一个正圆，并调整位置，如图1-63所示。

图1-62 绘制矩形条并复制

图1-63 绘制圆

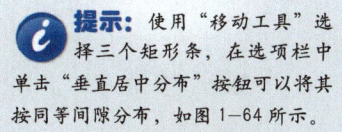
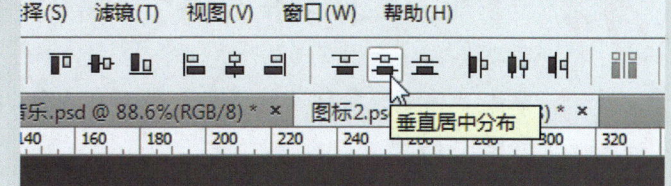

图 1-64 垂直居中分布

07 再次绘制一个圆,设置颜色为蓝色,圆心对齐,如图 1-65 所示。

08 选择两个圆,按 Alt 键拖动复制并调整位置,如图 1-66 所示。

图 1-65 绘制圆

图 1-66 复制

1.3.3 椭圆矩形

椭圆矩形不是常规图形,它是由圆角矩形演变而来的,介于圆和圆角矩形之间,是绘制主题图标最流行的形状之一,如图 1-67 所示。

图 1-67 椭圆矩形图标

绘制椭圆矩形的方法有多种,可以使用"圆角矩形工具"绘制后调整得到,也可以使用"多边形工具"直接绘制。

01　打开 Photoshop，执行"文件"｜"新建"命令，在弹出的对话框中设置宽度和高度参数，如图 1-68 所示。

02　单击"确定"按钮新建文档，然后在左侧的工具箱中选择"多边形工具" ，如图 1-69 所示。

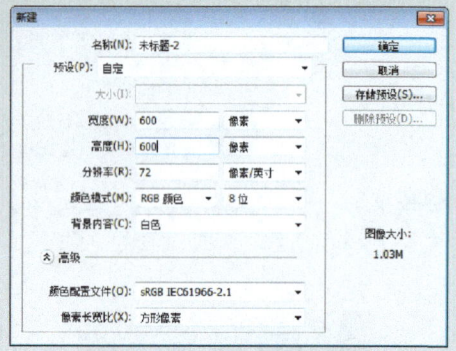

图 1-68　新建文档

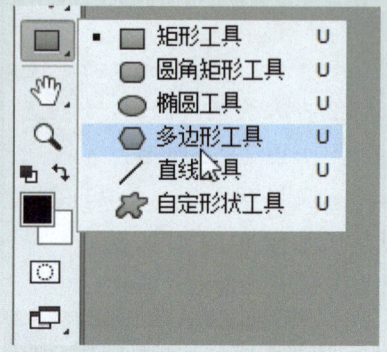

图 1-69　选择"多边形工具"

03　在选项栏中设置边为 4，然后单击左侧的 按钮，如图 1-70 所示。

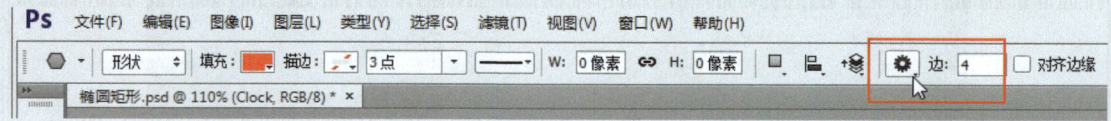

图 1-70　单击按钮

04　展开后选中"平滑拐角"复选框，如图 1-71 所示。

05　在画面中间按住 Shift 键即可绘制椭圆矩形，如图 1-72 所示。

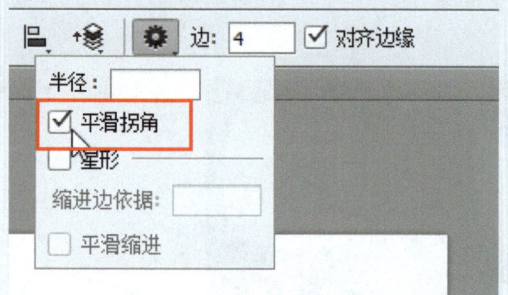

图 1-71　选中"平滑拐角"复选框

图 1-72　绘制椭圆矩形

06　继续绘制椭圆矩形，略比底层的图形小，并修改颜色为白色，如图 1-73 所示。

07　使用"椭圆工具"和"矩形工具"绘制指针，如图 1-74 所示。

图 1-73　绘制图形

图 1-74　绘制指针

08 选择时针，双击所在图层，在打开的"图层样式"对话框中选择"投影"，设置投影参数，如图 1-75 所示。

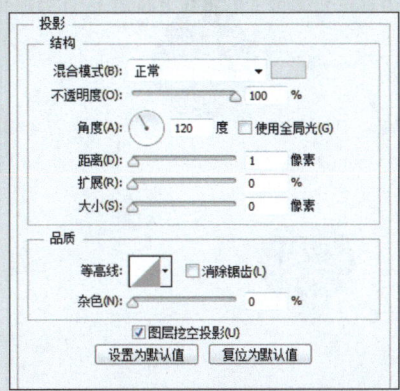

图 1-75 设置投影参数

09 用同样的方法在分针上也添加投影效果，如图 1-76 所示。

图 1-76 投影效果

10 选择最下层的椭圆矩形，为该图层添加"投影"样式，参数如图 1-77 所示。

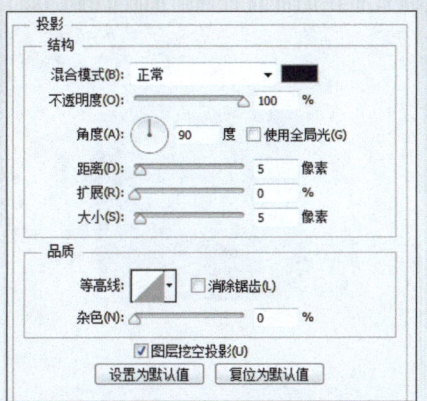

图 1-77 添加投影

11 单击"确定"按钮完成最终效果，如图 1-78 所示。

图 1-78 完成效果

1.3.4 组合图形

我们知道，在 APP 界面中很多元素并不是单一的圆形、矩形等基本形状，有些图形看似很复杂，但都是使用各种不同的形状进行适当组合得到的。一般来说，我们前面介绍的矩形、椭圆形加上三角形可以组合出很多新的形状，如图 1-79 所示。

图 1-79 基本图形

这种组合方式大家平常可能用的少，但在需要用图标来表现一个物体时可以通过观察将该物体尽可能地拆分为最简单的形状。例如，水滴图标可以用一个三角形和一个圆组成，如图 1-80 所示；心形图标可以由两个圆圈和一个三角形组成，如图 1-81 所示。

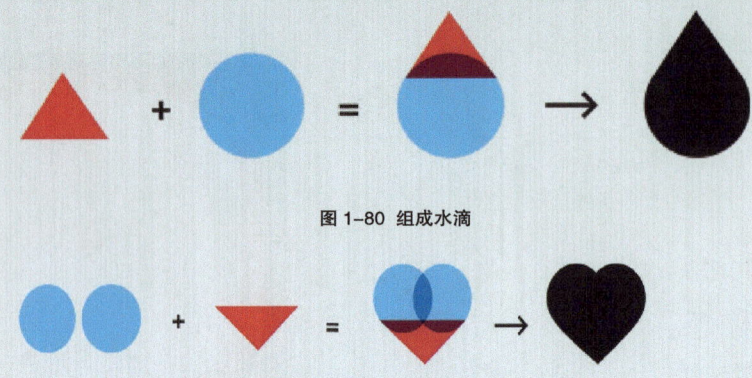

图 1-80 组成水滴

图 1-81 组成心形

01 选择"圆角矩形工具"，在选项栏中单击"填充"后的颜色，在展开的面板中单击"渐变"按钮，然后在下方单击色标修改颜色，并修改旋转渐变角度为 -90，如图 1-82 所示。

02 在画布中绘制圆角矩形，如图 1-83 所示。

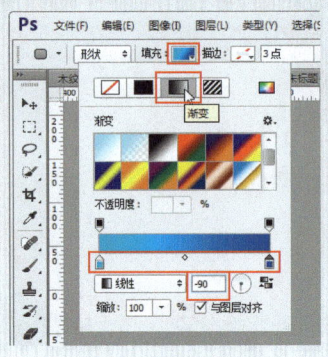

图 1-82 设置选项栏

图 1-83 绘制圆角矩形

03 选择"椭圆工具"，设置填充颜色为蓝色，按住 Shift 键绘制正圆，如图 1-84 所示。

04 在工具箱中选择"自定形状工具"，如图 1-85 所示。

图 1-84 绘制正圆

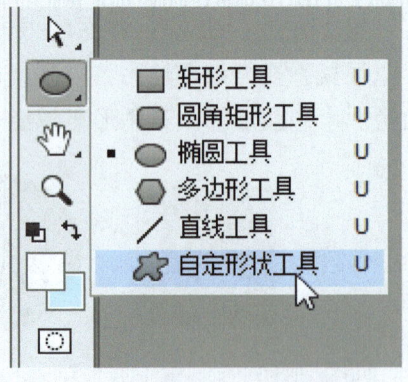

图 1-85 选择"自定形状工具"

05 在选项栏中单击形状展开面板，然后单击"设置"按钮，在下拉列表中选择"全部"选项，如图1-86所示。

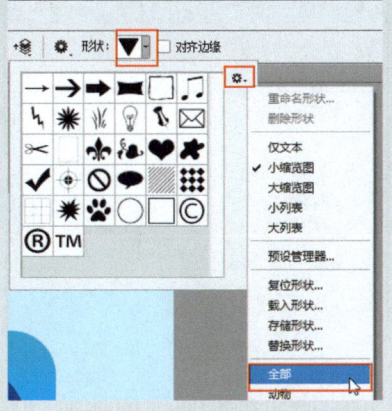

图1-86 选择"全部"选项

06 系统弹出对话框，单击"确定"按钮，如图1-87所示。

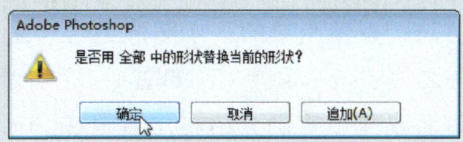

图1-87 单击"确定"按钮

07 再次单击形状，选择"窄边圆形边框"，如图1-88所示。

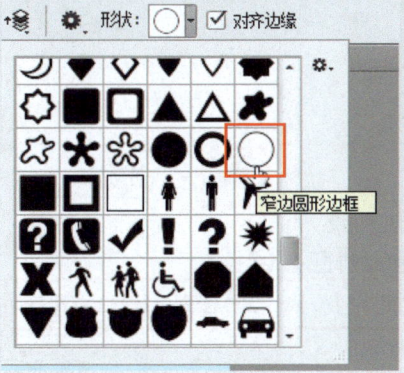

图1-88 选择"窄边圆形边框"

08 在画布中绘制图形，如图1-89所示。

图1-89 绘制图形

09 选择"自定形状工具"，在选项栏中选择形状"标志3"，如图1-90所示。

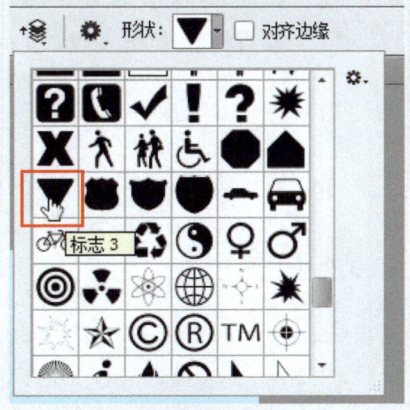

图1-90 选择形状

10 在画布中绘制图形，并将其旋转，如图1-91所示。

图1-91 绘制图形

1.4 APP UI 设计师心得

1.4.1 图形绘制中的布尔运算

布尔是英国的数学家，他在 1847 年发明了处理二值之间关系的逻辑数学计算法，包括联合、相交、相减。在图形处理操作中引用了这种逻辑运算方法，以使简单的基本图形组合产生新的形体，称之为"布尔运算"，如图 1-92 所示。

下面以一个实例介绍布尔运算在 Photoshop 中是如何操作的。

图 1-92 布尔运算

01 在工具箱中选择"椭圆工具"，如图 1-93 所示。

02 在选项栏中单击 按钮，选中"固定大小"单选按钮，并设置宽、高为 200 px，选中"从中心"复选框，如图 1-94 所示。

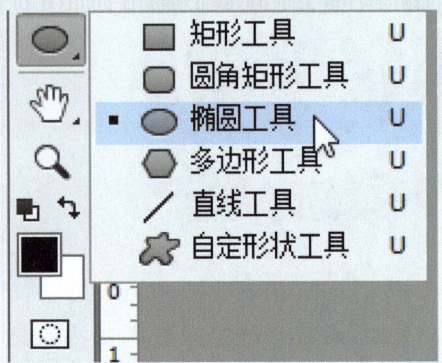

图 1-93 选择"椭圆工具"

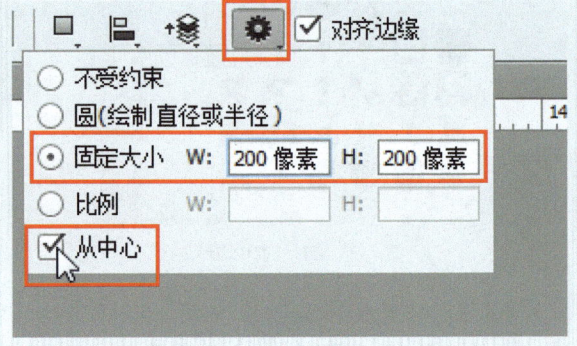

图 1-94 设置

03 在画布中绘制正圆，如图 1-95 所示。

04 在工具箱中选择"路径选择工具"，如图 1-96 所示。

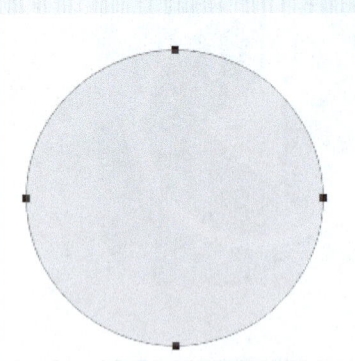

图 1-95 绘制正圆

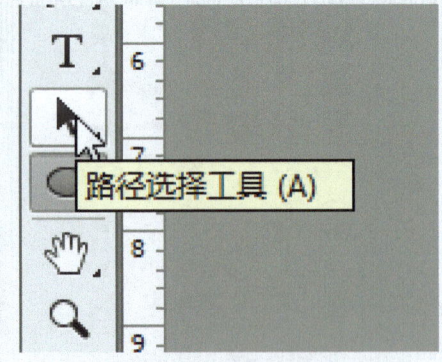

图 1-96 选择"路径选择工具"

05 选择圆,按Ctrl+C组合键复制,按Ctrl+V组合键粘贴。然后按Ctrl+T组合键自由变换,按住Shift+Alt组合键从中心等比例缩小,如图1-97所示。

06 将圆的直径缩小20 px,也就是使宽、高为180 px,在"属性"面板中可以查看,在手动无法精准调到该数值时也可以在"属性"面板中设置,如图1-98所示。

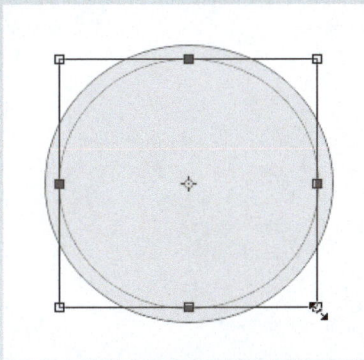

图1-97 复制圆并缩小

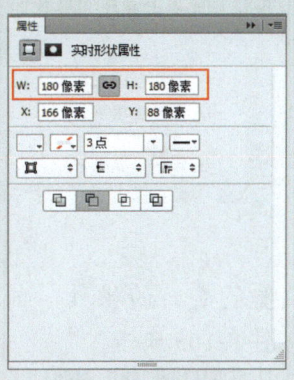

图1-98 设置数值

> **提示：** 在设置宽、高参数前单击中间的"链接形状的宽度和高度"按钮。

07 在选项栏中单击"路径操作"按钮,如图1-99所示。

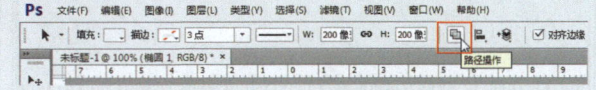

图1-99 单击"路径操作"按钮

08 在展开的选项中选择"减去顶层形状"选项,如图1-100所示。

09 得到如图1-101所示的图形效果。

10 用同样的方法继续复制圆,并缩小20 px,如图1-102所示。

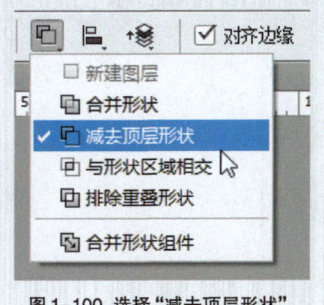

图1-100 选择"减去顶层形状"选项

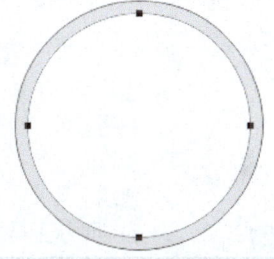

图1-101 图形效果

11 再次在选项栏中设置"合并形状",以显示出上层图形,如图1-103所示。

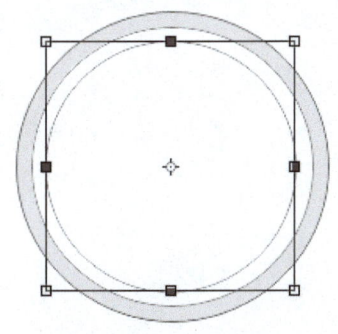

图1-102 复制圆并缩小

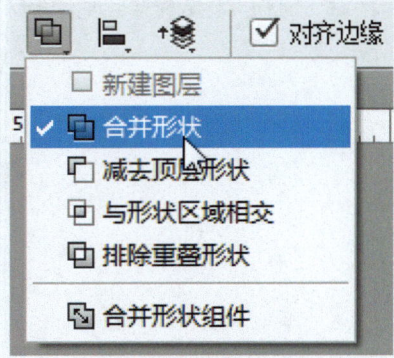

图1-103 设置"合并形状"

12 再次复制并缩小 20 px,设置"减去顶层形状",如图 1-104 所示。

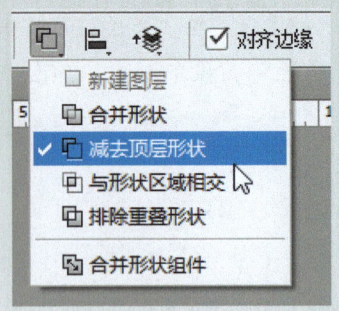
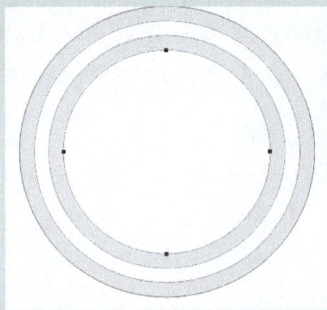

图 1-104 减去顶层形状

13 重复前面的操作,如图 1-105 所示。

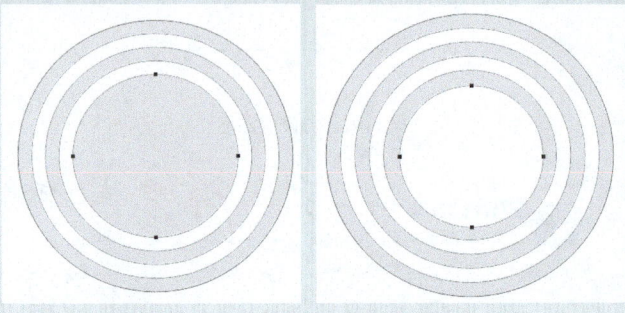

图 1-105 重复前面的操作

14 在工具箱中选择"矩形工具",如图 1-106 所示。

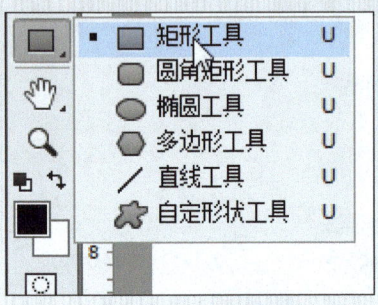

图 1-106 选择"矩形工具"

15 绘制一个边长为 20 px 的正方形,如图 1-107 所示。

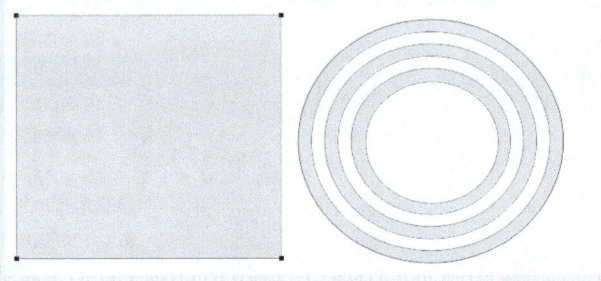

图 1-107 绘制正方形

16 按 Ctrl+T 组合键变形图形,按住 Shift 键旋转 45 度,如图 1-108 所示。

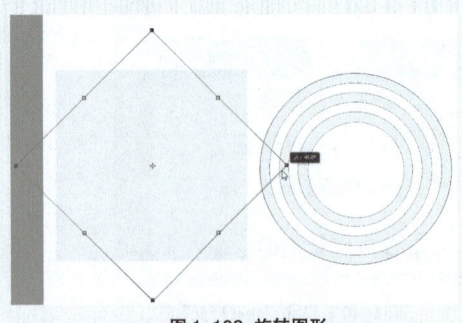

图 1-108 旋转图形

17 将其调整到圆的上方,如图 1-109 所示。

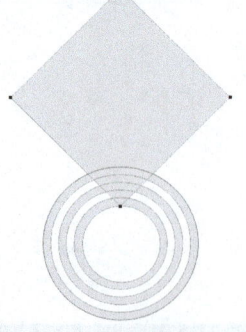

图 1-109 调整到圆的上方

18 在选项栏中设置"与形状区域相交",如图1-110所示,此时的图形如图1-111所示。双击该图层,可以在打开的"拾色器"中修改为任意颜色,完成效果如图1-112所示。

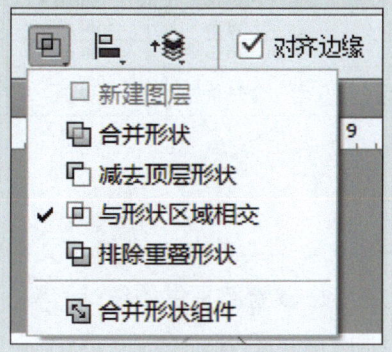
图1-110 设置为"与形状区域相交"

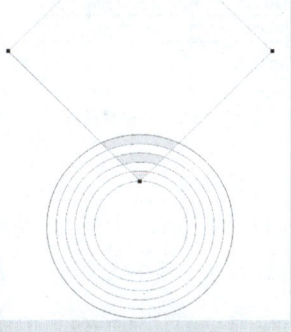
图1-111 图形效果

图1-112 完成效果

1.4.2 APP 设计规范

刚开始接触 APP UI 的设计新手们问的最多的就是有关尺寸的问题,界面多大?文字怎么样才合适?对于安卓是不是要做几套不同大小的才能适应?下面对这些问题进行解答。

1. iPhone 的界面尺寸

iPhone 的 APP 界面一般由状态栏、导航栏、主菜单栏和中间的内容区域组成,如图1-113所示。因为宽度是固定的,所以设计开发起来很方便。

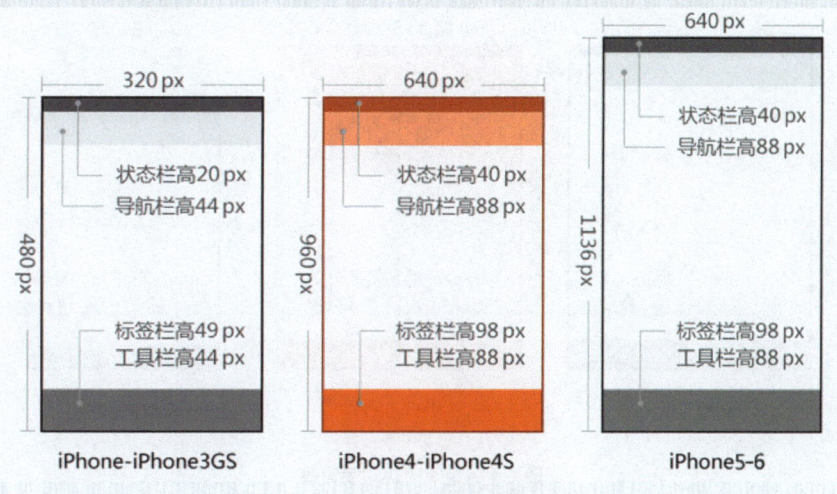
图1-113 界面组成

🕐 界面尺寸

- ▶ **状态栏**:显示运营商、信号和电量的区域,高度为 40 px。
- ▶ **导航栏**:显示当前页面名称,包含页面"返回"等功能按钮,高度为 88 px。
- ▶ **主菜单栏**:显示在页面下方的区域,一般作为分类内容的快递导航,高度为 98 px。

具体的尺寸参数如表 1-1 所示。

设备	尺寸	ppi	状态栏高度	导航栏高度	标签栏高度
iPhone6 plus 设计版	1242×2208 px	401 ppi	60 px	132 px	147 px
iPhone6 plus 放大版	1125×2001 px	401 ppi	54 px	132 px	147 px
iPhone6 plus 物理版	1080×1920 px	401 ppi	54 px	132 px	146 px
iPhone6	750×1334 px	326 ppi	40 px	88 px	98 px
iPhone5 - 5C - 5S	640×1136 px	326 ppi	40 px	88 px	98 px
iPhone4 - 4S	640×960 px	326 ppi	40 px	88 px	98 px
iPhone & iPod Touch 第一代、第二代、第三代	320×480 px	163 ppi	20 px	44 px	49 px

表 1-1 iPhone 的界面尺寸

① 字体大小

iPhone 上的英文字体为 HelveticaNeue，中文一般是冬青黑体或者黑体-简。文字的大小根据不同类型的 APP 有不同的定义，表 1-2 所示为百度用户体验部提供的统计资料。另外，我们也可以把觉得好的应用截图放进 PS 里对比，从而调试自己设计的文字大小。

		可接受下线（80% 用户可接受）	见小值（50% 以上用户认为偏小）	舒适值（用户认为最舒适）
iOS	长文本	26 px	30 px	32~34 px
	短文本	28 px	30 px	32 px
	注释	24 px	24 px	28 px

表 1-2 字体大小

2. iPad 的设计尺寸

iPad 的尺寸示意图如图 1-114 所示。

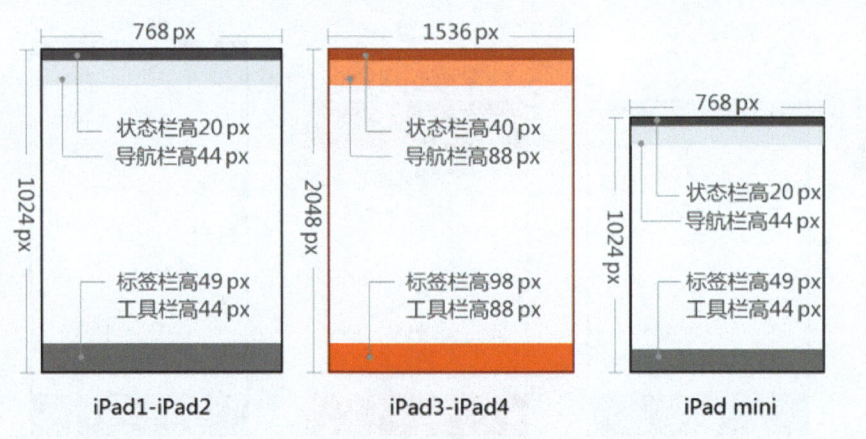

图 1-114 iPad 的尺寸示意图

具体的尺寸参数如表 1-3 所示。

设备	尺寸	ppi	状态栏高度	导航栏高度	标签栏高度
iPad3 - 4 - 5 - 6 - Air - Air2 - mini2	2048×1536 px	264 ppi	40 px	88 px	98 px
iPad1 - 2	1024×768 px	132 ppi	20 px	44 px	49 px
iPad mini	1024×768 px	163 ppi	20 px	44 px	49 px

表 1-3 iPad 的设计尺寸

3. Android 的尺寸与分辨率

Android 有数不清的机型和尺寸，如图 1-115 所示，这里介绍一些主流的设计尺寸，如 480×800、720×128。众所周知，安卓手机的分辨率发展的越来越大，所以建议使用 720×1280 这个尺寸来设计，在切图时可以点 9 切图做到适配所有手机。

图 1-115 Android 的机型和尺寸

界面的基本组成元素

与 iOS 一样，Android 还是有状态栏、导航栏和主菜单栏，以 720×1280 的尺寸来设计，那么状态栏的高度应为 50 px、导航栏的高度为 96 px、主菜单栏的高度为 96 px。但是由于是开源的系统，很多厂商在界面上想尽办法，因此这里的数值只能作为参考。

Android 为了区别于 iOS，从 4.0 开始提出了一套 HOLO 的 UI 设计风格，鼓励将底部的主菜单栏放到导航栏下面，从而避免点击下方材料误点虚拟按键，在很多 APP 的新版中也采用了这一风格。

文字大小

Android 的字体为 Droid sans fallback，这是谷歌自己的字体，与微软雅黑很像。

Android 的尺寸

Android SDK 模拟机的尺寸如表 1-4 所示。

屏幕大小	低密度（120）	中等密度（160）	高密度（240）	超高密度（320）
小屏幕	QVGA（240×320）		480×640	
普通屏幕	WQVGA400（240×400） WQVGA432（240×432）	HVGA（320×480）	WVGA800（480×800） WVGA854（480×854） 600×1024	640×960
大屏幕	WVGA800*（480×800） WVGA854（480×854）	WVGA800*（480×800） WVGA854*（480×854） 600×1024		
超大屏幕	1024×600	1024×768 1280×768WXGA（1280×800）	1536×1152 1920×1152 1920×1200	2048×1536 2560×1600

表 1-4 Android SDK 模拟机的尺寸

Android 系统 dp/sp/px 换算表

Android 系统 dp/sp/px 换算表如表 1-5 所示。

名称	分辨率	比率 rate（针对 320 px）	比率 rate（针对 640 px）	比率 rate（针对 750 px）
idpi	240×320	0.75	0.375	0.32
mdpi	320×480	1	0.5	0.4267
hdpi	480×800	1.5	0.75	0.64
xhdpi	720×1280	2.25	1.125	1.042
xxhdpi	1080×1920	3.375	1.6875	1.5

表 1-5 Android 系统 dp/sp/px 换算表

第2章

APP 图标设计

图标是用户对一款 APP 的第一印象，它也直接影响着应用的下载及推广，另外它在 APP 界面中占有主导地位，是 APP 界面中不可或缺的一部分，因此图标的设计不容忽视，本章将重点讲解 APP 图标的设计。

2.1 图标设计基础

图标通常给用户传达第一视觉感受,它可以体现产品的风格、功能甚至品质。设计一款图标不是信手拈来的,在着手制作图标前需要了解 APP 图标的基础知识,包括尺寸、技巧、图标分类等,下面分别进行介绍。

2.1.1 图标尺寸

不同系统的图标尺寸要求不同,合适的尺寸是设计一个优秀图标的基础,这里主要介绍 Android、iPhone 和 iPad 的图标尺寸。

系统图标的常用尺寸有 16×16、24×24、32×32、48×48。

1. Android 常用的图标尺寸

图标的所在位置不同,尺寸也不同,Android 平台中 APP 图标的常用尺寸如表 2-1 所示。

屏幕大小	启动图标	操作栏图标	上下文图标	系统通知图标(白色)	最细笔画
320×480 px	48×48 px	32×32 px	16×16 px	24×24 px	不小于 2 px
480×800 px 480×854 px 540×960 px	72×72 px	48×48 px	24×24 px	36×36 px	不小于 3 px
720×1280 px	48×48 dp	32×32 dp	16×16 dp	24×24 dp	不小于 2 dp
1080×1920 px	144×144px	96×96 px	48×48 px	72×72 px	不小于 6 px

表 2-1 Android 平台中 APP 图标的常用尺寸

2. iPhone 图标尺寸

iPhone 平台中的图标尺寸如表 2-2 所示。

设备	APP Store	程序应用	主屏幕	Spotlight 搜索	标签栏	工具栏和导航栏
iPhone6 plus(@3×)	1024×1024 px	180×180 px	114×114 px	87×87 px	75×75 px	66×66 px
iPhone6(@2×)	1024×1024 px	120×120 px	114×114 px	58×58 px	75×75 px	44×44 px
iPhone5 - 5C - 5S (@2×)	1024×1024 px	120×120 px	114×114 px	58×58 px	75×75 px	44×44 px
iPhone4 - 4S(@2×)	1024×1024 px	120×120 px	114×114 px	58×58 px	75×75 px	44×44 px
iPhone & iPod Touch 第一代、第二代、第三代	1024×1024 px	120×120 px	57×57 px	29×29 px	38×38 px	30×30 px

表 2-2 iPhone 平台中的图标尺寸

3. iPad 图标尺寸

iPad 设备中的图标尺寸如表 2-3 所示。

设备	APP Store	程序应用	主屏幕	Spotlight 搜索	标签栏	工具栏和导航栏
iPad3 - 4 - 5 - 6 - Air - Air2- mini2	1024×1024 px	180×180 px	144×144 px	100×100 px	50×50 px	44×44 px

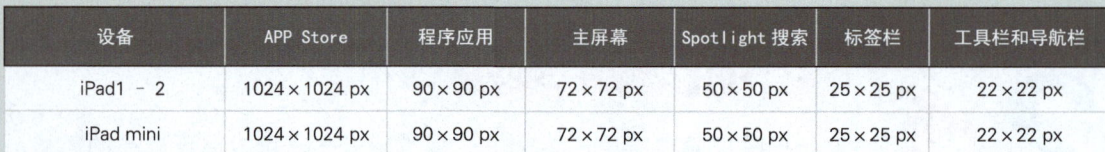

设备	APP Store	程序应用	主屏幕	Spotlight 搜索	标签栏	工具栏和导航栏
iPad1 – 2	1024×1024 px	90×90 px	72×72 px	50×50 px	25×25 px	22×22 px
iPad mini	1024×1024 px	90×90 px	72×72 px	50×50 px	25×25 px	22×22 px

表 2-3 iPad 设备中的图标尺寸

2.1.2 图标分类

图标可以用作按钮或把界面整体分隔成多块，还可以起到装饰和视觉引导的作用，下面介绍图标的分类。

1. 按功能分类

应用图标：应用图标通常是 APP 的入口，也是产品的一种概括性视觉表现，能够简洁、显眼且友好地传递产品的核心理念和内涵，如图 2-1 所示。

图 2-1 应用图标

功能图标：功能图标一般代表可操作性的命令、文件、设备或目录，如图 2-2 所示，并包括了默认、触摸、选中三种状态。需要注意的是，简化的图标需要表达出相应的含义，在小尺寸下也必须清晰、易懂。

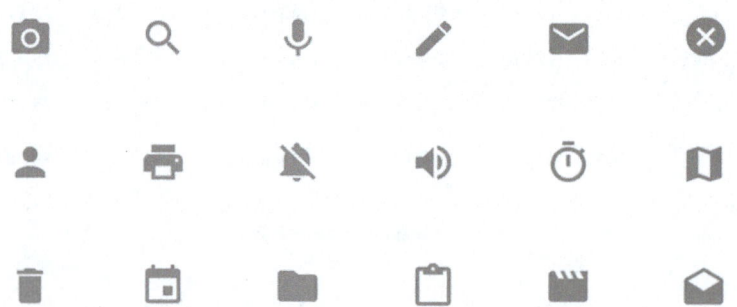

图 2-2 功能图标

示意图标：示意图标用于指示用户无须操作的信息，如图 2-3 所示。该类图标只有一个状态。

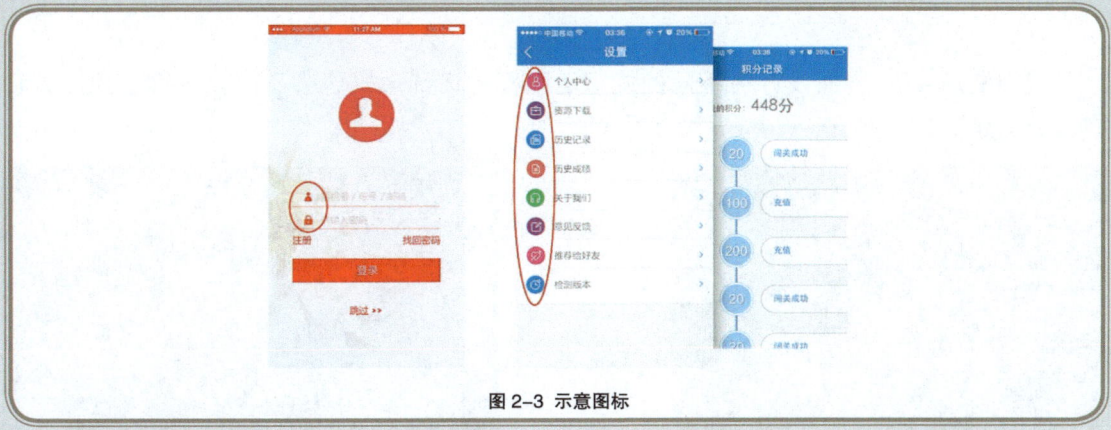

图 2-3 示意图标

2. 从造型分类

图标造型表现在面和线上,运用这两种基础元素去造型可以进行多种组合。组合造型一般有单体造型、多个元素组合造型,线与面之间独立与结合变化。

① 简化的微写实图标

这类图标一般为彩色,在造型和组合上较写实,是从写实过渡而来的简化,又接近剪影,同属于扁平简化设计,如图 2-4 所示。这类图标主要利用面和颜色来进行造型的设计,在质感风格上有纯平面、折叠、轻质感、折纸风、长投影、微立体等多种。

这种图标的优点相对于剪影图标来说,更容易塑造风格,丰富易用、辨识度高,可作为主要级别的图标。

图 2-4 简化的微写实图标

① 剪影的正负形图标

这类图标一般为单色,相比上一类图标而言更加简洁、抽象,经过对特点、外形的高度提炼更容易识别理解,代表着现代极简主义。

这类图标的优点是简洁明了,具有一定的拓展性,可以完成一些抽象词汇的图形传达。

- 负形图标也叫线形图标,是以线绘制的图形,高度的轮廓概括,要求精准到位,如图 2-5 所示。负形剪影是所有图标中最讲究也是最难表达的一种风格,它轻表达却重设计感,更具有想象力和拓展性。
- 正形图标是以面绘制的图形以及和线综合表现的图形。通常与负形图标之间做当前状态的转换,如图 2-6 所示。正形图标由于面积占比大,视觉吸引力更强。

图 2-5 负形图标

图 2-6 正形图标

3. 从界面位置和模块分类

我们知道 APP 界面设计在不同的位置上图标的设计形式也会不同，从界面的位置和模块分类如图 2-7 所示。

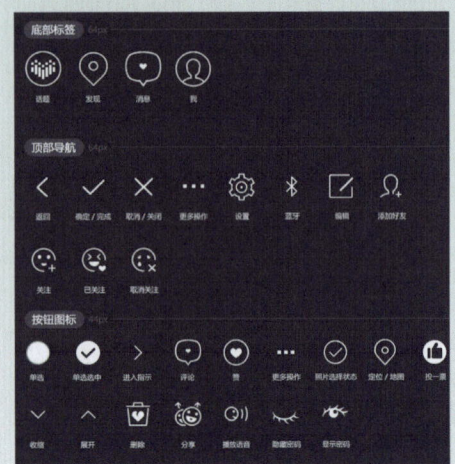 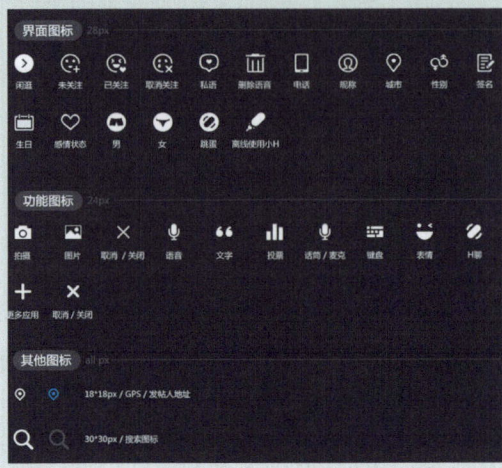

图 2-7 从界面位置和模块分类

2.1.3 图标设计优点

图标以图形符号的形式来处理信息，其优点如下。

- 易于被快速识别，便于记忆，具有直观性，产生国际通用性。
- 图标具有形、意、色等多种刺激，传递的信息量大。
- 抗干扰能力强、图标大小可调、表示视觉和空间概念、便于布局。

2.1.4 图标设计原则

图标设计需要考虑的因素很多，遵循相应的原则可以避免很多问题。

1. 传达含义清晰、准确、容易记忆

图标一般充当指示、提醒、概括、表述等作用，面对图标的设计，业界一直有一个标准："对于其含义的理解不需要额外的文字说明。"每个图标用简单的元素表达清晰的概念并和产品本身进行联系的方式是我们在图标设计中尤其需要注意的。

2. 遵循用户使用习惯

在进行图标设计时要根据用户的使用习惯来设计，当用户习惯了圆角的图标之后我们就不能擅自改变图标的形状，同时还需要考虑使用人群的国家和地域文化，以此来考量用户的使用习惯。

3. 功能图标设计简单明了

图标的设计如果过于复杂，那么就会让用户难以了解 APP 软件的操作，增加用户使用的难度，当用户产生厌烦情绪后会丢弃该 APP 软件，所以在进行设计时要遵循简单明了的原则，设计便于用户操作的 APP 软件。

4. 明确目标客户群

在开始设计图标之前首先要弄清楚目标客户群体是谁？这样才可以根据确定好的目标群体来进行图标设计。

5. 突出个性

如果设计的 APP 图标与其他 APP 相似，则很容易造成用户的困惑，也会让用户错误下载与图标相似的 APP 软件，如果该软件造成了用户不好的体验，那么也会令用户对你的 APP 产生怀疑，拒绝下载所开发的 APP 软件。

6. 风格统一、整体性强

一套风格统一的图标是进行图标设计的基本原则，整体性强的设计会比零散的设计更有品质，更容易让用户理解。特别是企业产品等图标设计，统一的概念从 VI 阶段就已经贯彻，在图标设计中我们需要引入一些 VI 的思想来规范它。一套设计精良、统一性足够好的图标不仅能够引起用户对品牌的共鸣，甚至可以进一步带动界面部分的设计，以相同的质感、色系、光照效果等技巧统一整个产品的视觉感受。

风格的统一包括造型的轮廓粗细的统一、颜色色调与调和的统一、材质与纹理的统一等。

7. 配色协调

给图标添加颜色是解决视觉冲击力的一种表现手段，赋予图标什么样的个性或突出重点一般都会添加颜色。在整体界面中有背景色和主导色，一般选择的图标颜色要侧重于点缀色或者着重色，而其他不太重要的图标颜色尽量选择中性的颜色，如低纯度的蓝色，因为在 UI 界面设计中蓝色几乎和黑、白、灰并称万用色。有时候 UI 界面或图标整体偏暖或者冷就是因为补色没有运用好。

8. 兼容各种应用尺寸，主体与细节对比合适

在设计图标时尺寸要考虑周全，保证图标尺寸比例的准确性，因此除了要考虑图标在小尺寸屏幕上的完美展示之外还要考虑大尺寸的屏幕，让图标适用于不同屏幕大小的移动设备。

9. 蕴含主题文化

有主题性文化的图标一般更具娱乐性和欣赏性，图标设计本身也是有故事性的，在单独的个体中体现出"道具"的概念，更容易引起用户的兴趣。

类似风格的图标我们常见于 PC 游戏、TV 游戏、电影网站等娱乐型产品中，独特的风格以及直观的主题文化宣扬是其成功的法宝。

主题性的设计有时候更多的是对某一种文化或者某一种现象的致敬，其中会出现大量复现的元素，当然也有设计师自己钟爱的元素。

2.1.5 图标设计流程

图标设计需要设计师进行造型构思、设计、配色、调整细节等一系列过程。

1. 绘制草图

对图标进行基础构思，将灵感画在纸上，草图不必在意细节，如图 2-8 所示。灵感的来源可以通过两个方面获得。

- 寻找隐喻：找到一个能与图标产生联想和逻辑关系，甚至是因果关系的具象物体。
- 搜集素材：平常收集各种优秀的国内外 APP 图标设计，在需要时从中找寻灵感。

图 2-8 草图

2. 确定风格

不同的图标用途决定了风格的取向。

3. 设计造型

根据特点、功能分析结构、设计并制作图标，在制作前选择一款设计软件，如 Photoshop、Illustrator 等。

4. 颜色定位

根据风格、功能选择相应的颜色，以及根据 APP 界面整体效果合理配色。

5. 细节调整

对阴影、光效、尺寸等细节进行调整。

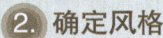 设计技巧

通常情况下图标是用户对应用的第一印象，当用户在应用市场中看到应用的图标时，他们就会根据看到的图标来推测应用的使用体验。如果图标看上去优美、精致，用户就会下意识地认为这个应用也能够带来优秀的使用体验。

1. 形状独特

图 2-9 中的 4 个图标各不相同，有的使用了大量的颜色，有的使用了梯度颜色，但是它们都有一个共同点，那就是使用了简单的形状，这种设计能够让用户立即记住这个应用。

图 2-9 形状独特的图标

2. 谨慎选择颜色

图标设计要限制应用颜色的色调，使用 1~2 个色调的颜色就足够了，颜色过多的图标不容易吸引用户。

3. 避免使用照片

注意，不要在图标设计中使用照片。如图 2-10 所示，可以看出当使用酒杯的照片作为应用图标时会给用户简陋的感觉，而经过设计后（最右侧图）一种优雅感会让用户对这个应用产生兴趣。

图 2-10 避免使用照片

4. 不要使用太多的文字

有不少设计者为了让用户看到自己的 APP 应用软件会在图标上添加文字让用户知道应用的名字，但是我们要明白图标在手机设备上会变得很小，有时候会让用户看不清楚图标上的文字，只会让用户有不好的体验。在应用中只应该出现 Logo，而不要将应用的全称添加进去。对于图 2-11 中这些文字应用的图标设计，如果将应用的名称添加到图标中，会给人一种凌乱的感觉。

图 2-11 文字应用的图标设计

2.2 不同风格图标设计

下面对立体图标、写实拟物图标、扁平化图标等多种风格的图标进行介绍。

2.2.1 立体图标设计

立体图标为表现立体感，通常是通过阴影、高光等光影细节实现的。本实例主要通过图层样式来制作立体图标，制作流程如图 2-12 所示。

图 2-12 立体图标的制作流程

01 新建一个尺寸大小为 1000×1000 px 的文档，如图 2-13 所示。

02 设置前景色为 #80b5e1，按 Alt+Delete 组合键填充画布，如图 2-14 所示。

提示：按 Alt+Delete 组合键填充前景色，按 Ctrl+Delete 组合键填充背景色。

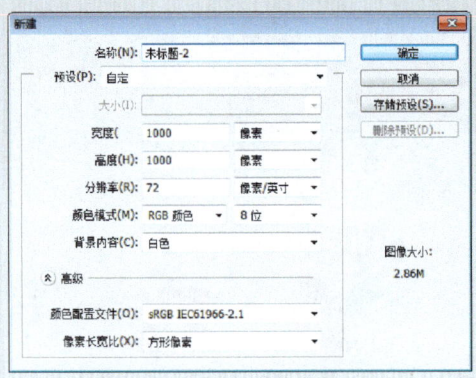

图 2-13 新建文档

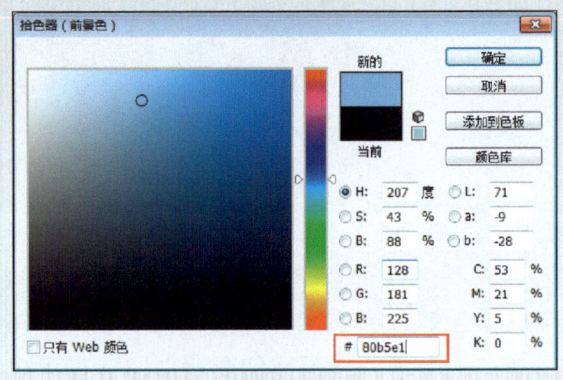

图 2-14 设置前景色

03 在工具箱中选择"圆角矩形工具"，在选项栏中设置圆角半径为 60 px，如图 2-15 所示。

04 单击左侧的 按钮，然后选中"固定大小"单选按钮，设置宽、高的参数为 400 px，如图 2-16 所示。

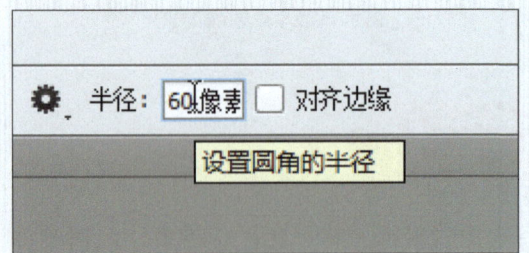

图 2-15 设置圆角的半径

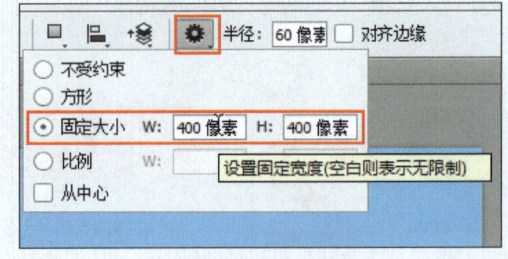

图 2-16 设置固定大小

05 在画布中单击并拖动鼠标绘制圆角矩形，如图 2-17 所示。

06 在"图层"面板中双击该图层的名称，修改名称为"底层"，如图 2-18 所示。

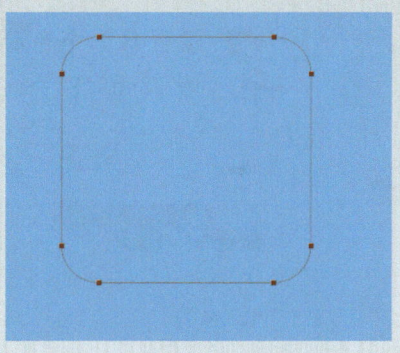

图 2-17 绘制圆角矩形

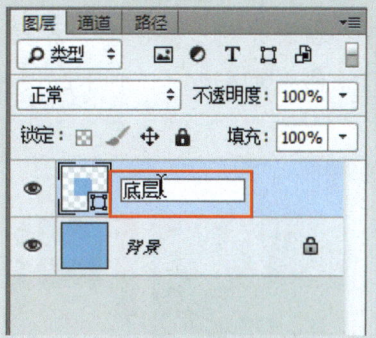

图 2-18 修改名称

07 在"图层"面板中双击"底层"图层右侧的空白处,打开"图层样式"对话框,如图 2-19 所示。

08 选择"内发光"选项,设置混合模式为"柔光"、不透明度为 84%、发光颜色为白色,以及阻塞为 4%、大小为 10 px,如图 2-20 所示。

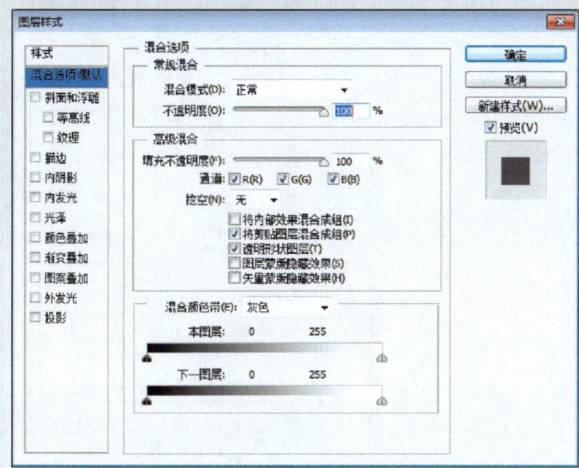

图 2-19 "图层样式"对话框　　　　　　　图 2-20 设置"内发光"

09 选择"渐变叠加"选项,在右侧单击渐变后的颜色,如图 2-21 所示。

10 在打开的对话框中选择第一个色标,然后单击底部的颜色,如图 2-22 所示。

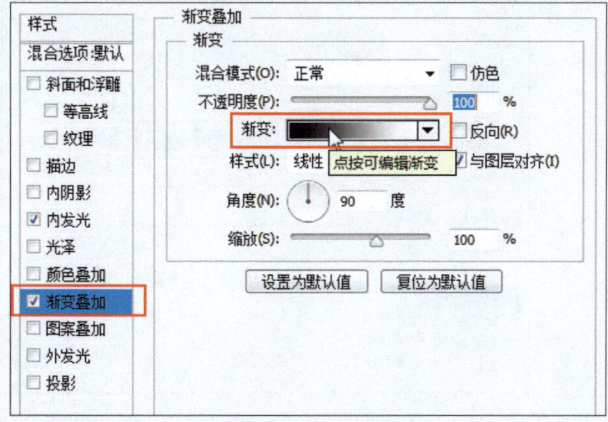

图 2-21 单击颜色

图 2-22 单击颜色

11 在打开的"拾色器"对话框中设置颜色为#187dd9,如图2-23所示。

12 设置第二个色标的颜色为#8ad9f8,如图2-24所示。

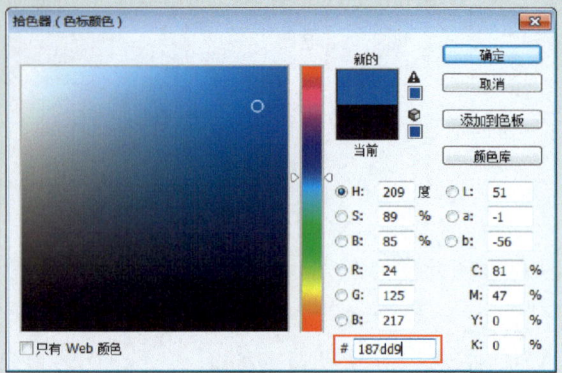

图2-23 设置颜色

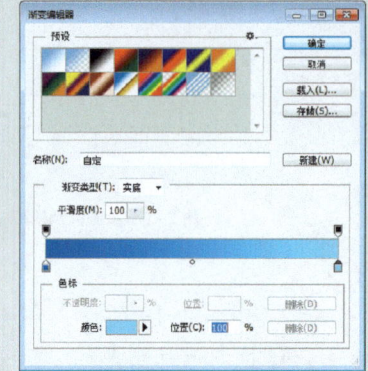

图2-24 设置色标颜色

13 单击"确定"按钮,此时的图像效果如图2-25所示。

14 按Ctrl+J组合键复制一层,重命名为"厚度",并移到"底层"的下层,如图2-26所示。

图2-25 图像效果

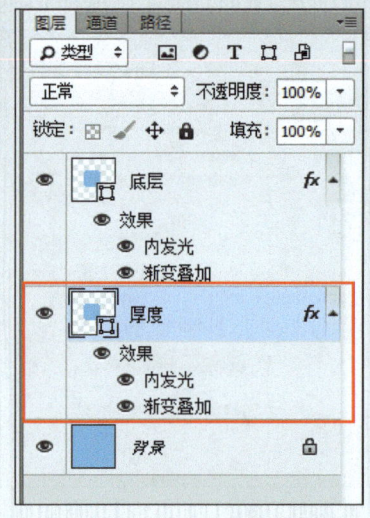

图2-26 调整图层顺序

15 双击进入"图层样式"对话框,修改"内发光"参数,如图2-27所示。然后修改"渐变叠加"的渐变色(色标1、色标3的颜色为#004889;色标2的颜色为#004889,位置为50%),角度为0度,如图2-28所示。

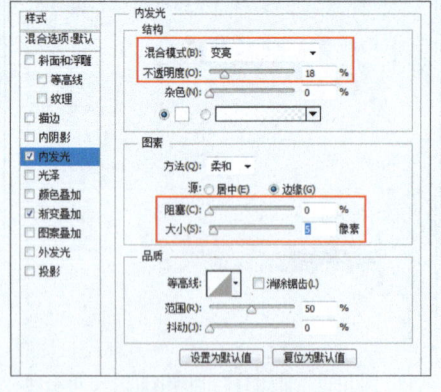

图2-27 修改"内发光"参数

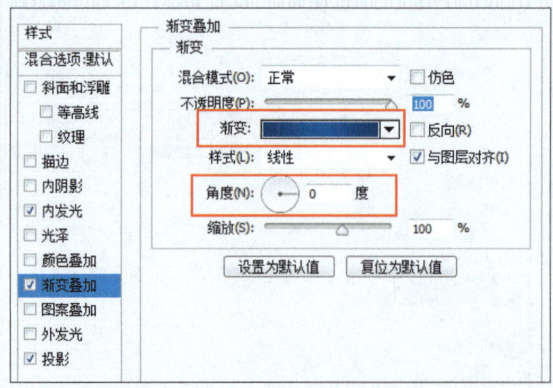

图2-28 修改"渐变叠加"参数

16 选中"投影"选项并设置参数,其中投影颜色为#003c6e,然后单击"等高线"后面的图案,如图2-29所示。

17 在打开的对话框中设置等高线,如图2-30所示。

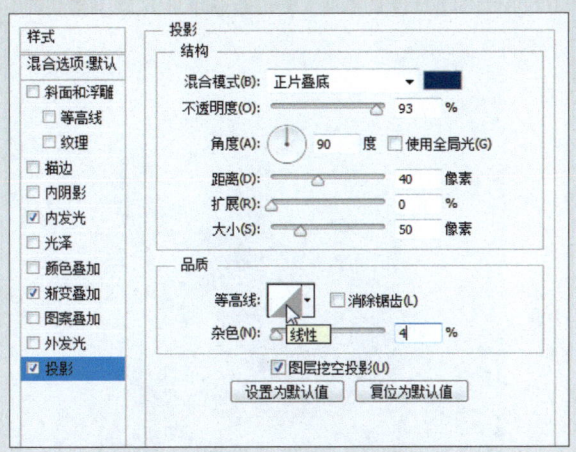

图2-29 设置"投影"

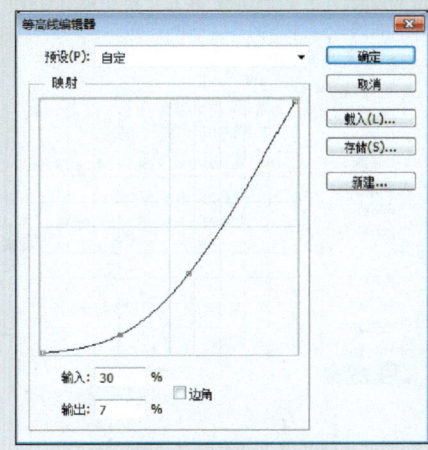

图2-30 设置等高线

18 单击"确定"按钮后的图像效果如图2-31所示。

19 使用键盘上的方向键向下移动10 px,如图2-32所示。

图2-31 图像效果

图2-32 向下移动

20 按Ctrl+J组合键复制图层,然后单击鼠标右键,执行"清除图层样式"命令,如图2-33所示。

21 修改名称为"发光",调整至"背景"图层上方,并设置填充为0%,如图2-34所示。

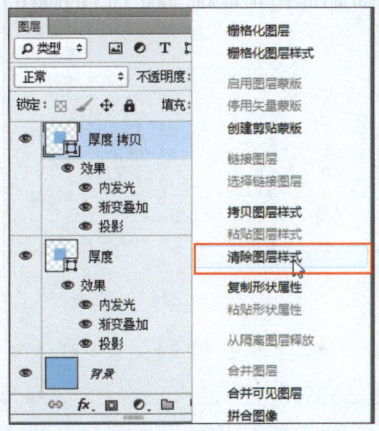

图2-33 执行"清除图层样式"命令

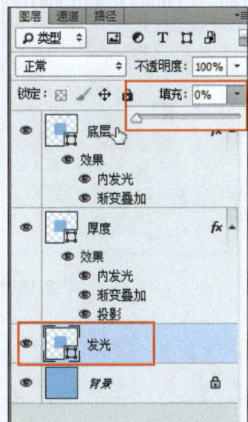

图2-34 调整图层顺序并填充

22 双击进入"图层样式"对话框,选择"投影"选项,并设置参数,其中投影颜色为#bedff2,如图2-35所示。

23 单击"确定"按钮,此时的图像效果如图2-36所示。

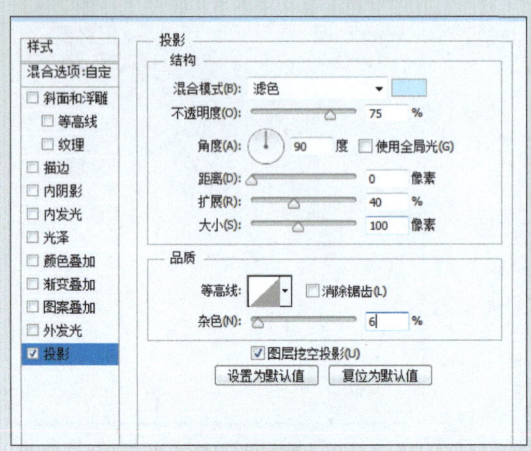

图2-35 设置"投影"　　　　　图2-36 图像效果

24 在最上层新建一层,重命名为"高光",如图2-37所示。

25 选择"画笔工具",设置前景色为#4dc9f0,在画布上单击鼠标右键,修改硬度为0%,如图2-38所示。

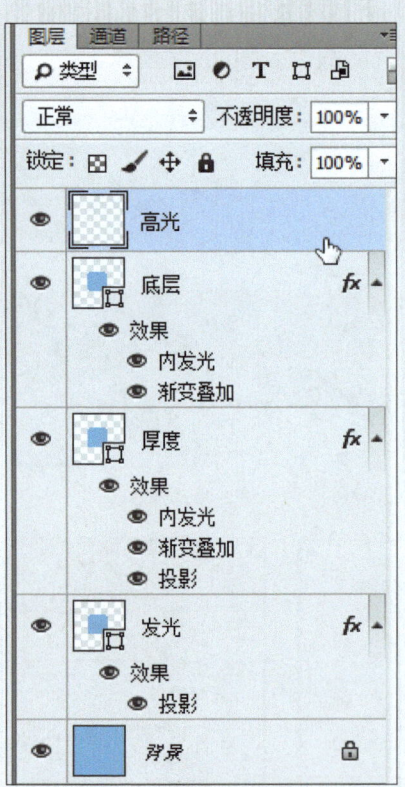
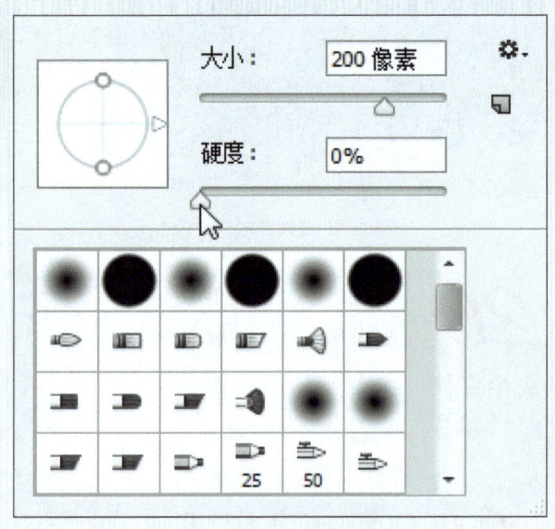

图2-37 新建图层　　　　　图2-38 修改画笔参数

26 调整画笔大小,然后单击绘制一个圆,如图2-39所示。

27 按Ctrl+T组合键将图形拉伸变形,如图2-40所示。

图 2-39 绘制圆

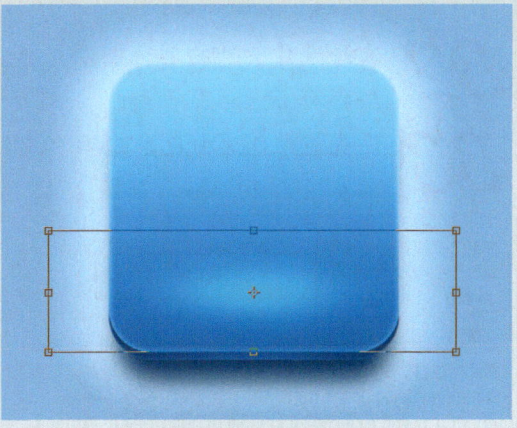

图 2-40 拉伸变形

28 使用"矩形选框工具"框选圆的下半部分，如图 2-41 所示。

29 按 Delete 键删除选区图像，如图 2-42 所示。

图 2-41 框选

图 2-42 删除

30 按 Ctrl+D 组合键取消选区，按 Ctrl+T 组合键将图形缩小，如图 2-43 所示。

31 在"图层"面板中修改不透明度为 60%，如图 2-44 所示。

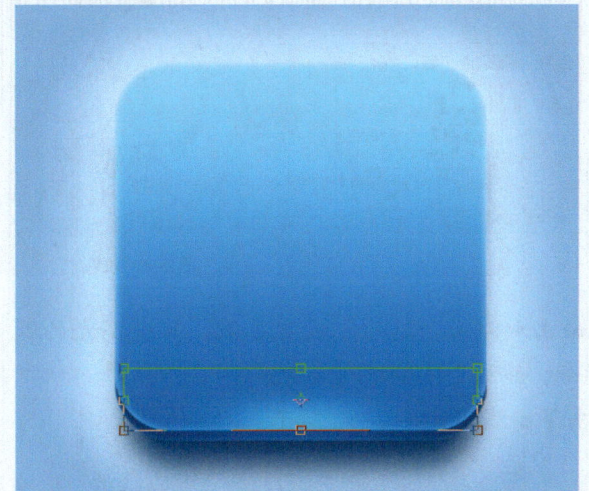

图 2-43 缩小图形

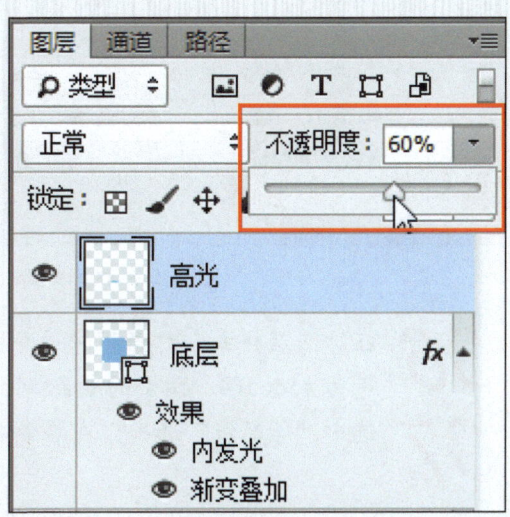

图 2-44 修改不透明度

32 选择除背景外的其他图层，单击鼠标右键，执行"从图层建立组"命令，如图 2-45 所示。

33 设置前景色为白色，选择"椭圆工具"绘制正圆，并在"属性"面板中设置宽、高参数为 205 px，如图 2-46 所示。

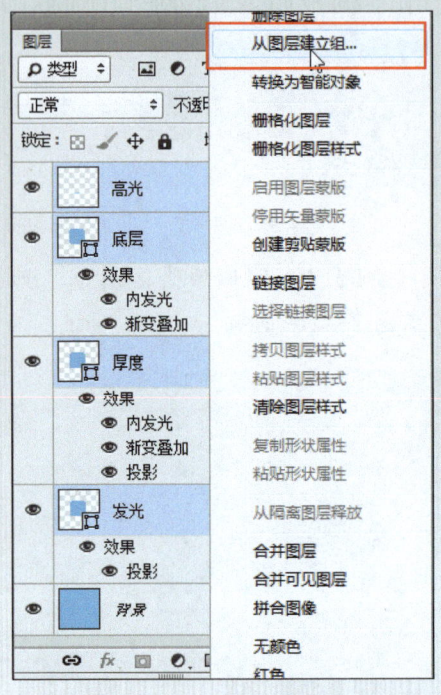

图 2-45 执行"从图层建立组"命令　　　　图 2-46 设置宽、高

34 在"图层"面板中选择圆和组 1，在选项栏中单击"垂直居中对齐"和"水平居中对齐"按钮，如图 2-47 所示。

35 执行操作后的效果如图 2-48 所示。

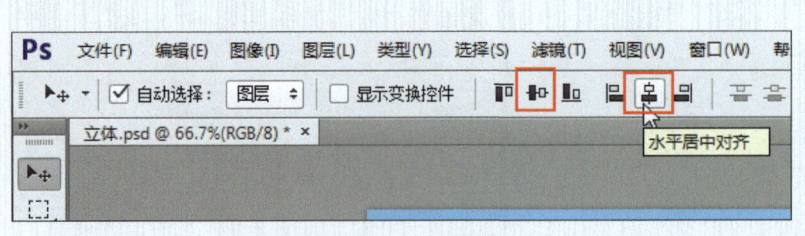

图 2-47 单击按钮　　　　图 2-48 效果

36 在"图层样式"对话框中选中"斜面和浮雕"选项，设置参数，其中高光的颜色为 #5dc5f4、阴影的颜色 #1c81da，如图 2-49 所示。

37 选中"等高线"选项，在右侧单击等高线，如图 2-50 所示。

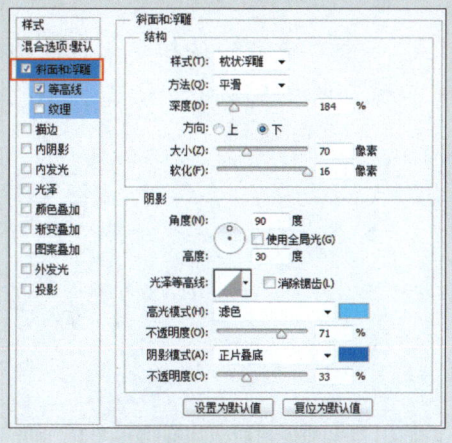
图 2-49 设置"斜面和浮雕"

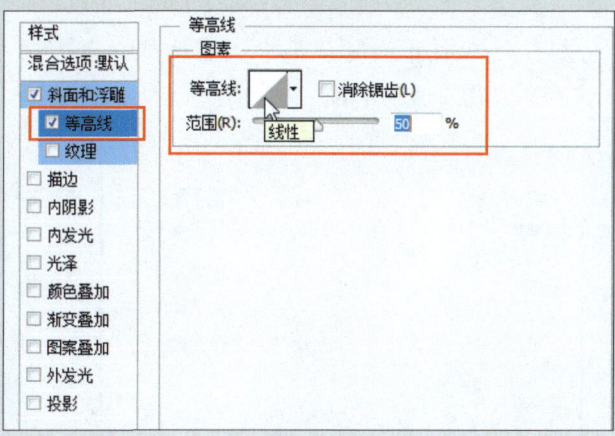
图 2-50 单击等高线

38 在打开的对话框中调整曲线，如图 2-51 所示。

39 按 Ctrl+J 组合键复制图层，然后双击缩览图，在打开的对话框中修改颜色，如图 2-52 所示。

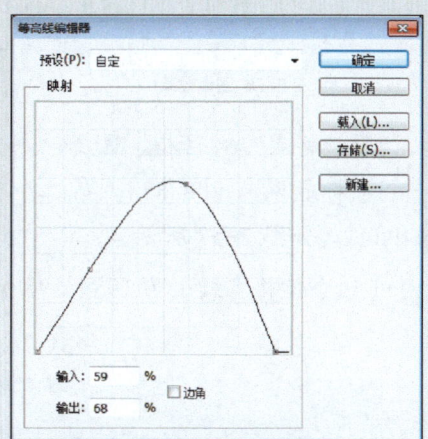
图 2-51 调整曲线

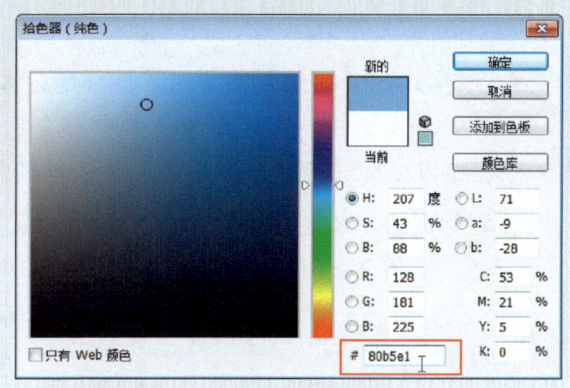
图 2-52 修改颜色

40 双击进入"图层样式"对话框，选择"内阴影"选项，设置参数，如图 2-53 所示。

41 选择"外发光"选项，设置参数，并单击等高线，如图 2-54 所示。

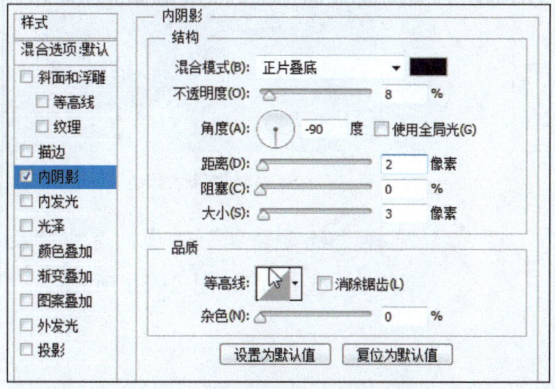
图 2-53 设置"内阴影"

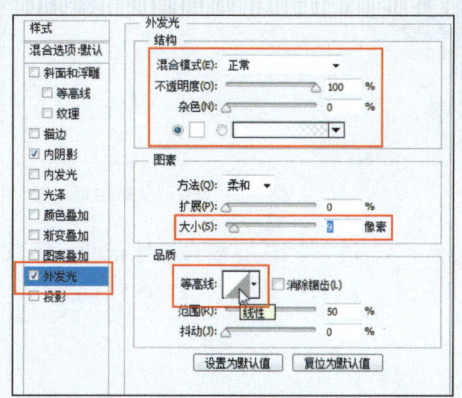
图 2-54 单击等高线

47

42 在打开的对话框中调整曲线,如图 2-55 所示。

43 单击"确定"按钮,此时的图像如图 2-56 所示。

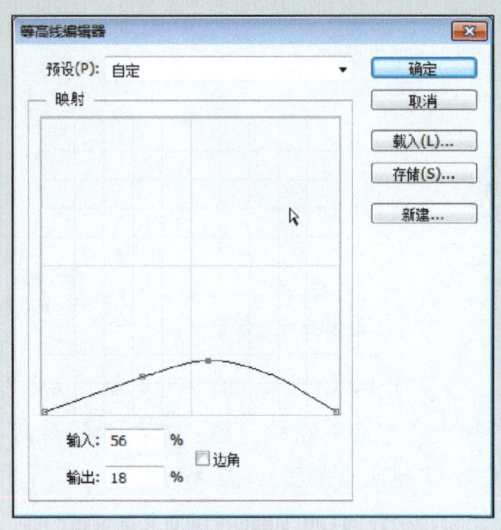

图 2-55 调整曲线

图 2-56 图像效果

44 按 Ctrl+J 组合键复制图层,然后双击进入"图层样式"对话框,选择"渐变叠加"选项,设置参数,其中渐变色的第一个色标颜色为 #003874,第二个色标颜色为 #0492c2、位置为 50%,第三个色标颜色为 #049dd7,如图 2-57 所示。

45 单击"确定"按钮,再次复制一层,按 Ctrl+T 组合键将其缩小为 195×195 px,如图 2-58 所示。

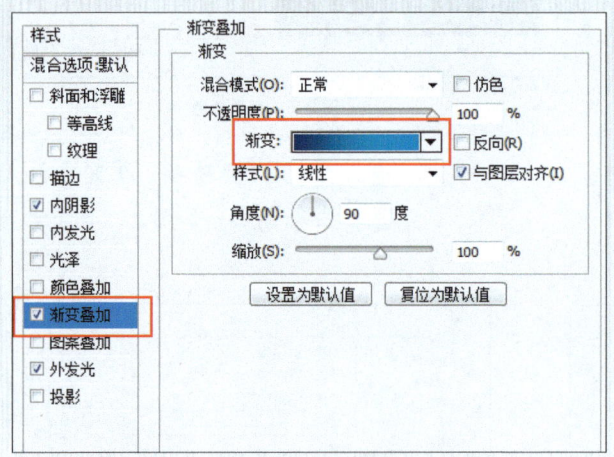

图 2-57 设置"渐变叠加"

图 2-58 复制并缩小

46 进入"图层样式"对话框,修改"内阴影"参数,如图 2-59 所示。

47 选择"渐变叠加"选项,选中"反向"复选框,如图 2-60 所示。

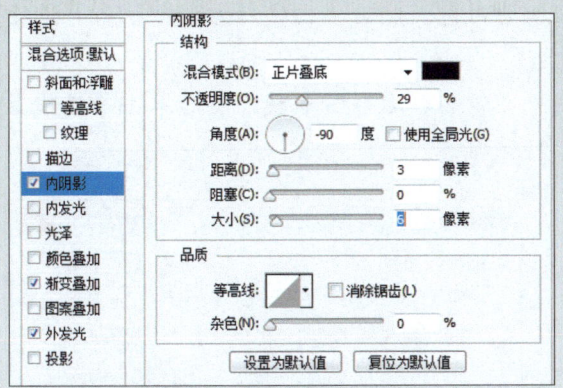

图 2-59 修改"内阴影"参数

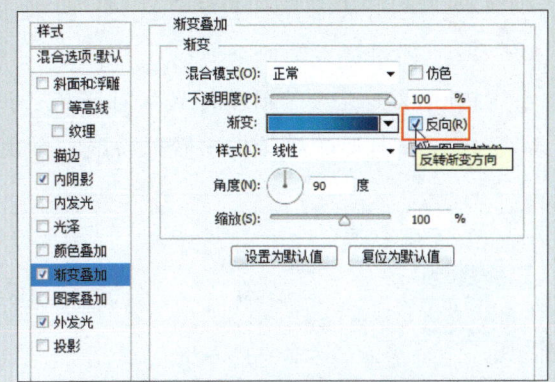

图 2-60 设置"渐变叠加"参数

48 取消选中"外发光"复选框，如图 2-61 所示。

49 选择背景和组 1 以外的所有图层，单击鼠标右键，执行"从图层建立组"命令建立组 2，如图 2-62 所示。

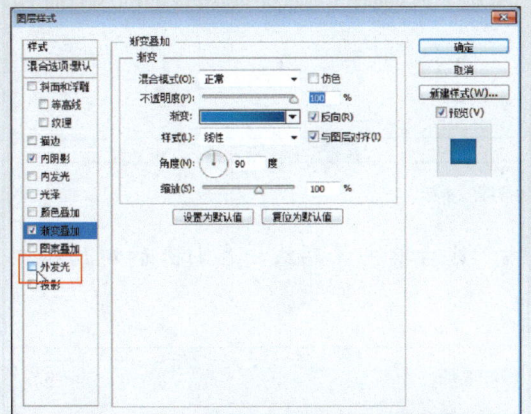

图 2-61 取消选中"外发光"复选框

图 2-62 建立组 2

50 复制最上面的一层，将其拖出组 2，如图 2-63 所示。

51 按 Ctrl+T 组合键将其缩小为 185×185 px，如图 2-64 所示。

图 2-63 复制图层

图 2-64 缩小图形

52 在图层缩览图上双击鼠标,修改颜色为白色。然后单击鼠标右键,执行"清除图层样式"命令。

53 双击进入"图层样式"对话框,设置"斜面和浮雕"参数,然后单击等高线,在打开的对话框中修改曲线,如图 2-65 所示。

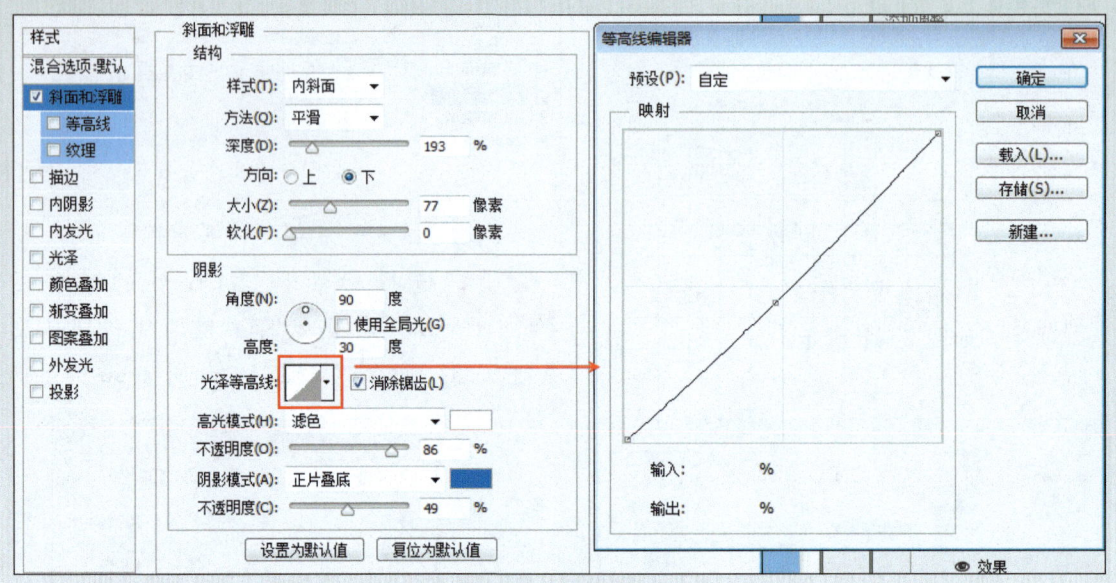

图 2-65 设置"斜面和浮雕"参数

54 选择"等高线"选项,设置范围为 80%,然后单击等高线,在打开的对话框中调整曲线,如图 2-66 所示。

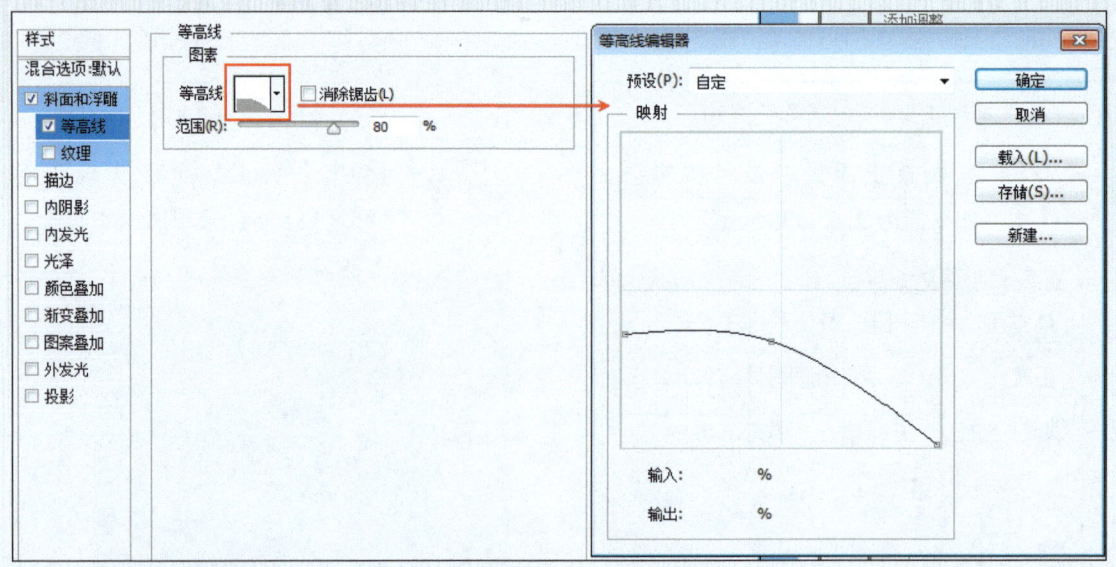

图 2-66 调整"等高线"中的曲线

55 设置"内阴影"参数,颜色为 #1f7ab9,如图 2-67 所示。

56 设置"内发光"参数,颜色为 #1e7ec9,如图 2-68 所示。

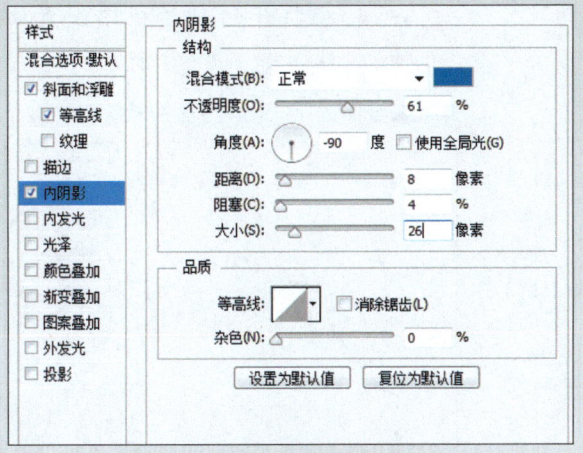

图 2-67 设置"内阴影"参数

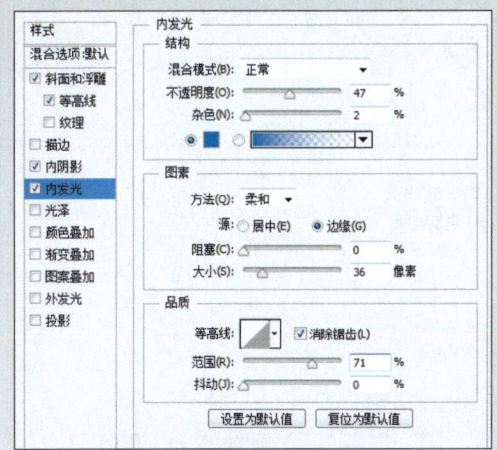

图 2-68 设置"内发光"参数

57 设置"光泽"参数，颜色为 #cbf8f7，如图 2-69 所示。

58 设置"渐变叠加"参数，单击渐变色，如图 2-70 所示。

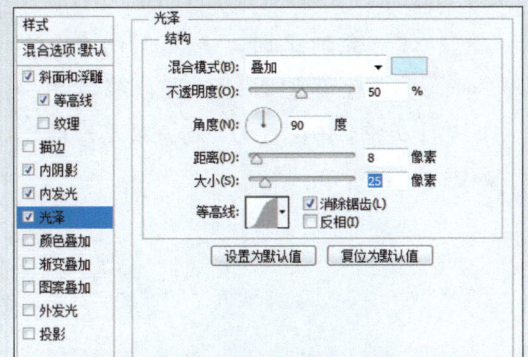

图 2-69 设置"光泽"参数

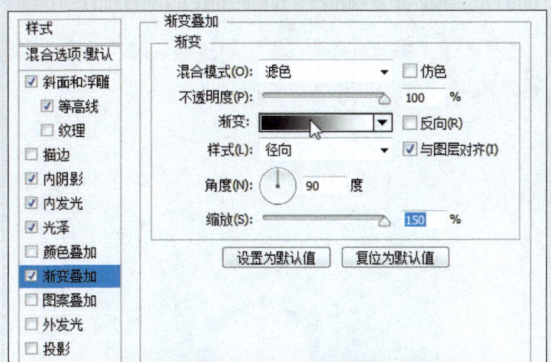

图 2-70 设置"渐变叠加"参数

59 在打开的对话框中修改第一个色标的颜色为 #222006，如图 2-71 所示。

60 设置"外发光"参数，颜色为 #424242，如图 2-72 所示。

图 2-71 修改色标的颜色

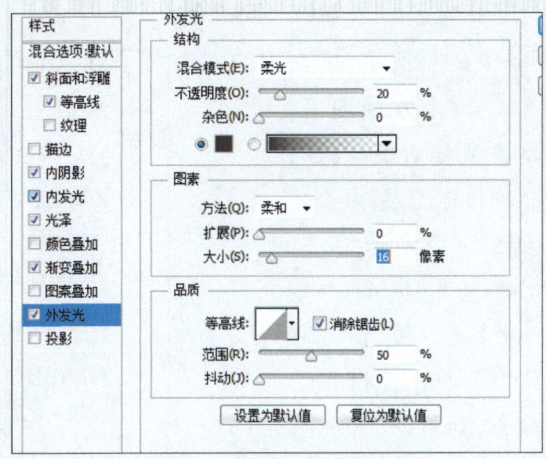

图 2-72 设置"外发光"参数

61 设置"投影"参数，颜色为#00335c，然后单击等高线，如图2-73所示。

62 在打开的对话框中设置曲线，如图2-74所示。

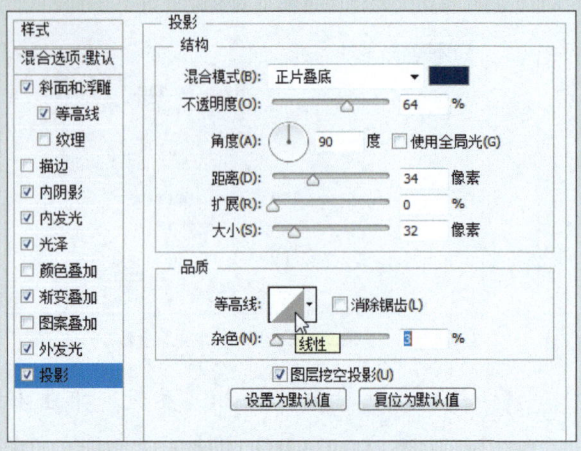

图2-73 设置"投影"参数

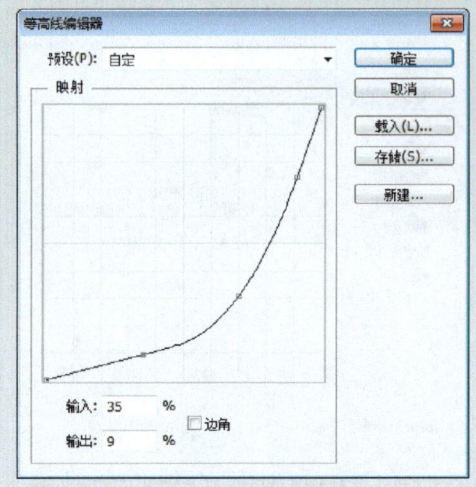

图2-74 设置曲线

63 单击"确定"按钮，此时的图像效果如图2-75所示。

64 绘制正圆，并复制两个，然后调整圆的位置，将其中一个进行压缩，并设置为"减去顶层形状"，如图2-76所示。

图2-75 图像效果

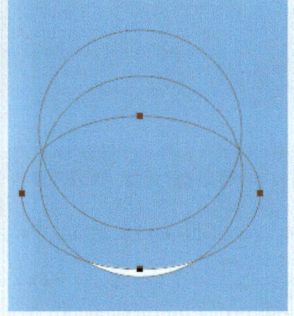

图2-76 绘制图形

65 选择圆所在的图层，单击鼠标右键，执行"栅格化图层"命令，如图2-77所示。

66 执行"滤镜"|"模糊"|"高斯模糊"命令，如图2-78所示。

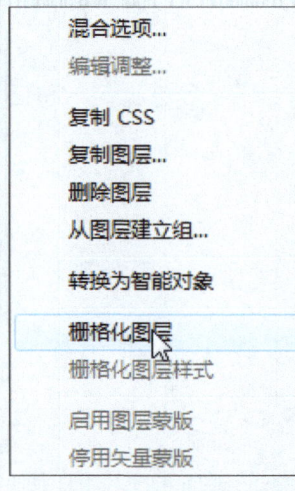

图2-77 执行"栅格化图层"命令

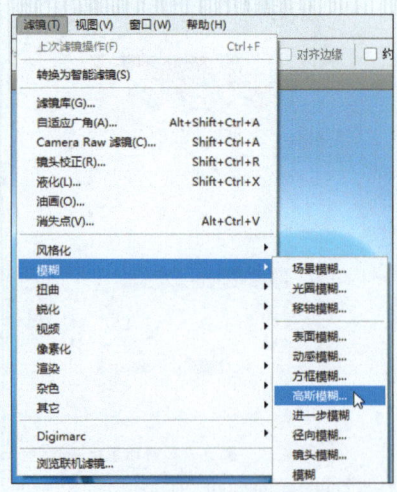

图2-78 执行"高斯模糊"命令

67 在弹出的对话框中设置半径为 1.5 px，如图 2-79 所示。

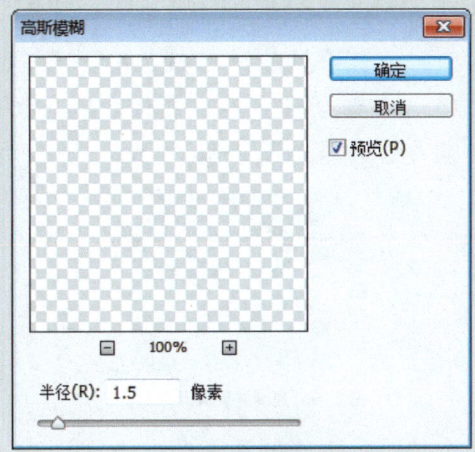

图 2-79 设置半径

68 单击"确定"按钮后图像如图 2-80 所示。

图 2-80 图像效果

69 修改图层的不透明度参数为 30%，如图 2-81 所示。

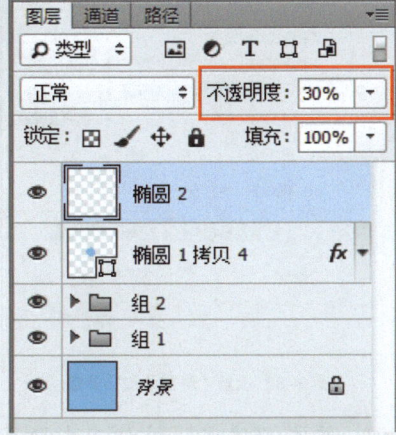

图 2-81 修改不透明度

70 此时的效果如图 2-82 所示。

图 2-82 图像效果

71 新建图层，用硬度为 0% 的画笔绘制一个点，如图 2-83 所示。

图 2-83 绘制点

72 按 Ctrl+T 组合键将其略微压扁，放在前面绘制的高光上，并调整不透明度为 70%，如图 2-84 所示。

图 2-84 压扁并调整位置与不透明度

73 用"圆角矩形工具"绘制一个圆角矩形，在"属性"面板中设置宽为 32 px、高为 8 px、圆角半径为 3 px，如图 2-85 所示。

74 按 Ctrl+T 组合键旋转 45 度，并复制一层，按 Ctrl+T 组合键后单击鼠标右键，执行"水平翻转"命令，效果如图 2-86 所示。

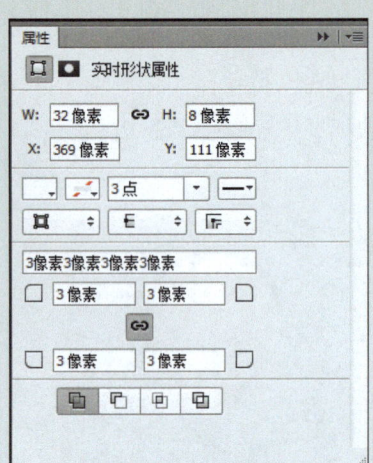

图 2-85 设置圆角矩形参数

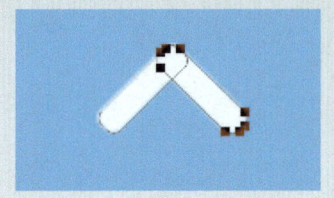

图 2-86 复制并翻转

75 添加图层样式，设置"内阴影"参数，如图 2-87 所示。

76 设置"渐变叠加"参数，渐变色的色标分别为 #1a66b3 和 #2db7db，如图 2-88 所示。

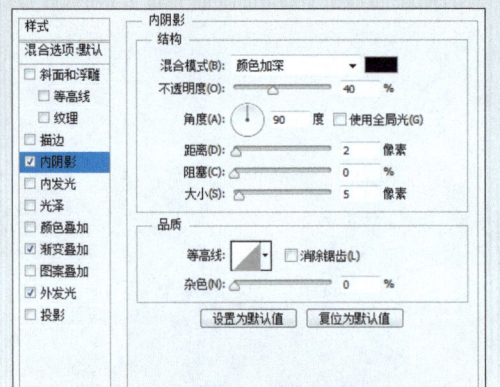

图 2-87 设置"内阴影"参数

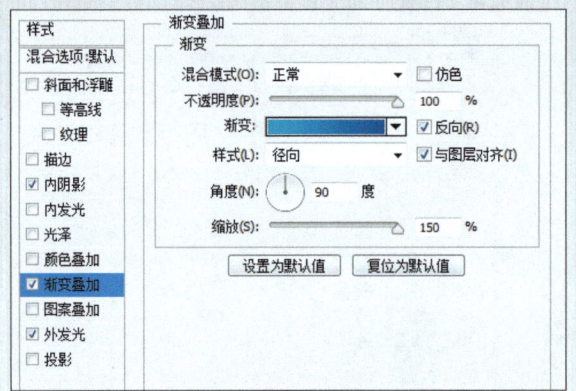

图 2-88 设置"渐变叠加"参数

77 设置"外发光"参数，如图 2-89 所示。

78 单击"确定"按钮完成效果，如图 2-90 所示。

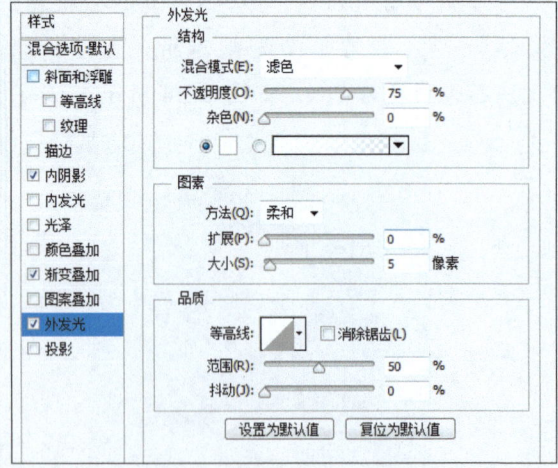

图 2-89 设置"外发光"参数

图 2-90 完成效果

2.2.2 写实拟物图标设计

写实图标也叫拟物图标，使用了生活中大量可见的元素来表达功能对应的含义。

在使用写实风格创作图标的过程中，最为重要的就是元素的设计要符合真实生活中的情况，包括外形、材料、角度、大小比例、色彩等因素，如图2-91所示。

图2-91 符合真实生活效果

需要设计者注意的是，写实并不是画得像照片一样，为了让图标更具特色，设计者让创造的图标比较逼真，但又超越现实，例如方形的玉米、水晶质感的云彩等，如图2-92所示。

图2-92 写实拟物图标

写实图标的制作流程如下。

- 尽量找到具有参考价值的照片和图片。
- 归纳出造型重点，提炼颜色、纹理细节。
- 有重点性的夸张造型和构图表现。

- 绘制概念草稿，从不同的角度以不同的组合方式出发。
- 勾出轮廓线，填充基本颜色。
- 绘制暗部阴影、高光，添加纹理，处理细节，添加环境色。
- 添加背景，进行发布。

2.2.3 线性图标设计

线性图标一般是以纯描线方式画出来，它比拟物化图标简单很多，但却很实用，特别适用于扁平化设计。线性图标可以方便地转换成 SVG（可缩放矢量图形）、图标字体，体积小，支持自由缩放且不模糊，非常适合在手机 APP 上使用。

- **尺寸规格**：一般线条为 2 px，如图 2-93 所示，也有的加强为 3 px，如图 2-94 所示。

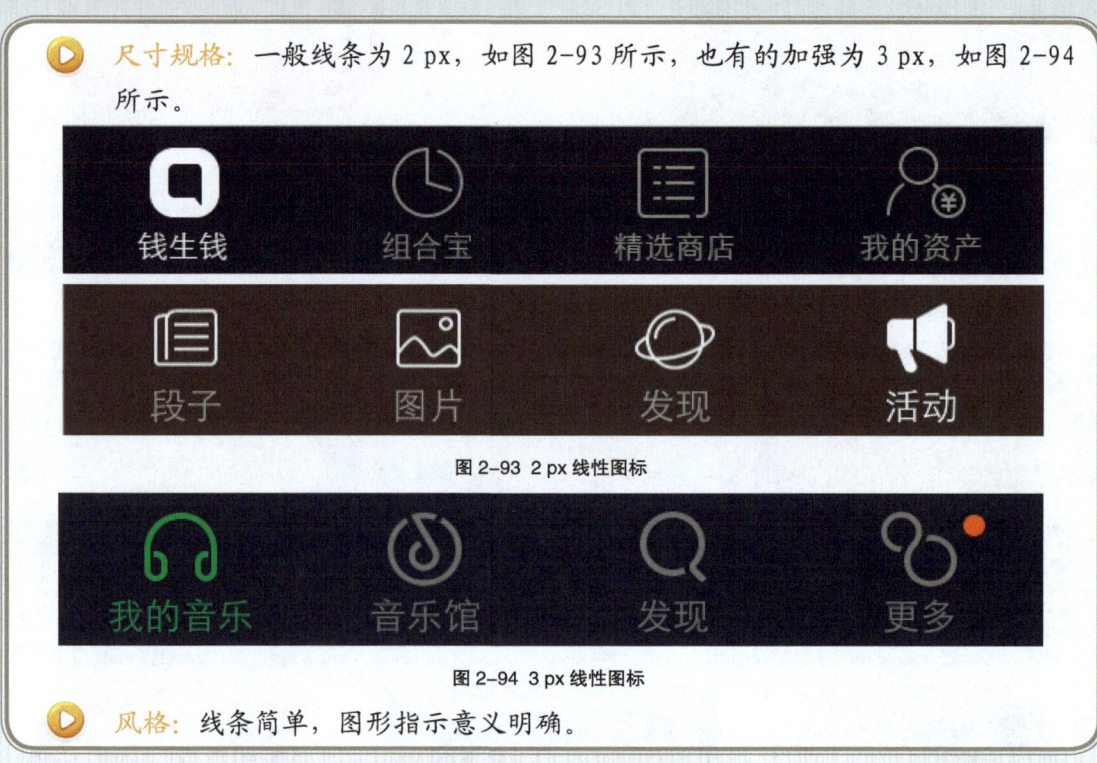

图 2-93 2 px 线性图标

图 2-94 3 px 线性图标

- **风格**：线条简单，图形指示意义明确。

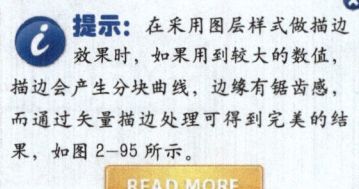

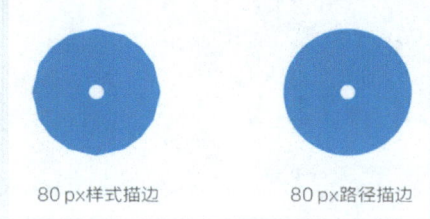

图 2-95 样式描边与路径描边

1. 设计思路

在制作图标前需要分析图标的作用是什么？放在哪里？什么风格？在对这些需求进行分析后找到具体的图形来表达抽象或具体的意义，最后进行图形设计，在绘制草图后使用 Photoshop 完成图标的设计，如图 2-96 所示。

图 2-96 设计思路

2. 制作步骤

线性图标可以通过描边直接绘制，这里介绍如何使用布尔运算来制作线性图标，制作流程如图 2-97 所示。

图 2-97 制作流程

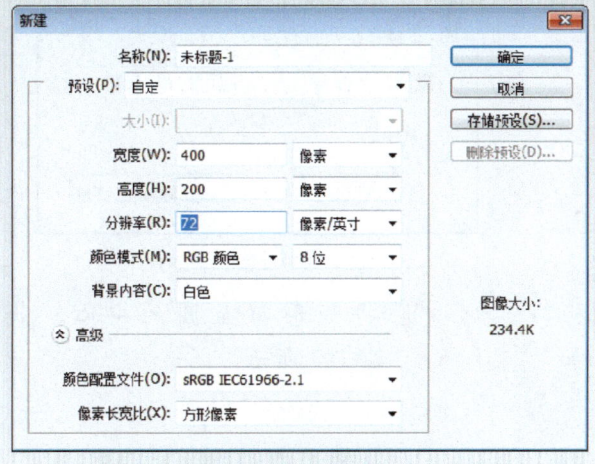

图 2-98 新建空白文档

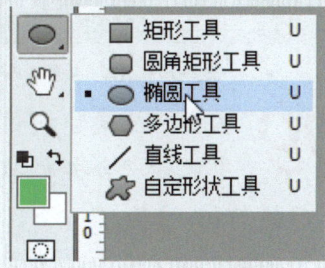

图 2-99 选择"椭圆工具"

01 在 Photoshop 中新建一个空白文档，如图 2-98 所示。

02 填充背景色为绿色，然后选择"椭圆工具"，如图 2-99 所示。

03 在画面中单击鼠标弹出对话框，设置宽度和高度参数，单击"确定"按钮，如图 2-100 所示。

04 创建圆后按 Ctrl+C 组合键复制，按 Ctrl+V 组合键粘贴，粘贴后按 Ctrl+T 组合键将其缩小 2 px，如图 2-101 所示。

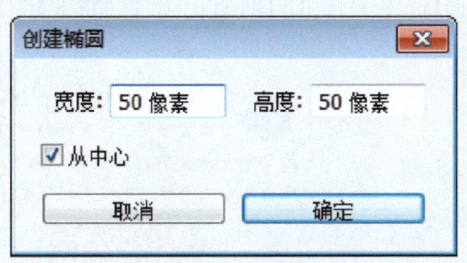

图 2-100 设置参数

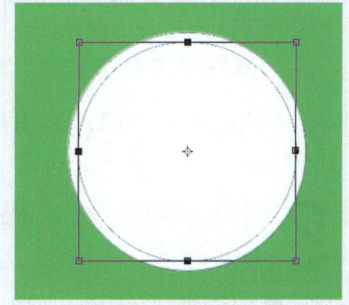

图 2-101 复制并缩小

05 在选项栏中单击"路径操作"按钮，在下拉列表中选择"减去顶层形状"选项，如图 2-102 所示。

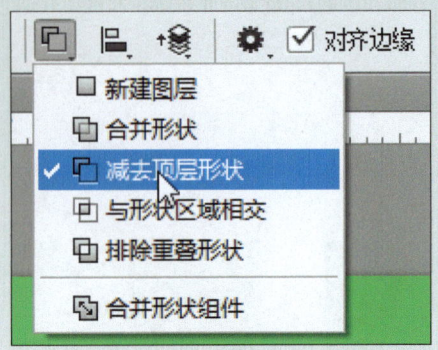

图 2-102 选择"减去顶层形状"选项

06 执行操作后图形效果如图 2-103 所示。

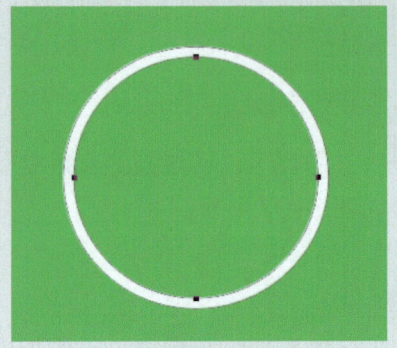

图 2-103 图形效果

07 在工具箱中选择"矩形工具"，如图 2-104 所示。

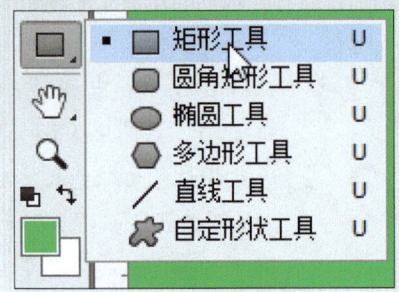

图 2-104 选择"矩形工具"

08 在画面中单击鼠标，在弹出的对话框中设置宽、高参数，如图 2-105 所示。

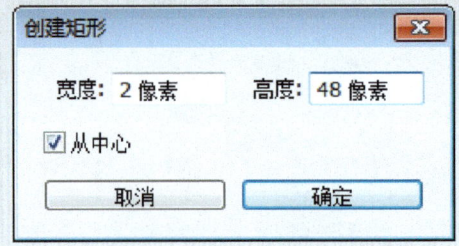

图 2-105 设置宽、高参数

09 单击"确定"按钮后在选项栏中选择"合并形状"选项，如图 2-106 所示。

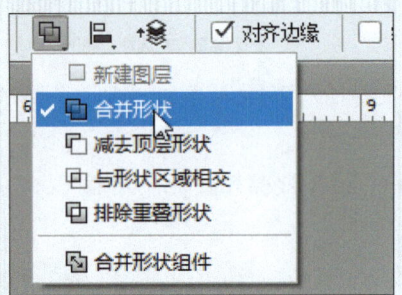

图 2-106 选择"合并形状"选项

10 将矩形移至圆的中心，如图 2-107 所示。

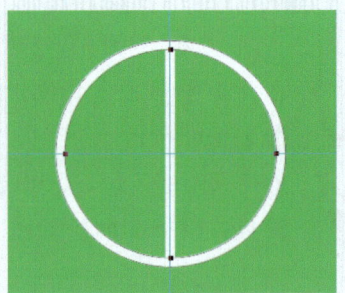

图 2-107 移至中心

提示：按 Ctrl+T 组合键调出自由变换框，找到圆的中心点，按 Ctrl+R 组合键打开标尺，从标尺中拖出参考线来标记中心点的位置。

READ MORE

11 再次绘制椭圆，椭圆的宽度和高度为 58 px，如图 2-108 所示。

12 复制该椭圆，缩小 2 px 后进行"减去顶层形状"的操作，并移动右边缘到第一个圆的中心处，如图 2-109 所示。

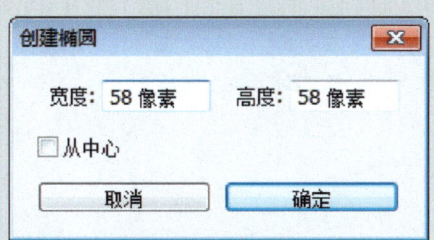

图 2-108 设置宽度和高度参数

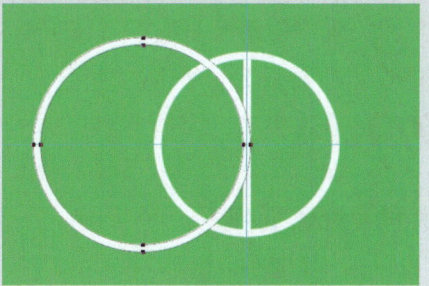

图 2-109 复制并移动

13 按键盘上的方向键,将圆向左移动 7 px,如图 2-110 所示。

14 复制图层,向右移动复制的圆,使左边缘对齐中心,然后向右移动 7 px,使两边对称,如图 2-111 所示。

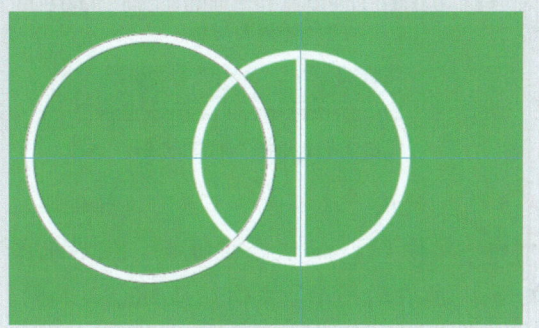

图 2-110 向左移动

图 2-111 复制并移动

15 再次复制图层,将圆的下边缘移至参考线的中心点,如图 2-112 所示。

16 按方向键向下移动 7 px,如图 2-113 所示。

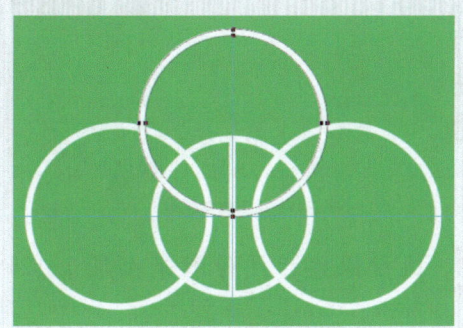

图 2-112 复制并调整位置

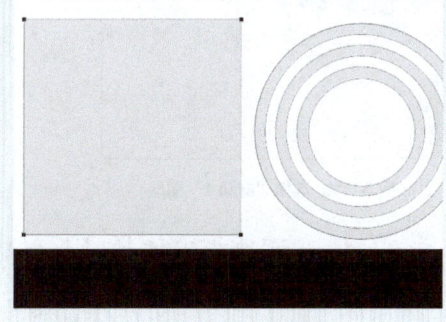

图 2-113 向下移动

17 在选项栏中单击"路径操作"按钮,在下拉列表中选择"合并形状组件"选项,如图 2-114 所示。

18 在弹出的对话框中单击"是"按钮,如图 2-115 所示。

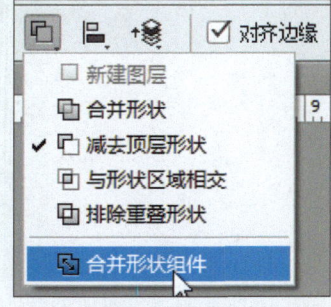

图 2-114 选择"合并形状组件"选项

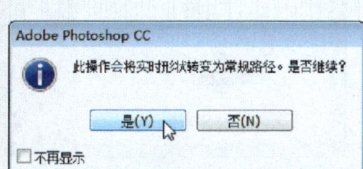

图 2-115 单击"是"按钮

19 在"图层"面板中选择上面三个图层,单击鼠标右键,执行"合并形状"命令,如图 2-116 所示。

20 再次单击"路径操作"按钮,在下拉列表中选择"合并形状组件"选项,如图 2-117 所示。

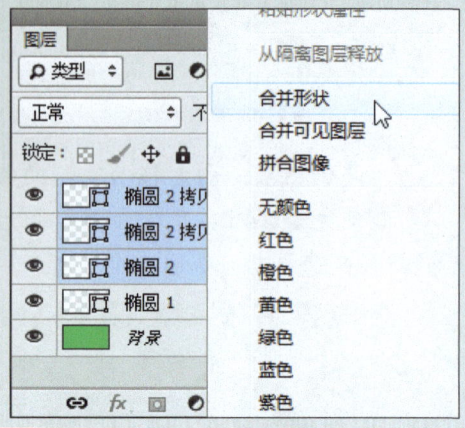

图 2-116 执行"合并形状"命令

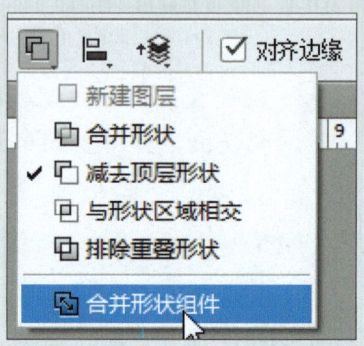

图 2-117 选择"合并形状组件"选项

21 在"图层"面板中选择"椭圆 1"图层,如图 2-118 所示。

22 使用"路径选择工具"选择外圆,按 Ctrl+C 组合键复制。然后选择"椭圆 2"所在的图层,按 Ctrl+V 组合键粘贴,如图 2-119 所示。

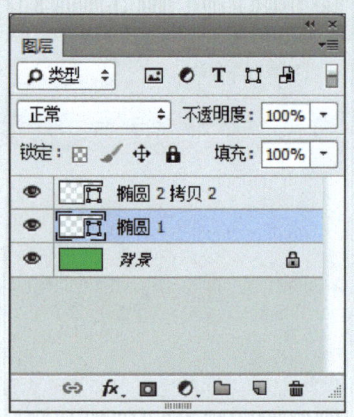

图 2-118 选择"椭圆 1"图层

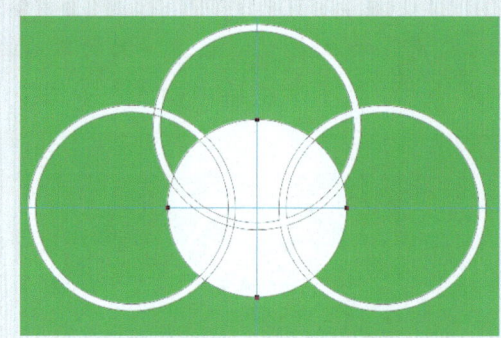

图 2-119 复制并粘贴

23 在选项栏中选择"与形状区域相交"选项,如图 2-120 所示。

24 执行操作后图像效果如图 2-121 所示。

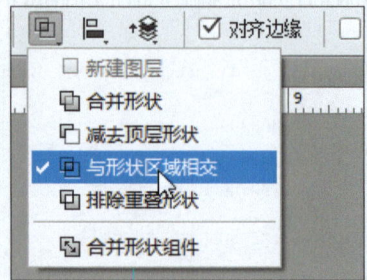

图 2-120 选择"与形状区域相交"选项

图 2-121 图像效果

25 选择"合并形状组件"选项完成篮球图标的绘制，如图2-122所示。

26 为了使其具有动感，选择图形，按Ctrl+T组合键，将其旋转30度，如图2-123所示。

> **提示：** 在进行旋转时，按住Shift键可以精准控制旋转角度为15度的倍数，即15度、30度、45度、60度等。线性图标等比例缩放会导致线条粗细改变，会破坏页面的视觉统一性，因此对同一图标的多种尺寸均需重新绘制。
>
> READ MORE

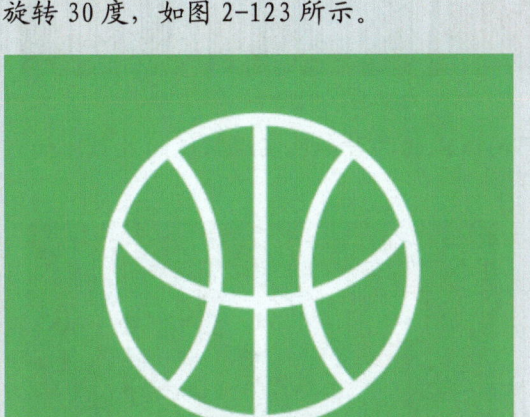

图2-122 完成绘制

图2-123 旋转效果

2.2.4 扁平化图标设计

UI最重要的组件之一就是图标，随着扁平化设计的发展越来越注重图标的简洁与寓意表达，扁平化图标是设计界的流行趋势，它流行的原因在于以下几点。

- 屏幕分辨率越快越高。
- 大量写实拟物图标，造成观者视觉上的疲劳。
- 大量纹理、阴影等细节对图标的基本功能形成了干扰。
- 写实的图标很难表现一个抽象的概念。

1. 扁平化的误区

很多设计者在设计扁平化图标时存在以下误区：同类功能的图标风格不统一，用色不统一；功能块零碎，导致简洁的画面变得零碎；可操作的按钮等和背景没有区分开来；图形过于抽象化，难以识别。

2. 扁平化图标分类

扁平化图标有以下几类。

- 为剪影图标添加一个圆或矩形的纯色背景作为底，如图2-124所示。
- 背景采用同色系的拼贴图标，如图2-125所示。

图 2-124 纯色背景为底　　　　　图 2-125 拼贴背景

- 折纸风格的图标分为两个部分，使用不同深浅的两种颜色实现折纸的效果，如图 2-126 所示。

图 2-126 折纸风格

- 长投影的图标如图 2-127 所示。

图 2-127 长投影图标

3. 剪影图标的设计要点

拟物化设计是尽可能地绘制繁琐细节，追求丰富和相似度，而剪影图标相反，要求去繁择简，并在设计中有所变化。简影图标的设计流程如下。

- **提炼精华，勾勒轮廓**：通常在绘制已有参照物的基础上设计一个图标，可以根据自己喜欢的造型参照物进行分析，先抓取参照物的关键节点，并使用几何图形绘制出一个相似的基本图形，如图 2-128 所示。
- **调整造型，不断优化**：基础图形出来后就开始根据自己的想法调整造型，这个阶段可以多准备几个版本，通过对比挑选出最合适的造型图，如图 2-129 所示。

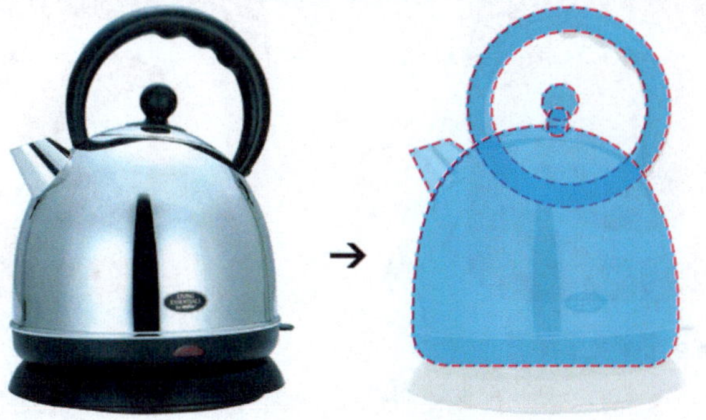

图 2-128 勾勒轮廓 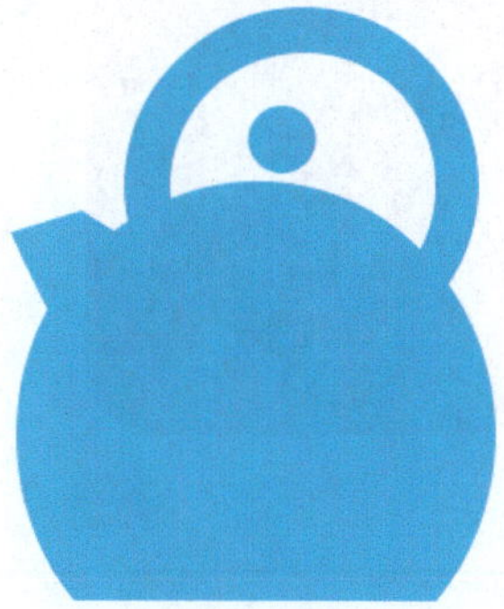　　　　　　　　　图 2-129 调整造型

- **细节增减，完成塑型**：对细节部分进行增加或删减，形成特色，完成最终的剪影图标，如图 2-130 所示。

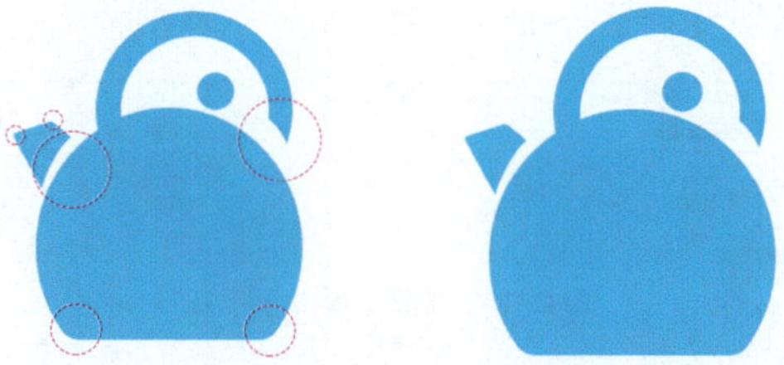

图 2-130 细节增减

提示：类似的图标还有很多，我们也可以拿来参考，如图 2-131 所示。

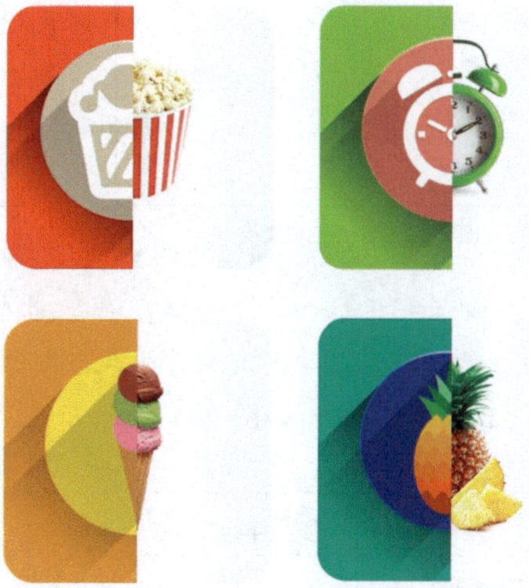

图 2-131 参考图标

4. 4 种扁平化风格图标的绘制

下面对 4 种扁平化风格图标的绘制进行讲解，分别是常规扁平化、长投影、投影、渐变式图标，如图 2-132 所示。

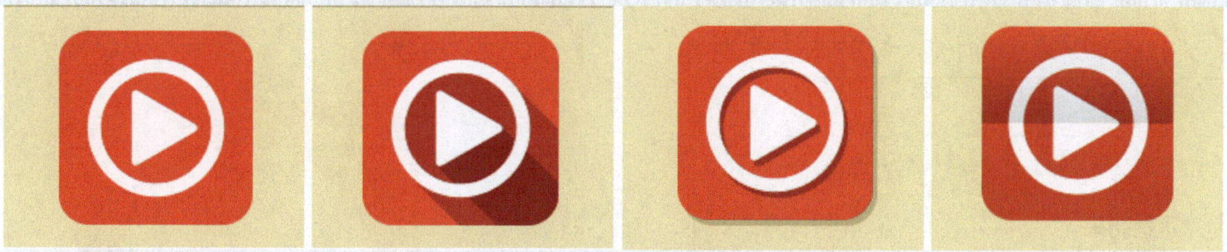

图 2-132　4 种扁平化风格图标

① 常规扁平化图标

常规扁平化图标是没有任何修饰的扁平化图标，绘制过程十分简单，图 2-133 所示为流程图。

图 2-133 流程图

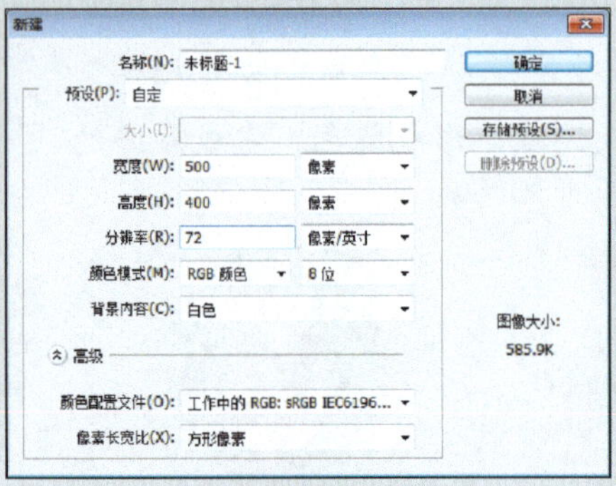

01 执行"文件"|"新建"命令,新建空白文档,如图 2-134 所示。

02 选择"圆角矩形工具",在选项栏中设置填充颜色,设置圆角半径为 40 px,如图 2-135 所示。

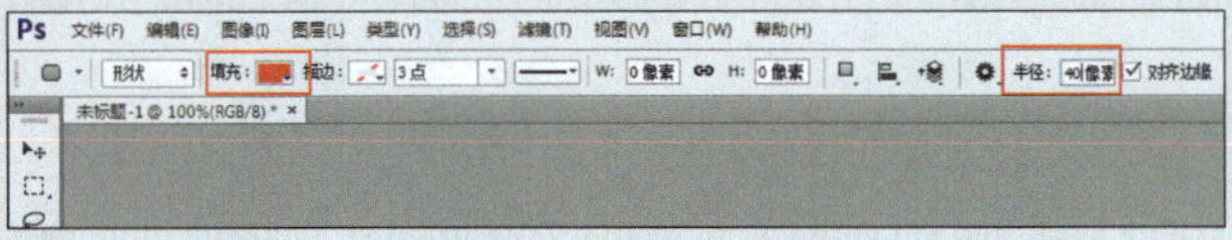

图 2-134 新建空白文档

图 2-135 设置选项栏

03 单击半径左侧的按钮,在展开的选项中选择"固定大小"单选按钮,设置宽、高为 256 px,如图 2-136 所示。

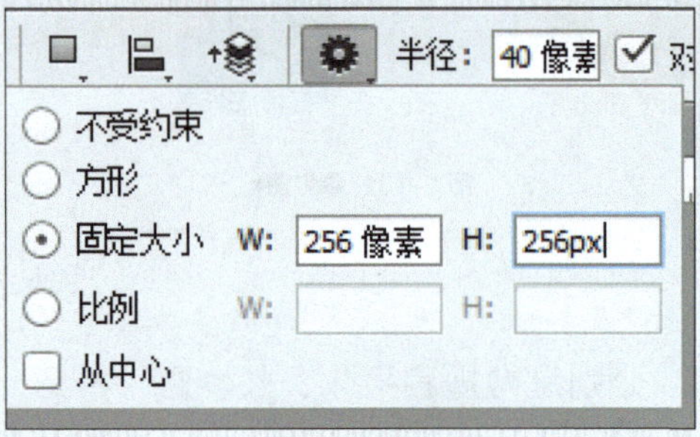

04 在画面中绘制圆角矩形,如图 2-137 所示。

图 2-136 设置固定大小

图 2-137 绘制圆角矩形

05 选择"椭圆工具",设置固定大小为 186 px,如图 2-138 所示。

06 在画面中绘制正圆,如图 2-139 所示。

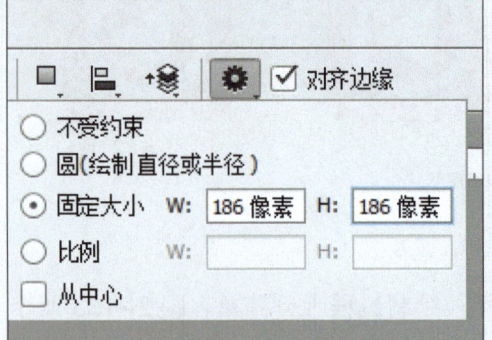

图 2-138 设置固定大小

图 2-139 绘制正圆

07 选择两个图层，选择"移动工具"后在选项栏中单击"垂直居中对齐"按钮和"水平居中对齐"按钮，如图2-140所示。

08 使用"路径选择工具"选择圆，按Ctrl+C组合键复制，按Ctrl+V组合键粘贴。然后按Ctrl+T组合键进行自由变换，按住Shift+Alt组合键按比例缩小40 px，如图2-141所示。

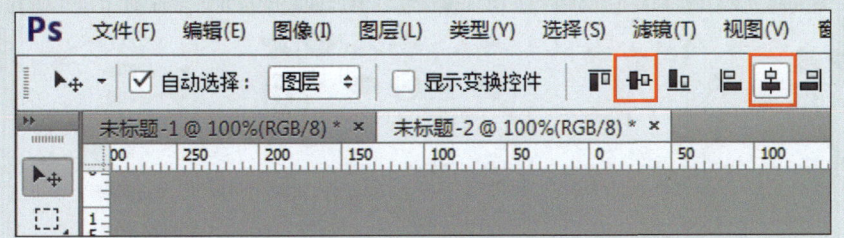
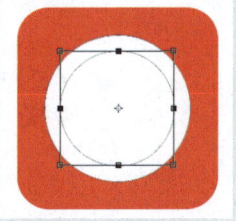

图2-140 单击对齐按钮　　　　　　　　　　图2-141 复制并缩小

09 在"属性"面板中进行细致调整，调整后的参数为146 px，如图2-142所示。

10 在选项栏中选择"减去顶层形状"选项，如图2-143所示。

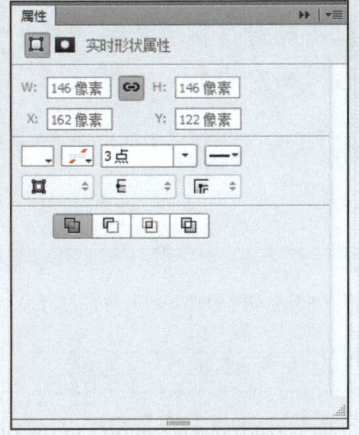
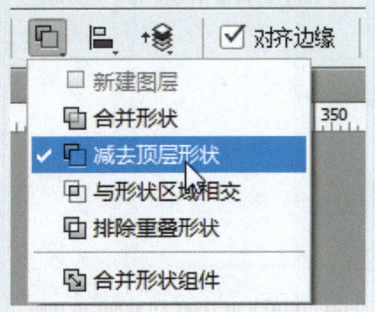

图2-142 调整参数　　　　　　　　图2-143 选择"减去顶层形状"选项

11 执行操作后的图形如图2-144所示。

12 在工具箱中选择"自定形状工具"，如图2-145所示。

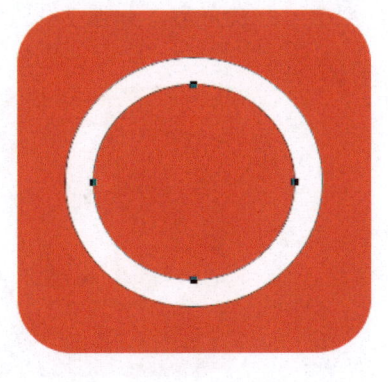
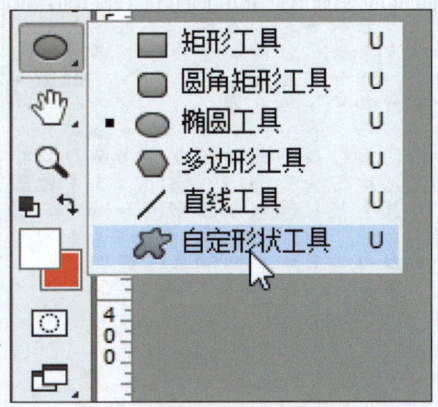

图2-144 操作后的图形　　　　　　　图2-145 选择"自定形状工具"

13 在选项栏中单击如图 2-146 所示的三角按钮。

14 展开列表，单击如图 2-147 所示的图标。

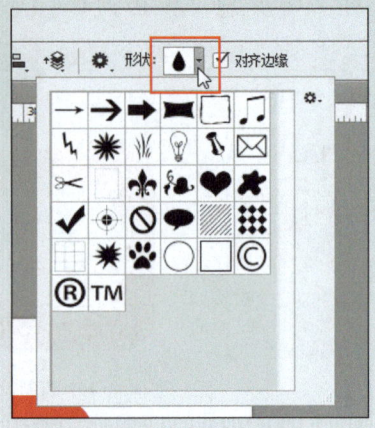

图 2-146 单击三角按钮

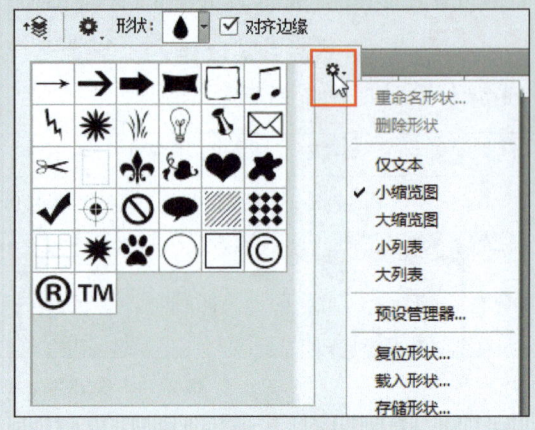

图 2-147 单击图标

15 选择"全部"选项，如图 2-148 所示。

16 在弹出的对话框中单击"确定"按钮，如图 2-149 所示。

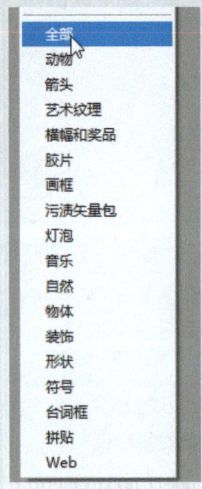

图 2-148 选择"全部"选项

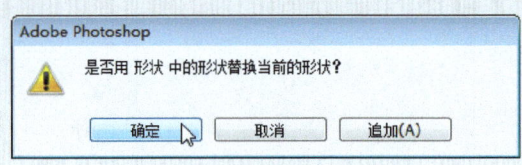

图 2-149 单击"确定"按钮

17 在载入的形状中选择"标志 3"，如图 2-150 所示。

18 在画面中按住 Shift 键绘制三角形，如图 2-151 所示。

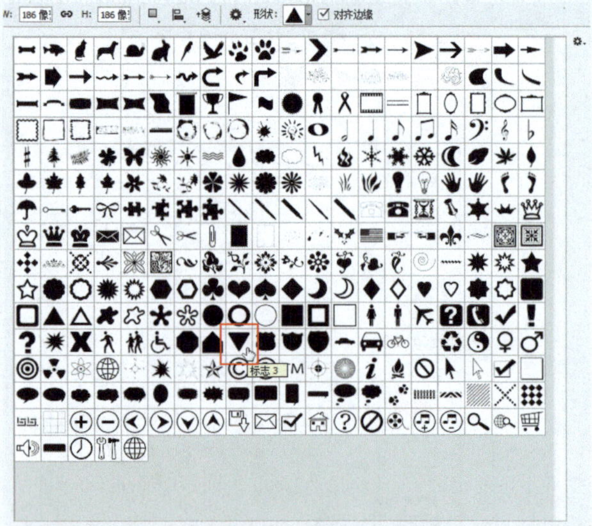

图 2-150 选择"标志 3"

图 2-151 绘制三角形

19 按Ctrl+T组合键将其旋转-90度,然后从标尺中拖出参考线,标记圆的中心,调整三角形的位置,如图2-152所示。

20 按Ctrl+;组合键隐藏参考线,完成效果如图2-153所示。

图2-152 旋转并调整位置

图2-153 完成效果

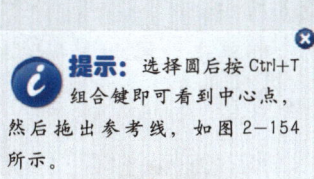

提示:选择圆后按Ctrl+T组合键即可看到中心点,然后拖出参考线,如图2-154所示。

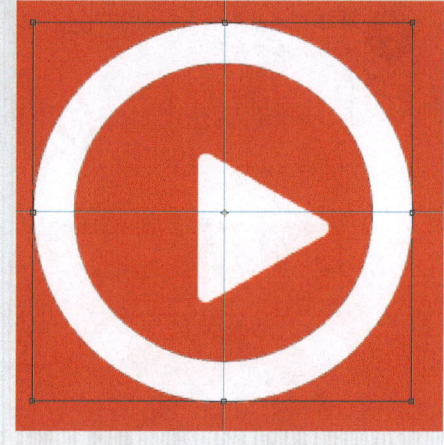

图2-154 中心点

长投影图标

下面介绍长投影图标的绘制,图2-155所示为流程图。

图2-155 流程图

01 使用"矩形工具"绘制一个填充颜色为黑色的矩形，如图2-156所示。

02 在"图层"面板中调整矩形到椭圆的下方，如图2-157所示。

图2-156 绘制矩形

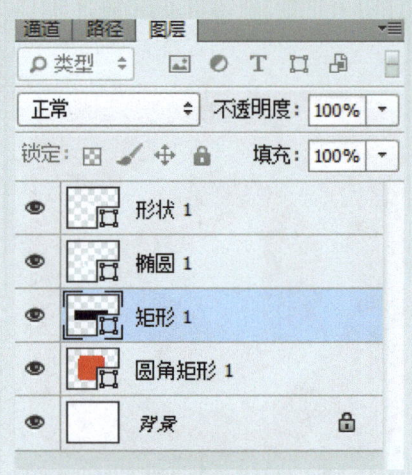

图2-157 调整图层顺序

提示：选择图层后直接上下拖动即可调整图层顺序。

03 按Ctrl+T组合键，然后按住Shift键将矩形旋转45度，如图2-158所示。

04 在"图层"面板底部单击"添加蒙版"按钮添加图层蒙版，如图2-159所示。

图2-158 旋转45度

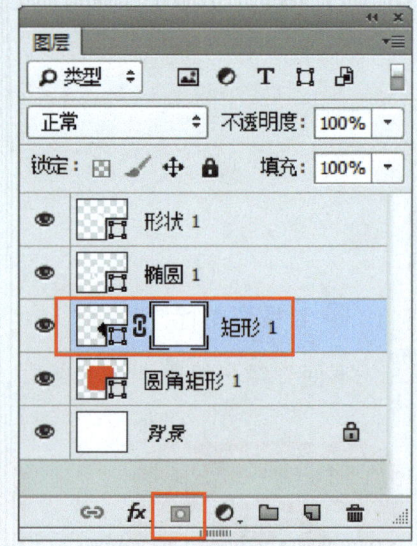

图2-159 添加图层蒙版

05 选择"圆角矩形1"图层，按住Ctrl键单击该图层的缩览图将其载入选区，如图2-160所示。

06 按Ctrl+Shift+I组合键进行反向选择，如图2-161所示。

图 2-160 载入选区

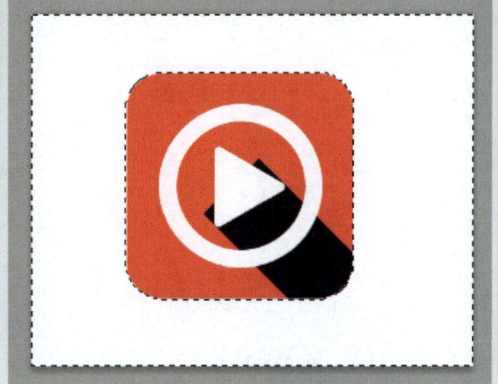
图 2-161 反向选择

07 设置背景色为黑色,选择"矩形 1"图层蒙版,按 Ctrl+Delete 组合键填充蒙版,如图 2-162 所示。

08 使用"钢笔工具"单击添加锚点,如图 2-163 所示。

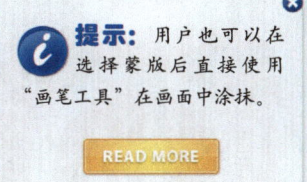

提示:用户也可以在选择蒙版后直接使用"画笔工具"在画面中涂抹。

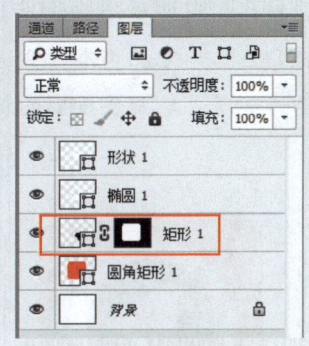
图 2-162 填充蒙版

图 2-163 添加锚点

09 按住 Alt 键依次单击矩形顶端的三个锚点,如图 2-164 所示。

10 按住 Ctrl 键拖动锚点的位置,使多余的黑色部分位于三角形下方,如图 2-165 所示。

图 2-164 单击锚点

图 2-165 拖动锚点位置

11 在"图层"面板中调整图层的不透明度为 20%,如图 2-166 所示。

12 调整后第一个长投影效果就制作完成了,如图 2-167 所示。

图2-166 修改不透明度

图2-167 长投影完成效果

13
14
下面是圆形的长投影制作。同理先绘制一个矩形，旋转角度，如图2-168所示。添加蒙版后使用"钢笔工具"添加三个锚点，然后调整锚点，如图2-169所示。调整图层的不透明度为20%，完成长投影图标的绘制，如图2-170所示。

图2-168 绘制矩形并旋转

图2-169 添加并调整锚点

图2-170 完成绘制

① 投影图标

下面介绍投影图标的绘制，图2-171所示为流程图。

图2-171 流程图

01
02
在常规扁平化图标的基础上选择圆角矩形的图层，单击"图层"面板底部的"添加图层样式"按钮，在打开的菜单中选择"投影"选项，如图2-172所示。
打开对话框，设置"投影"参数，如图2-173所示。

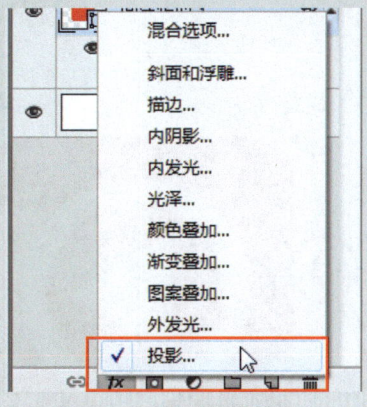

图 2-172 选择"投影"选项

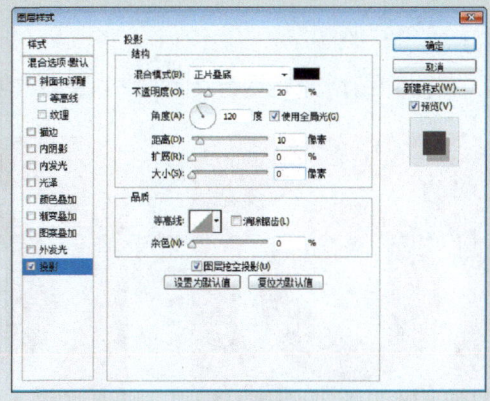

图 2-173 设置"投影"参数

03 单击"确定"按钮，图像效果如图 2-174 所示。

04 选择该图层，单击鼠标右键，执行"拷贝图层样式"命令，如图 2-175 所示。

图 2-174 图像效果

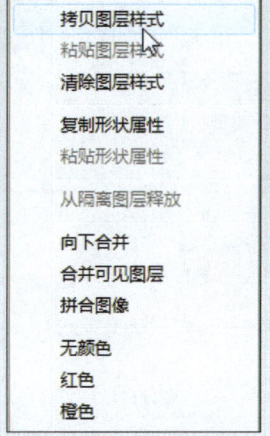

图 2-175 执行"拷贝图层样式"命令

05 选择圆和三角形所在的图层，单击鼠标右键，执行"粘贴图层样式"命令，如图 2-176 所示。

06 完成制作，效果如图 2-177 所示。

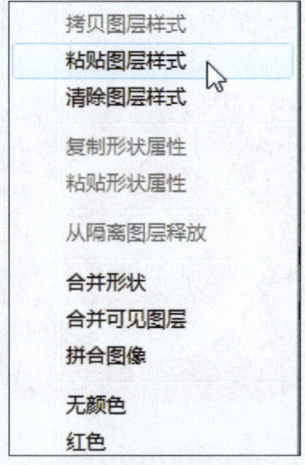

图 2-176 执行"粘贴图层样式"命令

图 2-177 完成效果

① 渐变式图标

下面介绍渐变式图标的绘制，图2-178所示为流程图。

图2-178 流程图

01 在常规扁平化图标的基础上复制圆角矩形，并在"图层"面板上设置"填充"为0%，如图2-179所示。

02 选择"钢笔工具"，在圆的路径左、右两侧添加两个锚点，如图2-180所示。

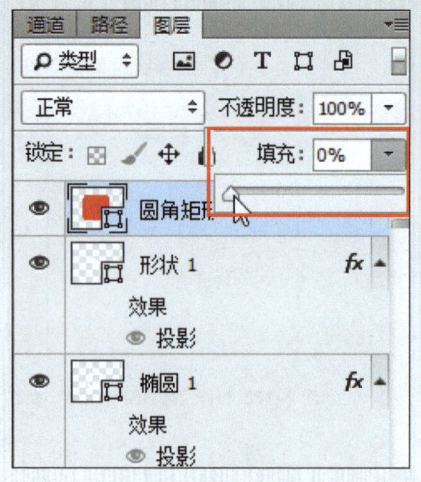

图2-179 设置"填充"为0%

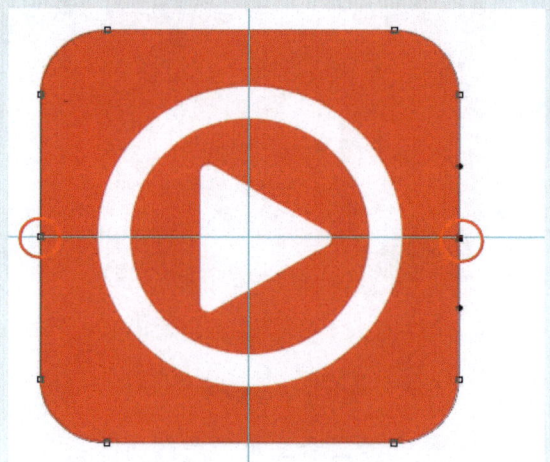

图2-180 添加两个锚点

03 在工具箱中选择"直接选择工具"，如图2-181所示。

04 框选下半部分，如图2-182所示。

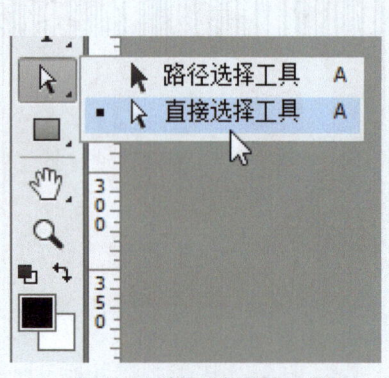

图2-181 选择"直接选择工具"

图2-182 框选下半部分

05 按Delete键删除选中的锚点，如图2-183所示。

06 双击图层，在打开的对话框中添加"渐变叠加"图层样式，如图2-184所示。

图2-183 删除锚点

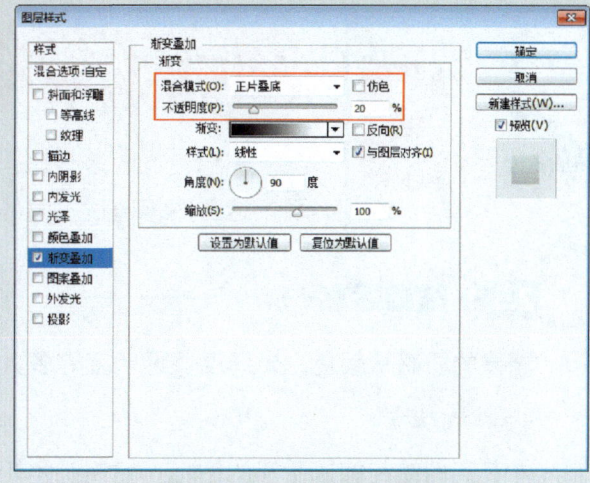

图2-184 添加"渐变叠加"图层样式

07 单击"确定"按钮，效果如图2-185所示。

08 选择底层的圆角矩形，同样添加"渐变叠加"图层样式，如图2-186所示。

图2-185 效果

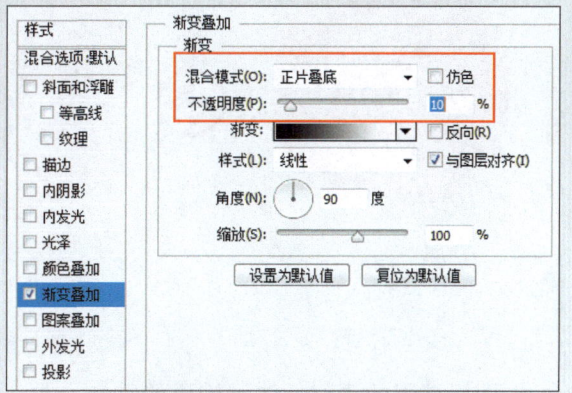

图2-186 添加"渐变叠加"图层样式

09 单击"确定"按钮完成效果，如图2-187所示。

图2-187 完成效果

2.3 不同质感与纹理的图标

图标设计的多元化、个性化发展方向促使了很多优秀图标的出现，这些图标通过不同的质感与纹理来体现图标的风格、特色。

2.3.1 糖果质感

糖果的质感从颜色、光泽度、透明度等多方面体现。

1. 设计思路

本节实例绘制糖果质感的图标，绘制圆角矩形作为图标的外形，使用粉色体现糖果的颜色，以图层样式实现图标的高光、阴影效果，体现糖果的质感，图2-188所示为制作流程图。

图2-188 制作流程图

2. 参考素材

搜集糖果的素材，体现糖果的特色之处，便于在制作时进行参考，如图2-189所示。

图2-189 糖果素材

3. 制作图标

下面介绍图标的制作。

01 使用"圆角矩形工具"绘制圆角矩形，填充颜色为#e74898，如图2-190所示。

02 在"属性"面板中设置宽、高参数以及圆角半径，如图2-191所示。

图2-190 绘制圆角矩形

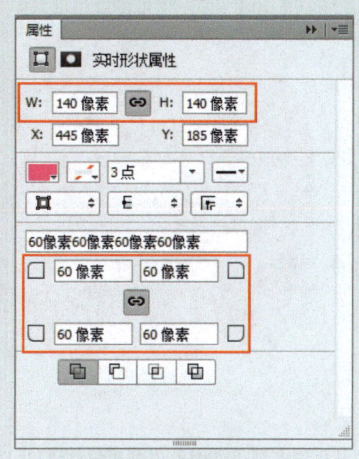

图2-191 设置参数

03 双击进入"图层样式"对话框，选择"投影"复选框，设置参数，颜色为#c5bfab，如图2-192所示。

04 单击"确定"按钮，效果如图2-193所示。

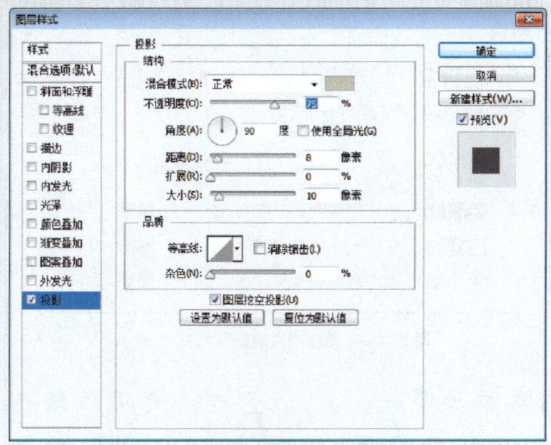

图2-192 设置"投影"

图2-193 添加投影效果

05 绘制两个白色的圆角矩形，减去顶层形状，得到的图形如图2-194所示。

06 为图层添加"颜色叠加"样式，如图2-195所示。

图2-194 得到的图形

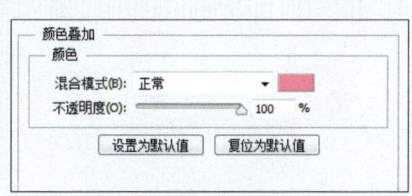

图2-195 添加"颜色叠加"样式

07 执行确定操作后的图像效果如图 2-196 所示。

08 用同样的方法继续绘制图形，如图 2-197 所示。

图 2-196 图像效果

图 2-197 继续绘制图形

09 复制图层，然后双击缩略图，修改颜色为 #fe9ccd，并将高度略微调小，如图 2-198 所示。

10 为图层添加"内阴影"样式，如图 2-199 所示。

图 2-198 修改颜色并调小

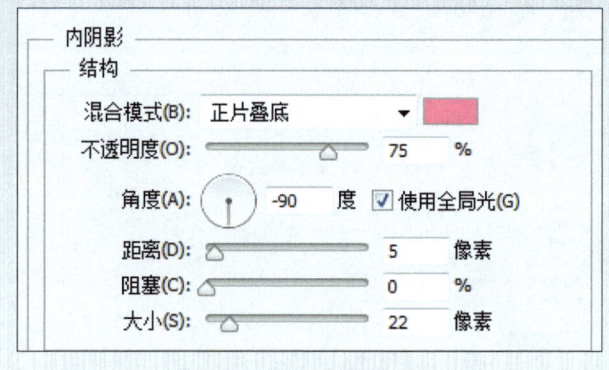

图 2-199 添加"内阴影"样式

11 选择"椭圆工具"，设置填充色为白色，绘制正圆，如图 2-200 所示。

12 为图层添加蒙版，绘制图形后设置不透明度参数为 80%，如图 2-201 所示。

13 使用"矩形工具"绘制矩形，如图 2-202 所示。

图 2-200 绘制正圆

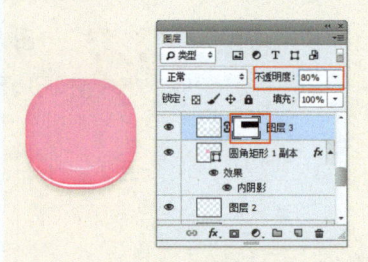

图 2-201 添加蒙版

图 2-202 绘制矩形

14 为图层添加"斜面和浮雕""内阴影""投影"样式，如图 2-203 所示。

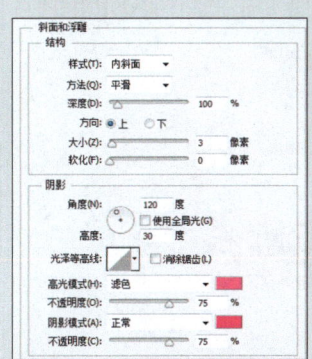 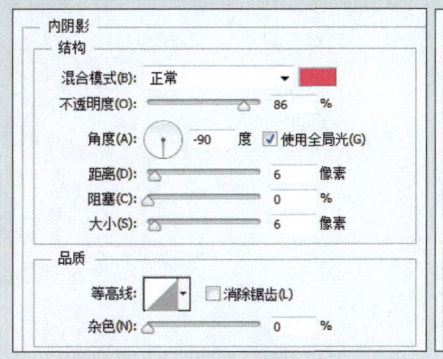 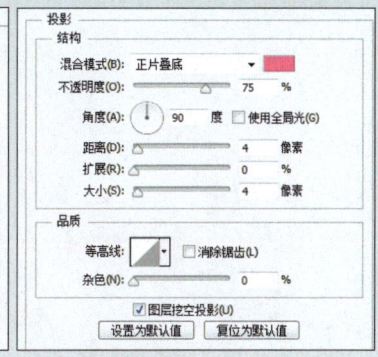

图 2-203 添加图层样式

15 单击"确定"按钮关闭对话框，图像效果如图 2-204 所示。

16 选择"矩形工具"，设置填充颜色为白色，绘制矩形，如图 2-205 所示。

图 2-204 图像效果

图 2-205 绘制矩形

17 使用"椭圆工具"绘制两个椭圆，如图 2-206 所示。

18 在"图层"面板中按住 Alt 键单击两个图层中间创建剪贴蒙版，如图 2-207 所示。

图 2-206 绘制两个椭圆

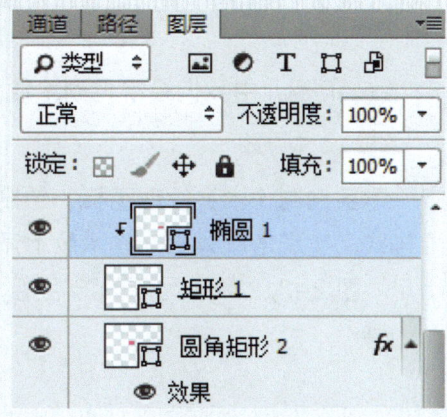

图 2-207 创建剪贴蒙版

77

19 图像效果如图 2-208 所示。

20 使用"椭圆工具"绘制正圆，如图 2-209 所示。

图 2-208 图像效果

图 2-209 绘制正圆

21 为图层添加"渐变叠加"样式，如图 2-210 所示。

22 完成最终效果，如图 2-211 所示。

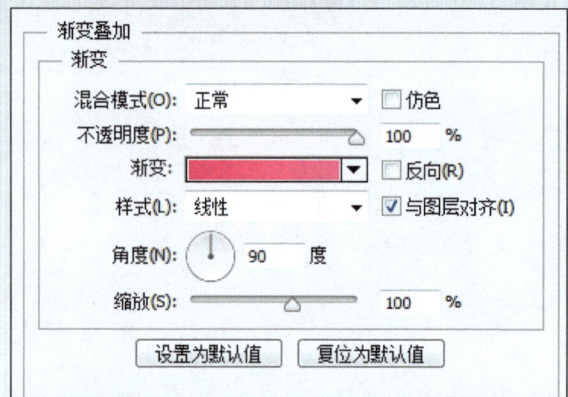

图 2-210 添加"渐变叠加"样式

图 2-211 完成最终效果

2.3.2 木头纹理

在 APP UI 中我们经常见到木纹元素，木头的纹理质感给人一种与众不同的感觉。

1. 设计思路

本实例制作木头纹理图标，绘制圆形作为图标的基本形，为图层添加"图案叠加"图层样式，实现木纹效果；在木纹上添加高光，实现玻璃罩的反光与阴影，立体感与视觉感十足。图 2-212 所示为制作流程图。

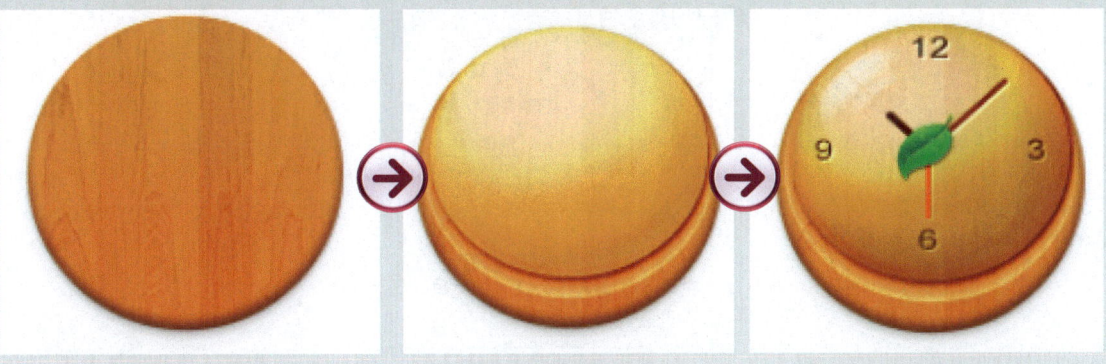

图 2-212 制作流程图

2. 参考素材

根据设计思路搜集素材作为参考,包括木纹素材、玻璃罩素材以及其他木纹图标,如图 2-213 所示。

图 2-213 参考素材

3. 制作图标

下面介绍木头纹理图标的制作。

01 使用"椭圆工具"按住 Shift 键绘制正圆,如图 2-214 所示。

02 在"图层样式"对话框中设置"投影"选项,如图 2-215 所示。

图 2-214 绘制正圆

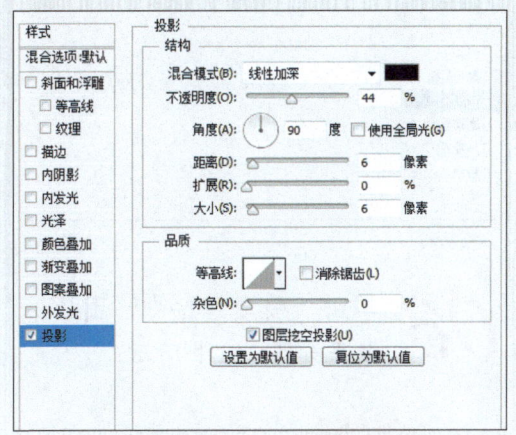

图 2-215 设置"投影"选项

03 单击"确定"按钮,图像效果如图 2-216 所示。

04 在"图层"面板中设置不透明度为 40%、填充为 0%,如图 2-217 所示。

图 2-216 图像效果

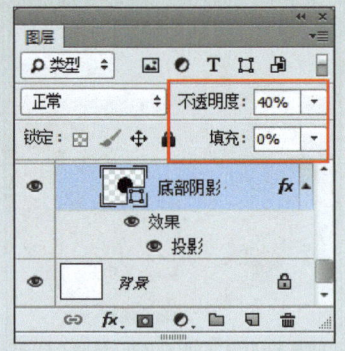

图 2-217 设置不透明度与填充

05 按 Ctrl+J 组合键复制一层,并修改图层样式,如图 2-218 所示。

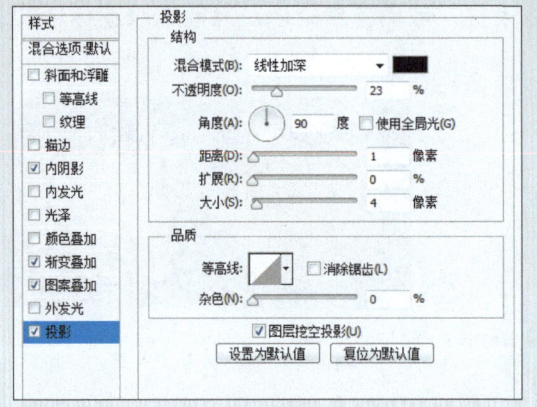

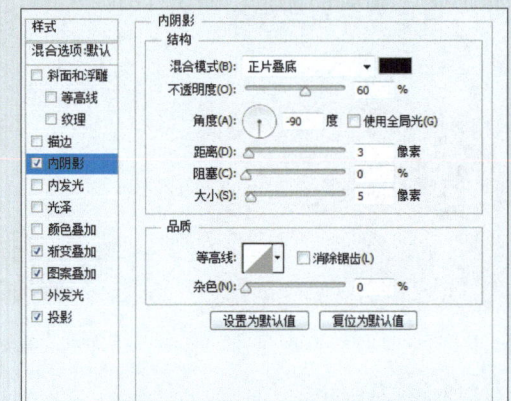

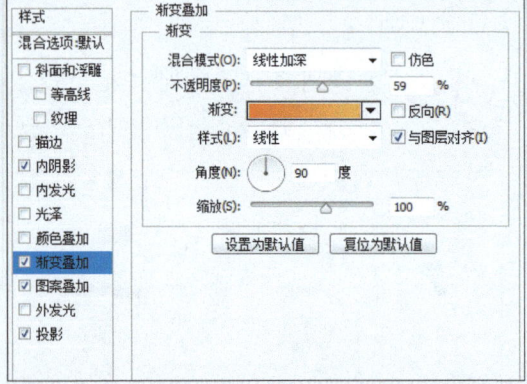

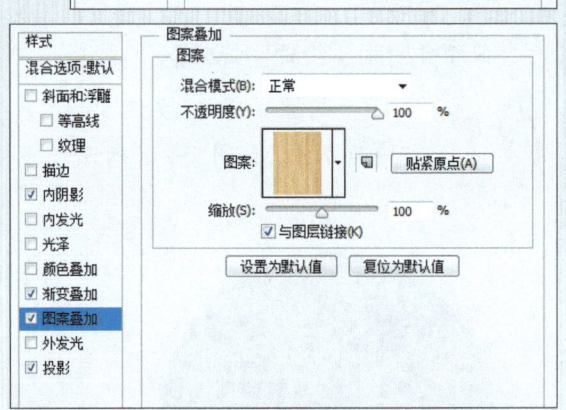

图 2-218 修改图层样式

06 单击"确定"按钮,图像效果如图 2-219 所示。

07 使用"椭圆工具"绘制椭圆,如图 2-220 所示。

图 2-219 图像效果

图 2-220 绘制椭圆

08 为图层添加"内阴影"图层样式，如图 2-221 所示。

09 设置图层填充为 0%，效果如图 2-222 所示。

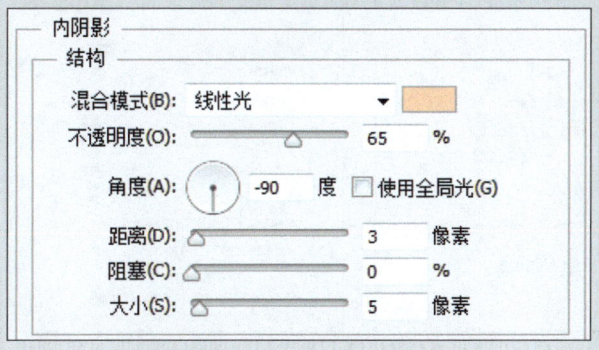

图 2-221 添加"内阴影"图层样式

图 2-222 设置填充后的效果

> **提示：** 不透明度调节的是整个图层的不透明度，填充只是改变填充部分的不透明度。

10 复制图层并将圆压扁，然后取消选中"内阴影"复选框，设置"投影"参数，如图 2-223 所示。

11 执行确定操作后图像如图 2-224 所示。

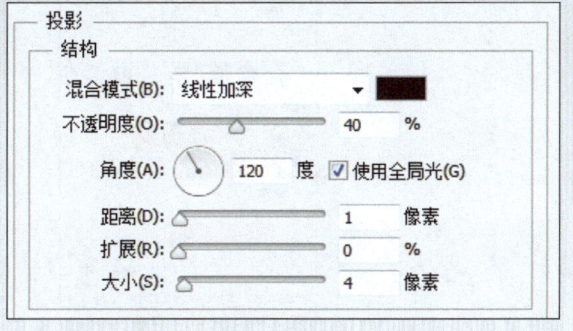

图 2-223 设置"投影"参数

图 2-224 设置投影后的效果

12 复制图层，效果如图 2-225 所示。

13 使用"椭圆工具"绘制椭圆，如图 2-226 所示。然后选择图层，单击鼠标右键，执行"从图层建立组"命令。

图 2-225 复制图层

图 2-226 绘制椭圆

14 为图层添加"内发光""渐变叠加""投影"样式，如图 2-227 所示。

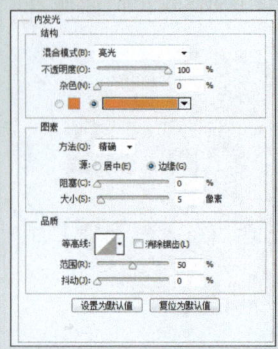 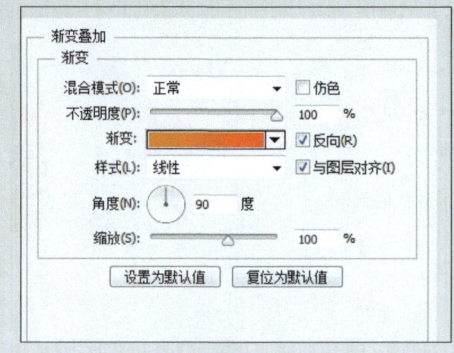 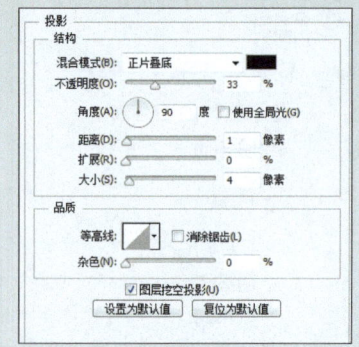

图 2-227 添加图层样式

15 单击"确定"按钮，图像如图 2-228 所示。

16 使用"椭圆工具"绘制椭圆，并在"属性"面板中设置填充色为线性渐变，如图 2-229 所示。

图 2-228 图像效果

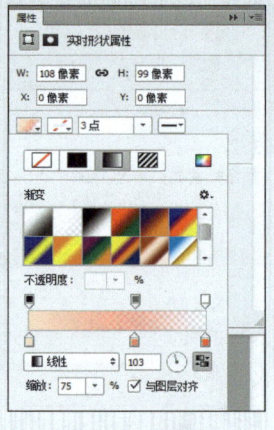

图 2-229 设置填充色

17 图像效果如图 2-230 所示。

18 将其转换为智能对象，执行"滤镜"|"模糊"|"高斯模糊"命令，模糊后的效果如图 2-231 所示。

图 2-230 图像效果

图 2-231 高斯模糊效果

19 再次绘制椭圆，对椭圆进行变形，设置填充颜色为白色到透明的径向渐变，如图 2-232 所示。

20 设置组的不透明度为 61%，图像效果如图 2-233 所示。

图 2-232 设置填充颜色

图 2-233 设置不透明度效果

21 为图层设置"斜面和浮雕"以及"渐变叠加"样式，如图 2-234 所示。

22 执行确定操作后的效果如图 2-235 所示。

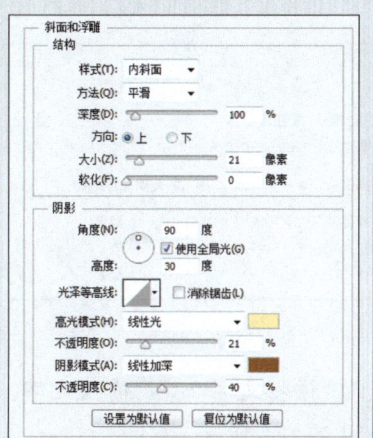

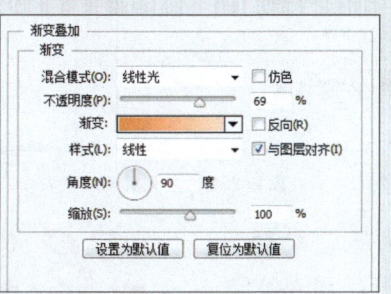

图 2-234 添加图层样式

图 2-235 图像效果

23 添加"斜面和浮雕"以及"渐变叠加"样式，如图 2-236 所示。

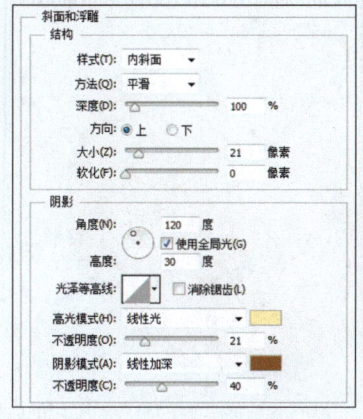
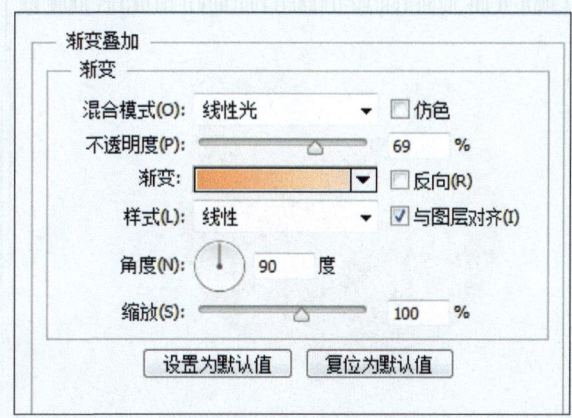

图 2-236 添加图层样式

24 执行确定操作后的图像效果如图 2-237 所示。

25 使用"圆角矩形工具"绘制指针，如图 2-238 所示。

图 2-237 图像效果

图 2-238 绘制指针

26 选择一个圆角矩形图层，设置"颜色叠加"和"投影"样式，如图 2-239 所示。

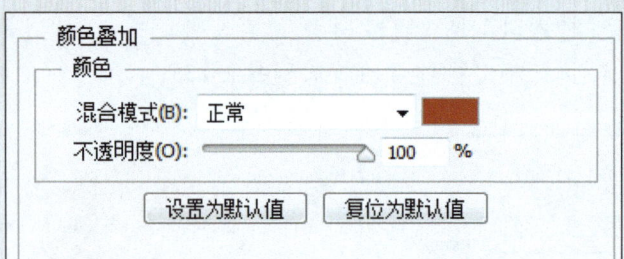

图 2-239 添加图层样式

27 确定后拷贝图层样式，粘贴到另外两个圆角矩形的图层上，并修改"颜色叠加"的颜色，完成的效果如图 2-240 所示。

28 使用"横排文字工具"输入文字，如图 2-241 所示。

图 2-240 完成的效果

图 2-241 输入文字

29 添加"颜色叠加"和"投影"图层样式，效果如图 2-242 所示。

30 添加素材图片，并为其添加"投影"图层样式，如图 2-243 所示。

图 2-242 添加图层样式效果

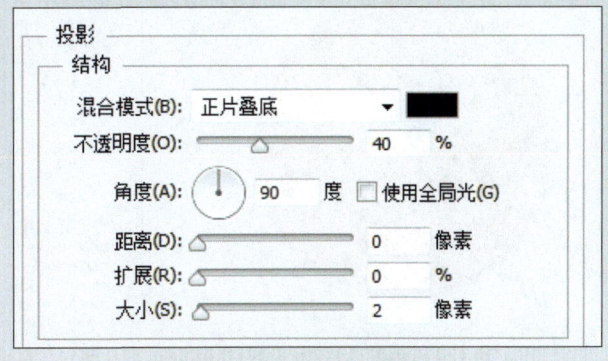

图 2-243 添加"投影"图层样式

31 执行确定操作后图像效果如图 2-244 所示。

32 使用"椭圆工具"绘制椭圆，如图 2-245 所示。

图 2-244 图像效果

图 2-245 绘制椭圆

33 为图层添加"内阴影""内发光"和"渐变叠加"样式，如图 2-246 所示。

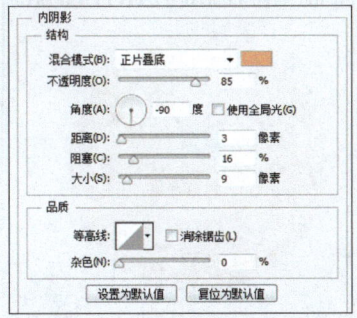
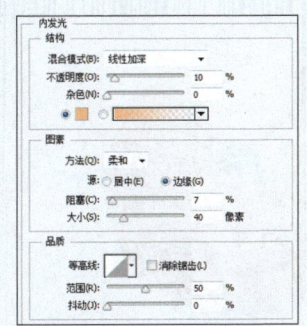

图 2-246 添加图层样式

34 单击"确定"按钮后的图像效果如图 2-247 所示。

35 复制图层，然后清除图层样式，添加"斜面和浮雕""等高线"样式，如图 2-248 所示。

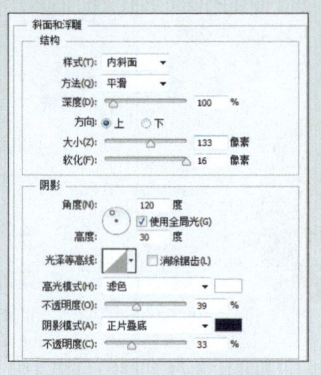
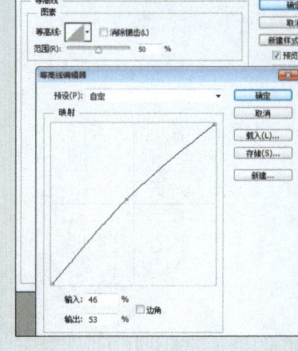

图 2-247 图像效果　　　　　　　　　　　图 2-248 添加图层样式

36 添加"描边""内阴影"图层样式，如图 2-249 所示。

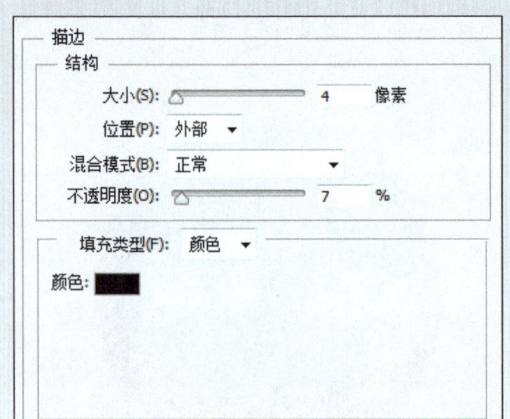
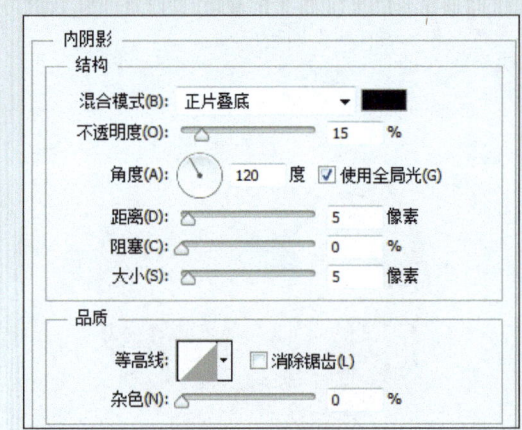

图 2-249 添加图层样式

37 设置图层的不透明度为 40%、填充为 0%，如图 2-250 所示，此时的图像效果如图 2-251 所示。然后新建图层，添加素材，完成效果如图 2-252 所示。

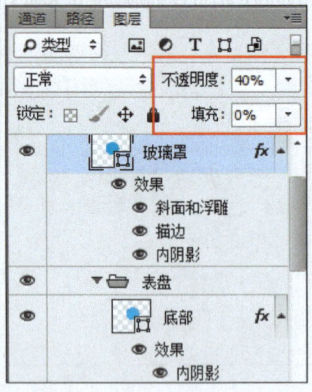

图 2-250 设置参数　　　　　图 2-251 图像效果　　　　　图 2-252 添加素材

2.3.3 织布纹理

织布的特点是经纱和纬纱相互交错或彼此沉浮，呈现有规律。织布根据纹理及坚韧程度又分为很多种，如麻布、牛仔裤等。

1. 设计思路

本实例绘制的图标外形是一本厚厚的书籍，书籍的封面通过叠加粗布素材实现织布纹理的效果，绘制虚线使得织布纹理更为逼真，底和侧面则通过叠加牛皮素材丰富图标外形，图2-253所示为制作流程图。

图2-253 制作流程图

2. 参考素材

制作纹理图标要求纹理清晰，因此在搜集素材时需要纹理清晰的大图，图2-254所示为布纹理和牛皮纹理。

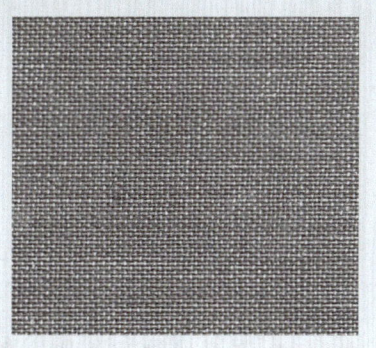 

图2-254 参考素材

3. 制作图标

下面介绍织布纹理图标的制作。

01 使用"圆角矩形工具"绘制圆角矩形，如图2-255所示。

02 将其转换为智能对象，然后执行"滤镜"|"模糊"|"形状模糊"命令，如图2-256所示。

 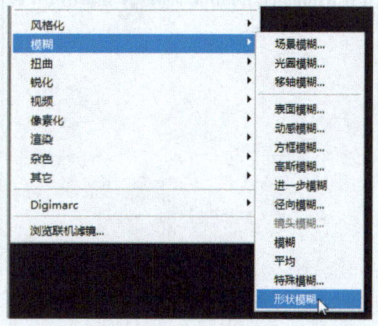

图2-255 绘制圆角矩形　　图2-256 执行"形状模糊"命令

03 在打开的对话框中设置半径，选择圆角方形，如图 2-257 所示。

04 单击"确定"按钮后图像如图 2-258 所示。

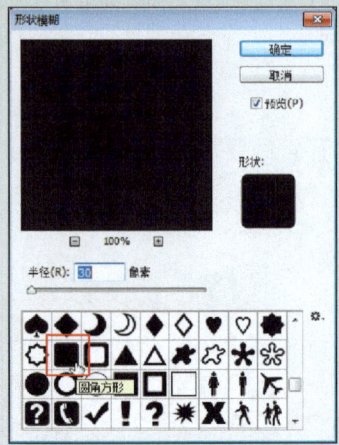

图 2-257 选择圆角方形

图 2-258 图像效果

05 继续绘制圆角矩形，如图 2-259 所示。然后双击图层，进入"图层样式"对话框，设置"斜面和浮雕"及"等高线"样式，如图 2-260 所示。

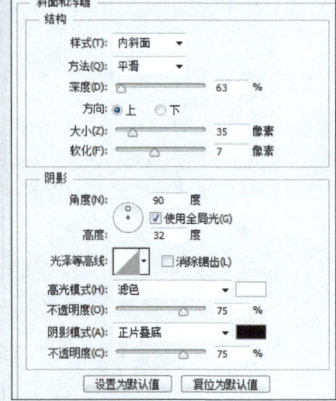

图 2-259 绘制圆角矩形

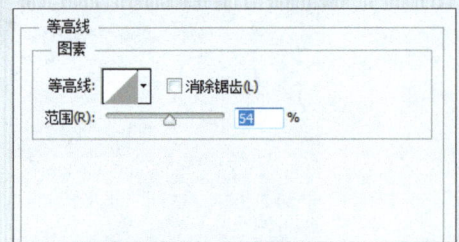

图 2-260 设置图层样式

06 单击"确定"按钮后的图像效果如图 2-261 所示。

07 将素材打开并拖入文档，然后按住 Alt 键单击两个图层之间创建剪贴蒙版，效果如图 2-262 所示。

图 2-261 图像效果

图 2-262 创建剪贴蒙版

08 设置图层的混合模式为"叠加"、不透明度为48%，如图2-263所示。

09 此时的图像如图2-264所示。

图 2-263 设置

图 2-264 图像效果

10 选择"圆角矩形工具"，设置填充颜色为白色，绘制圆角矩形，如图2-265所示。

11 为图层添加"斜面和浮雕""投影"样式，如图2-266所示。

图 2-265 绘制圆角矩形

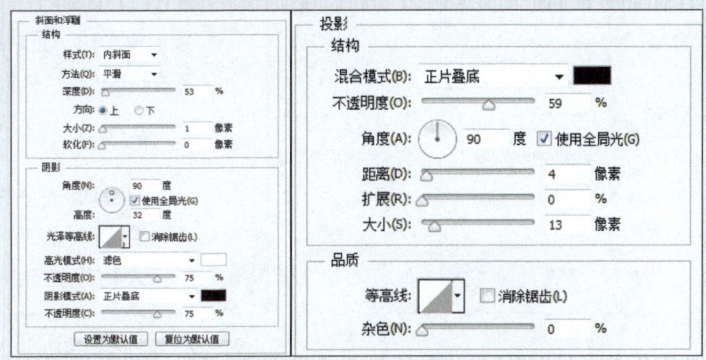

图 2-266 添加图层样式

12 将其放置在新建的组中，然后选择图层，在按住Alt键的同时按向上方向键↑多次，效果如图2-267所示。

13 在图层上创建蒙版并填充背景，然后选择"圆角矩形工具"，设置填充颜色为白色，绘制圆角矩形，蒙版效果如图2-268所示。

图 2-267 效果

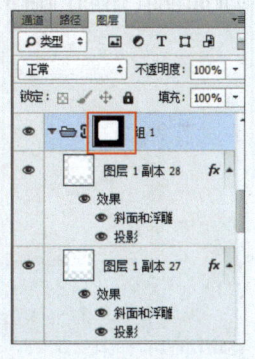

图 2-268 蒙版效果

14 添加蒙版后的效果如图 2-269 所示。

图 2-269 添加蒙版后的效果

15 绘制图形，填充颜色为 #d0701a，如图 2-270 所示。

图 2-270 绘制图形

16 为图层添加"斜面和浮雕""投影"图层样式，如图 2-271 所示。

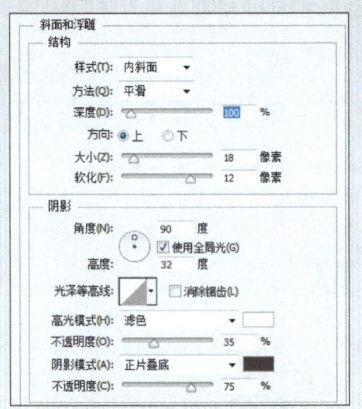 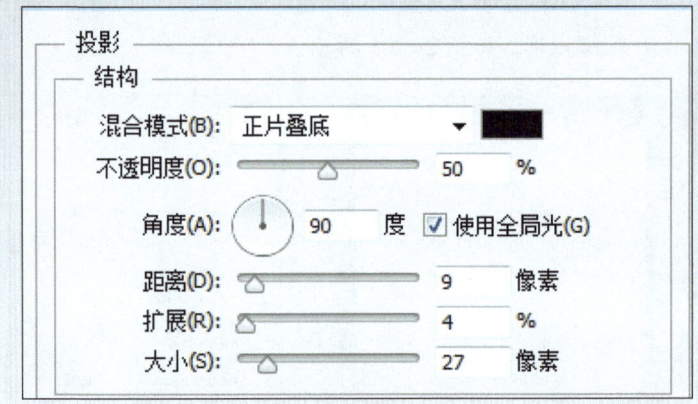

图 2-271 添加图层样式

17 单击"确定"按钮后关闭对话框，此时的图像如图 2-272 所示。

18 复制图层，然后按住 Ctrl 键单击图层缩览图，填充颜色 #c06413，如图 2-273 所示。

图 2-272 图像效果　　　　　　　　图 2-273 填充颜色

19 新建图层，调整图层到组1图层的上方，然后绘制书封面的阴影，设置不透明度为62%，如图2-274所示，此时的图像效果如图2-275所示。

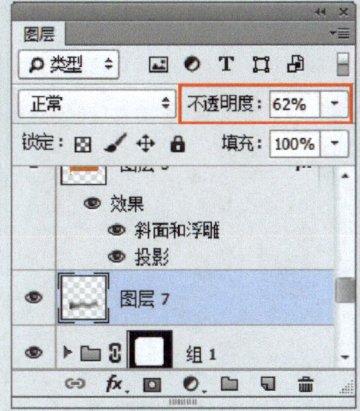

图2-274 设置不透明度

图2-275 图像效果

20 添加素材图片，如图2-276所示。然后在"图层"面板中设置混合模式为"叠加"，设置不透明度参数为39%，如图2-277所示，设置后的效果如图2-278所示。

图2-276 添加素材

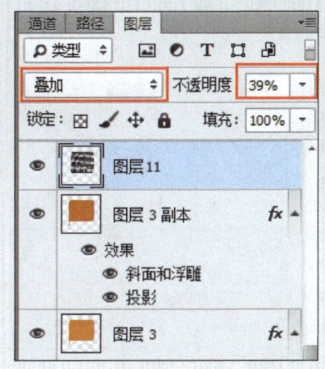

图2-277 设置参数

图2-278 效果

21 绘制图形并添加图片，创建剪贴蒙版，如图2-279所示，然后为图层添加"斜面和浮雕"样式，如图2-280所示。

图2-279 创建剪贴蒙版

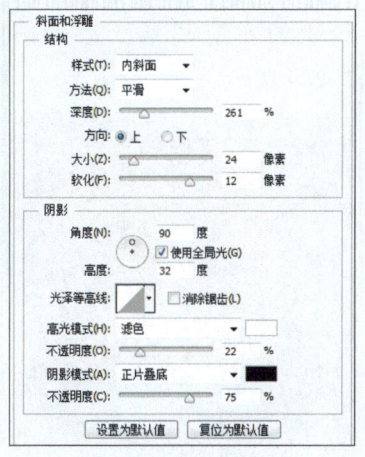

图2-280 添加图层样式

22 绘制图形，如图 2-281 所示。

23 使用"圆角矩形工具"绘制圆角矩形作为线，然后复制多个进行左对齐和水平居中分布，如图 2-282 所示。

图 2-281 绘制图形

图 2-282 绘制圆角矩形

24 将所有的线整理到一个组中，然后选择组中的一个图层，为图层添加"斜面和浮雕"、"内阴影"和"投影"样式，如图 2-283 所示。

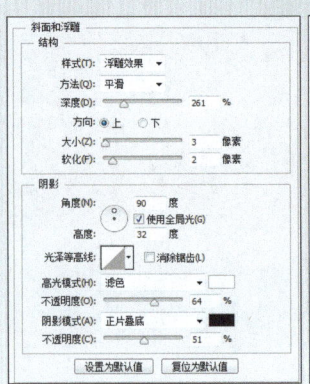
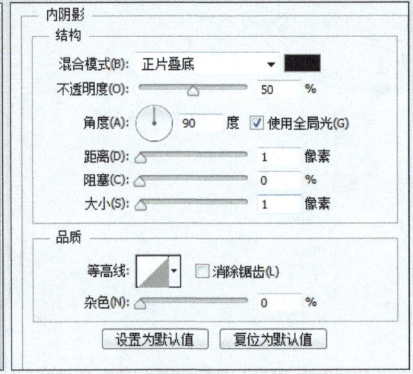
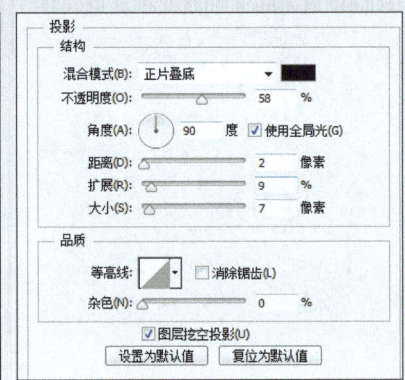

图 2-283 添加图层样式

25 确定后拷贝图层样式，粘贴到组中的所有图层上，如图 2-284 所示。

26 新建图层，然后向下调整一层，并使用"画笔工具"在线的下方绘制阴影，如图 2-285 所示。

27 使用"椭圆工具"、"矩形工具"和"自定形状工具"绘制图形，如图 2-286 所示。

图 2-284 粘贴图层样式

图 2-285 绘制阴影

图 2-286 绘制图形

28 设置图层填充为 0%,为图层添加"内阴影""颜色叠加""渐变叠加""外发光"和"投影"样式,如图 2-287 所示。

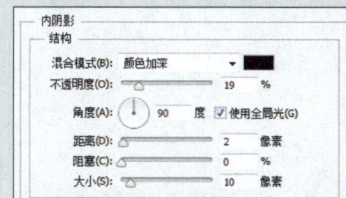 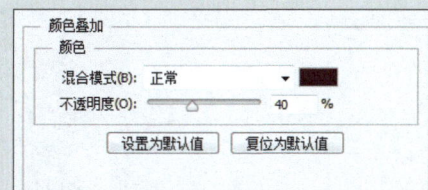 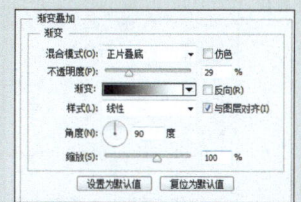

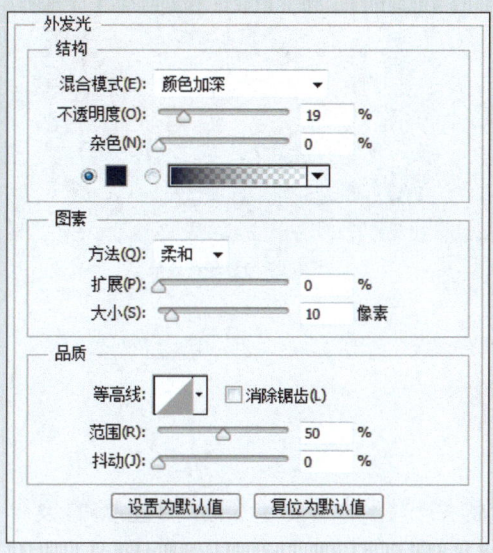 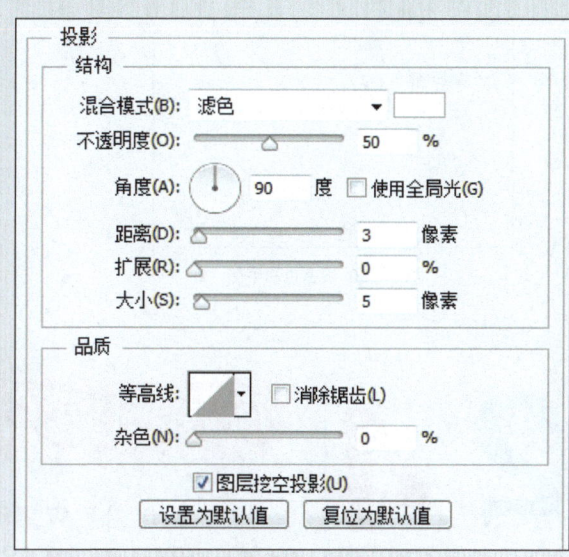

图 2-287 添加图层样式

29 执行确定操作后效果如图 2-288 所示。

30 单击图层底部的"创建新的填充或调整图层"按钮,选择"色彩平衡"选项,如图 2-289 所示。

 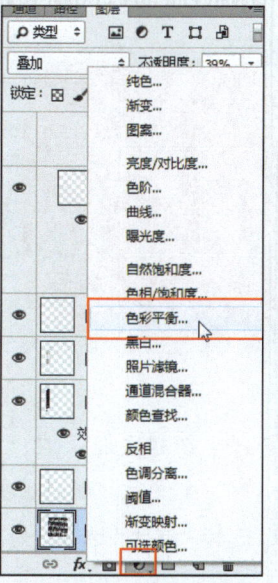

图 2-288 效果　　　　　　　　图 2-289 选择"色彩平衡"选项

31 在展开的"属性"面板中设置参数，如图 2-290 所示。

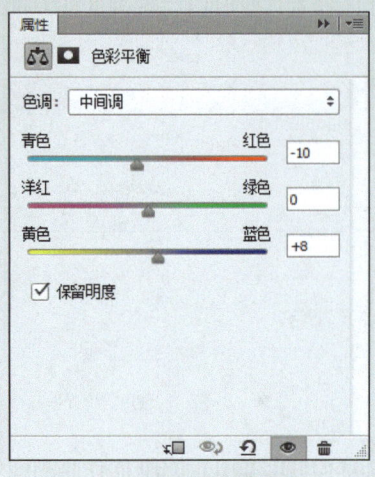

图 2-290 设置色彩平衡

32 完成设置后最终效果如图 2-291 所示。

图 2-291 最终效果

2.4 应用图标设计

前面介绍了应用图标的知识，本节将介绍应用图标的设计制作。

2.4.1 时间图标

时间图标不论外形如何，指针和钟盘是必不可少的，在需要的情况下可以对指针和钟盘进行变化设计。下面介绍一个写实风格的时间图标，图 2-292 所示为制作流程图。

图 2-292 制作流程图

01 新建文档，在"图层"面板底部单击"新的填充或调整图层"按钮，选择"渐变"选项，如图 2-293 所示。

02 弹出对话框，单击渐变色，如图 2-294 所示。

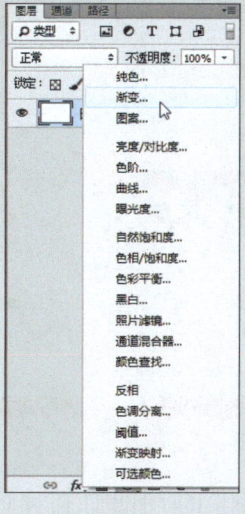

图 2-293 选择"渐变"选项

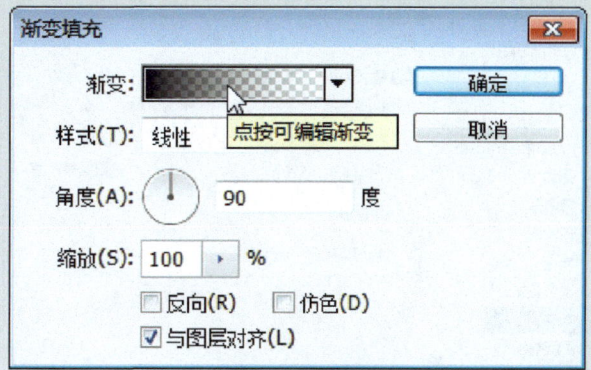

图 2-294 单击渐变色

03 在弹出的对话框中修改色标,第一个色标的颜色为 #9daebf,第二个色标的颜色为 #596c80,位置为 75%,如图 2-295 所示。

图 2-295 设置色标颜色与位置

04 单击"确定"按钮,修改样式为"径向"、缩放为 200%,如图 2-296 所示。

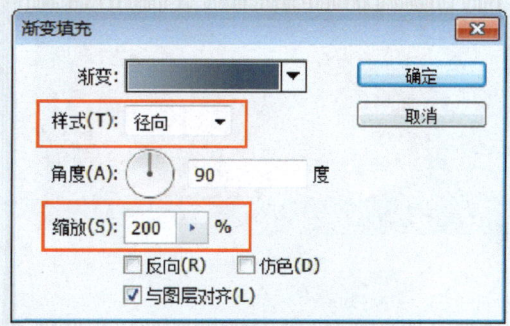

图 2-296 修改样式与缩放

05 单击"确定"按钮后效果如图 2-297 所示。

图 2-297 确定效果

06 使用"圆角矩形工具"绘制圆角矩形,如图 2-298 所示。

图 2-298 绘制圆角矩形

07 按Ctrl+J组合键复制图层，修改颜色为黑色，并缩小1 px。再为其添加"渐变叠加"图层样式，参数如图2-299所示，渐变颜色如图2-300所示。

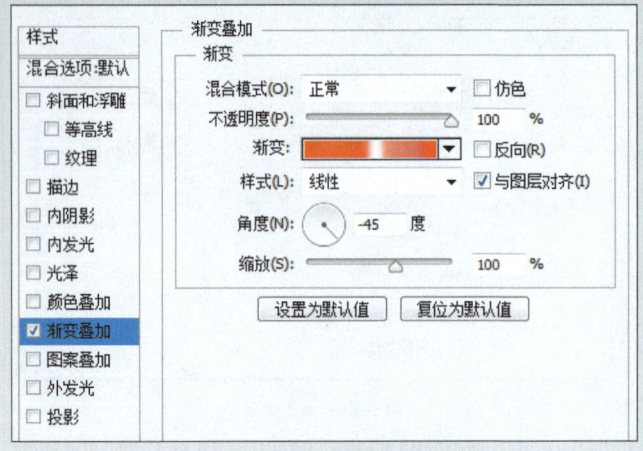

图2-299 添加"渐变叠加"样式

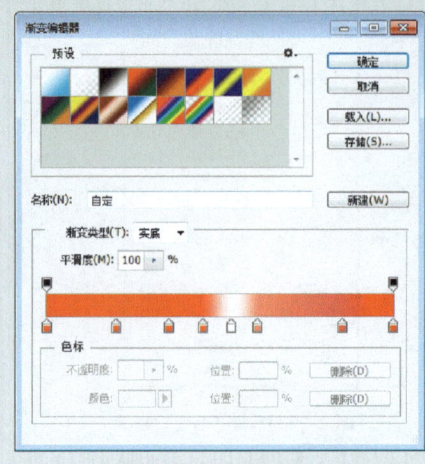

图2-300 渐变颜色

08 单击"确定"按钮后的图像效果如图2-301所示。

09 继续绘制圆角矩形，如图2-302所示。

图2-301 图像效果

图2-302 绘制圆角矩形

10 为图层添加"斜面和浮雕""渐变叠加"样式，如图2-303所示。

11 执行确定操作后的效果如图2-304所示。

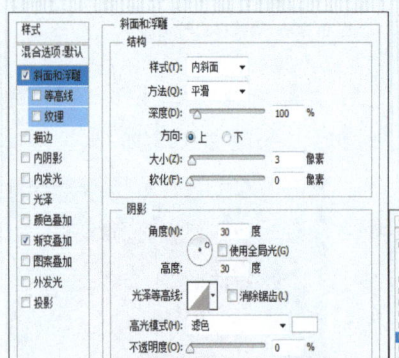

图2-303 添加图层样式

图2-304 效果

12 使用"椭圆工具"绘制正圆,并进行高斯模糊,如图2-305所示。然后复制一层,向下移动一层,添加图层蒙版,并在蒙版中进行绘制,效果如图2-306所示。

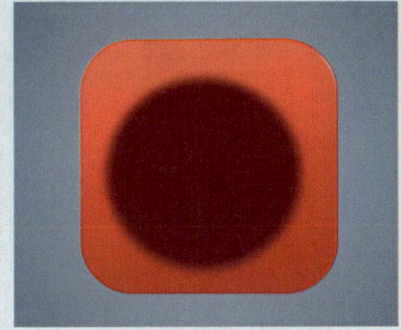

图2-305 绘制圆并进行高斯模糊

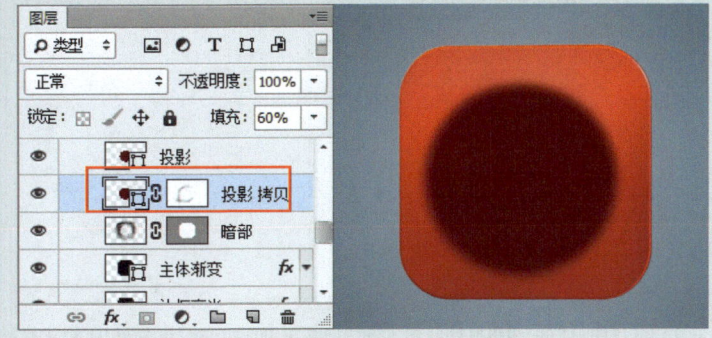

图2-306 效果

13 复制图层,修改颜色为 #ff4326,如图2-307所示。

14 复制图层,添加蒙版,然后使用"画笔工具"进行绘制,效果如图2-308所示。

图2-307 复制图层并修改颜色

图2-308 绘制蒙版

15 为图层添加"混合选项",如图2-309所示。然后复制图层,为图层添加"内阴影"和"渐变叠加"样式,如图2-310所示。

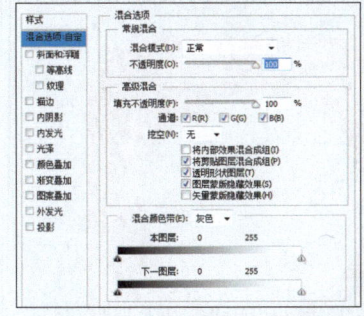

图2-309 添加"混合选项"

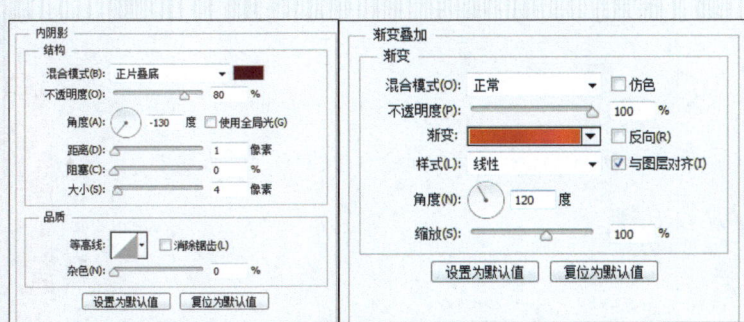

图2-310 添加"内阴影"和"渐变叠加"样式

16 单击"确定"按钮后图像效果如图 2-311 所示。然后复制图层,添加"内阴影"样式,如图 2-312 所示。

图 2-311 确定效果

图 2-312 添加"内阴影"样式

17 绘制椭圆,设置蒙版并添加混合选项,然后绘制几处高光,如图 2-313 所示。

18 使用"椭圆工具"绘制正圆,并设置填充颜色为灰色,如图 2-314 所示。

图 2-313 绘制高光

图 2-314 绘制正圆

19 为图层添加"斜面和浮雕"样式,如图 2-315 所示。

20 单击"确定"按钮后的图像如图 2-316 所示。

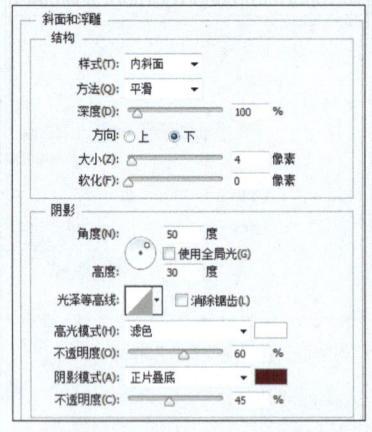

图 2-315 添加"斜面和浮雕"样式

图 2-316 效果

21 复制图层,为图层添加"混合选项"和"内阴影"样式,如图 2-317 所示。

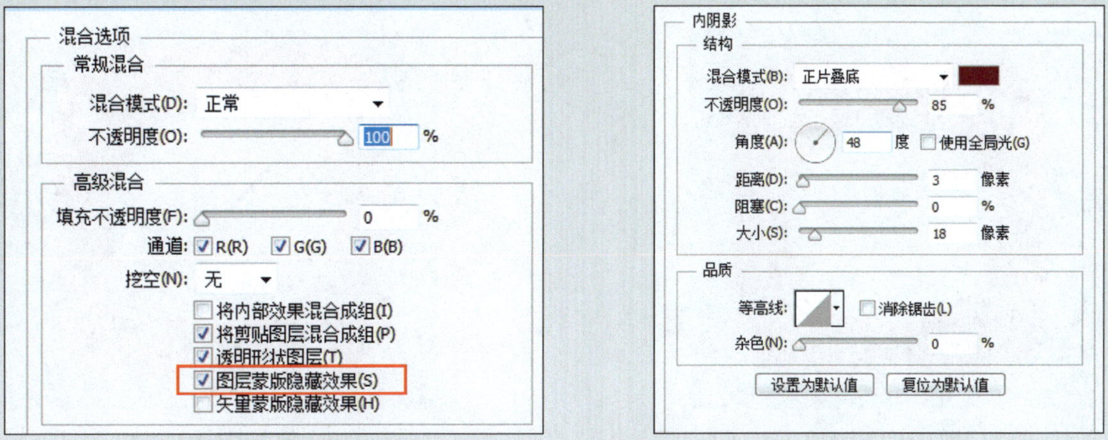

图 2-317 添加图层样式

22 添加图层蒙版并进行涂抹,涂抹后的效果如图 2-318 所示。

图 2-318 添加蒙版涂抹后的效果

23 使用"椭圆工具"绘制一个小圆,如图 2-319 所示。

图 2-319 绘制小圆

24 为图层添加图层样式,并设置"描边""内阴影"和"投影"参数,确定后的图像效果如图 2-320 所示。

图 2-320 图像效果

25 复制图层,并按 Ctrl+T 组合键将圆放大,如图 2-321 所示。

图 2-321 复制并放大圆

26 使用"矩形工具"绘制刻度,并添加"投影"样式,如图2-322所示。

27 使用"矩形工具"绘制指针,如图2-323所示。

图2-322 绘制刻度

图2-323 绘制指针

28 复制图层,并移至下一层,然后进行高斯模糊,效果如图2-324所示。

29 用同样的方法绘制其他指针,如图2-325所示。

图2-324 高斯模糊效果

图2-325 绘制其他指针

30 绘制矩形,将其移至背景图层的上方,并进行高斯模糊,如图2-326所示。

31 调整到时钟的下方,完成时钟图标的制作,如图2-327所示。

图2-326 绘制矩形并进行高斯模糊

图2-327 完成效果

2.4.2 照相机图标

照相机图标是通过相机镜头表现出来的，本实例绘制的是扁平化的照相机图标，通过多个大小不同的圈来表现相机镜头，图2-328所示为制作流程图。

图2-328 制作流程图

01 使用"圆角矩形工具"绘制圆角矩形，填充颜色为#02dcbb，如图2-329所示。

02 使用"矩形工具"绘制矩形，并填充颜色为#1489e3，如图2-330所示。

图2-329 绘制圆角矩形

图2-330 绘制矩形

03 使用"椭圆工具"绘制正圆，颜色为白色，如图2-331所示。

04 使用"椭圆工具"继续绘制正圆，修改填充颜色为#1ac4aa，如图2-332所示。

图2-331 绘制正圆

图2-332 绘制圆

05 继续使用"椭圆工具"绘制两个圆，使所有圆的圆心对齐，如图2-333所示。然后选择"椭圆工具"，设置填充颜色为#e2fbf7，在如图2-334所示的位置绘制正圆，完成绘制。

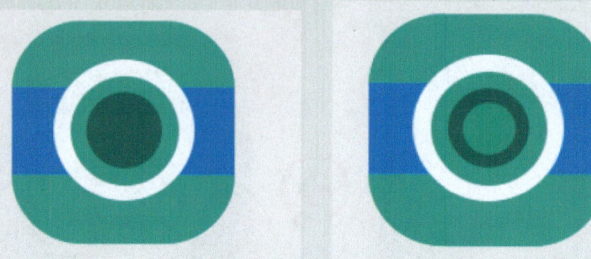

图2-333 绘制圆

图2-334 完成绘制

2.4.3 日历图标

本实例绘制的是日历图标，图2-335所示为制作流程图。

图2-335 制作流程图

01 使用"圆角矩形工具"绘制圆角矩形，填充颜色为#ed2b58，如图2-336所示。然后为图层添加"内阴影"和"内发光"样式，如图2-337所示。

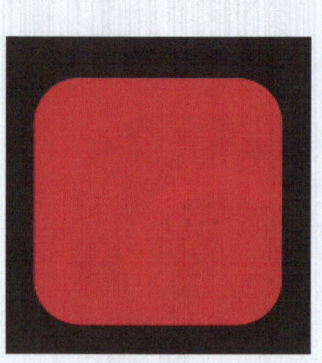

图2-336 绘制圆角矩形

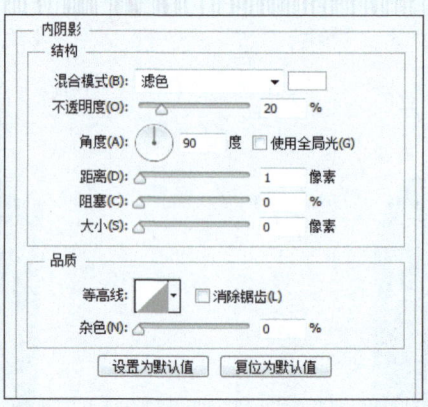

图2-337 添加图层样式

02 为图层添加"渐变叠加"和"投影"样式，如图 2-339 所示，单击"确定"按钮后的图像效果如图 2-339 所示。

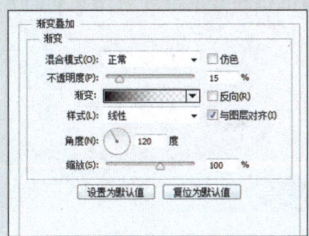

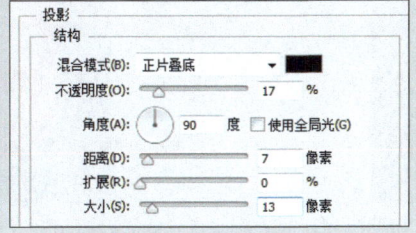

图 2-338 继续添加图层样式　　　　　　　　　　　　　　　图 2-339 图像效果

03 使用"矩形工具"绘制矩形，如图 2-340 所示。

04 使用"路径选择工具"选择图形，并在选项栏中单击"减去顶层形状"选项，如图 2-341 所示。

05 设置后的图像效果如图 2-342 所示。

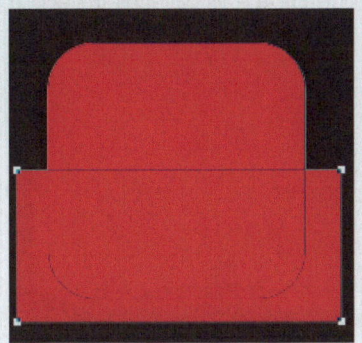

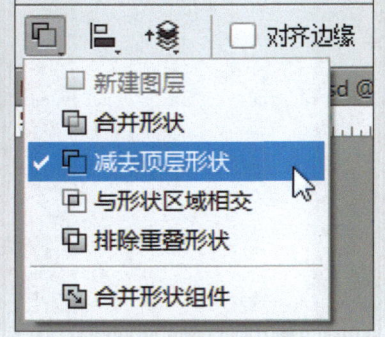

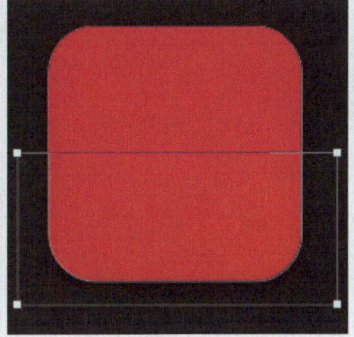

图 2-340 绘制矩形　　　　　图 2-341 单击"减去顶层形状"选项　　　　　图 2-342 设置后的效果

06 为该图层添加"内阴影""颜色叠加"和"渐变叠加"样式，如图 2-343 所示。

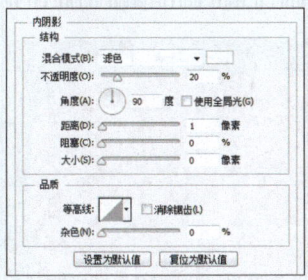

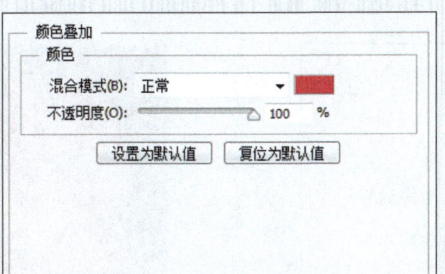

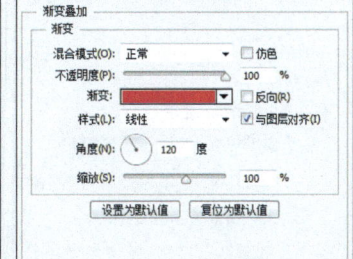

图 2-343 添加图层样式

07 执行确定操作后的图像效果如图 2-344 所示。

08 使用"矩形工具"在左侧绘制一个小矩形，颜色为 #731414，并复制一个到右侧，如图 2-345 所示。

图 2-344 图像效果

图 2-345 绘制矩形并复制

09 再次复制两个矩形，修改颜色为 #5b0e0e，并将其高度调小，如图 2-346 所示。

10 使用"线条工具"绘制线条，如图 2-347 所示。

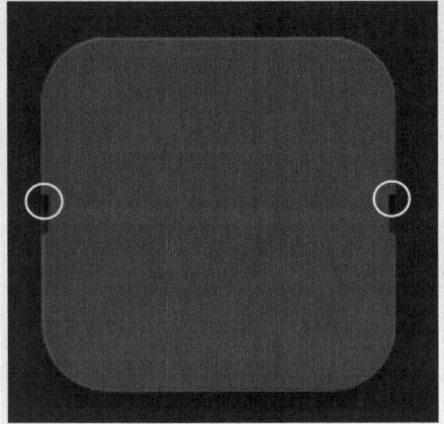

图 2-346 复制矩形

图 2-347 绘制线条

11 为图层添加"投影"样式，如图 2-348 所示。

12 执行确定操作后的图像如图 2-349 所示。

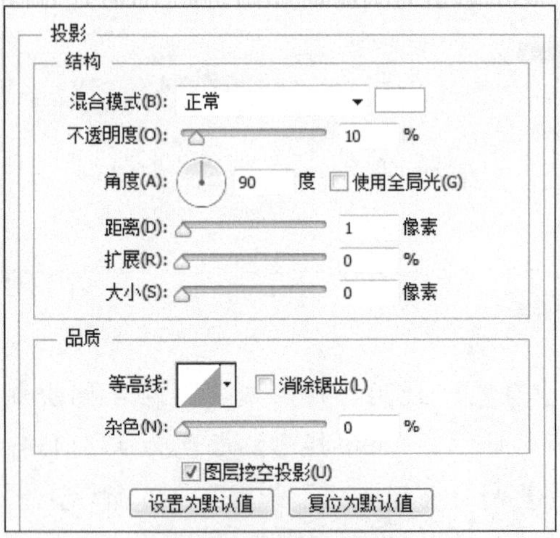

图 2-348 添加图层样式

图 2-349 图像效果

13 使用"横排文字工具"输入文字，如图2-350所示。然后为文字图层添加"渐变叠加"和"投影"样式，如图2-351所示。

图2-350 输入文字

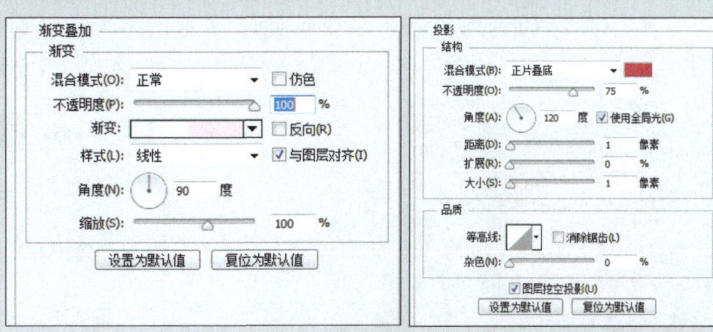

图2-351 添加图层样式

14 执行确定操作后的图像效果如图2-352所示。

15 使用"矩形工具"绘制长投影，设置图层的不透明度为50%，效果如图2-353所示。

图2-352 图像效果

图2-353 绘制长投影

16 添加图层蒙版，填充黑色，然后按住Ctrl键单击最底层的圆角矩形，载入选择后再次选择蒙版，填充白色，使用"画笔工具"进行涂抹，效果如图2-354所示。

17 按住Alt键单击蒙版缩略图可以查看蒙版的效果，如图2-355所示。

图2-354 涂抹效果

图2-355 查看蒙版效果

18 绘制矩形,将其调整至背景图层上方,设置图层不透明度为50%,并将矩形旋转,如图2-356所示。

19 矩形的填充颜色为渐变填充,渐变色为黑色到白色,如图2-357所示。

图2-356 绘制矩形并旋转

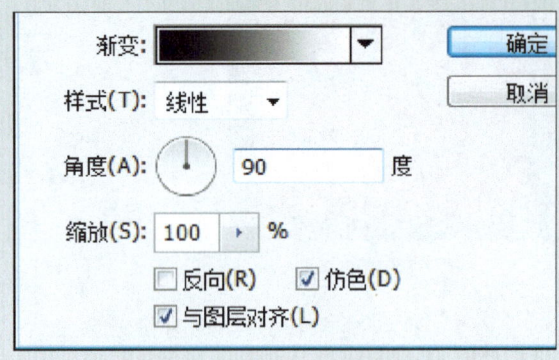

图2-357 渐变填充

20 此时的图像效果如图2-358所示。

21 添加图层蒙版,为蒙版填充白色到黑色的渐变,如图2-359所示。

22 最终的完成效果如图2-360所示。

图2-358 图像效果

图2-359 添加蒙版

图2-360 完成效果

APP UI 设计师心得

2.5.1 图标设计的重要细节

1. 保证边缘清晰

如图2-361所示,将两个图标放大显示可以清楚地看到第一个图标不如第二个图标清晰,出现边缘发虚的情况。我们知道,图标设计必须保证清晰显示。在绘制图标前进入Photoshop中进行设置,执行"编辑"|"首选项"|"常规"命令,在打开的对话框中选中"将矢量工具与变化和像素网格对齐"复选框,如图2-362所示。

图 2-361 两个图标

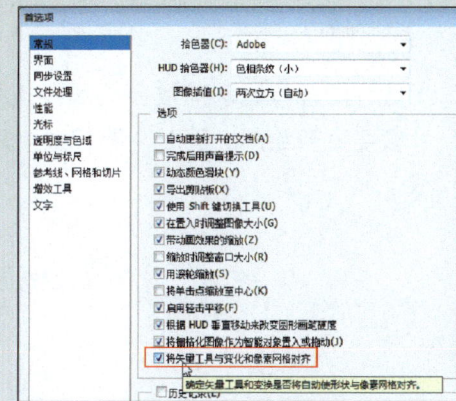
图 2-362 选中复选框

2. 使用路径选项

绘制图标时以基本的图形为基础，在选项栏中使用"路径操作""路径对齐""路径排列"三个选项进行图形的相交、相减，如图 2-363 所示。这样做的好处是可以自由调整每个基础形的细节，避免手动调节节点造成偏差。

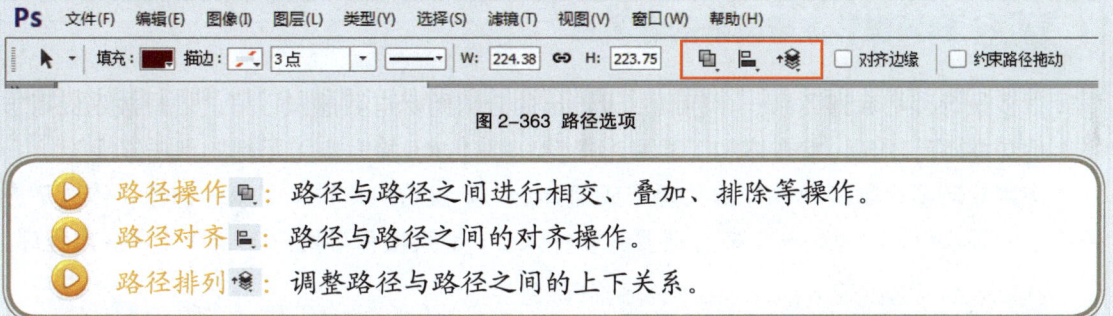
图 2-363 路径选项

- 路径操作：路径与路径之间进行相交、叠加、排除等操作。
- 路径对齐：路径与路径之间的对齐操作。
- 路径排列：调整路径与路径之间的上下关系。

3. 圆角规则

线性图标的圆角有内、外两个，内圆角的半径 = 外圆角的半径 – 线的宽度。线条末端圆角半径为线宽的 1/2，如图 2-364 所示。

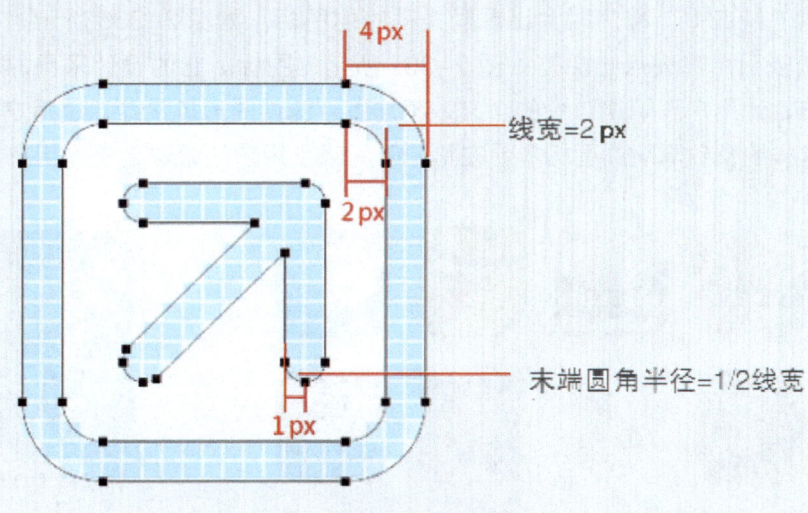
图 2-364 圆角规则

4. 图标缩放

线性图标等比例缩放会导致线条粗细改变，破坏页面的统一性，因此同一图标的多种尺寸需要重新绘制。同时，图标放大后可以适当补充一些细节，如图 2-365 所示。

图 2-365 图标的放大与重新绘制

2.5.2 如何提升应用图标的点击率

很多设计师都会遇到同一个问题：设计出的应用图标自我感觉很好，但是放到应用市场上后却并不受欢迎，点击率和下载量都很低。那么如何提升应用图标的点击率呢？

应用启动图标是应用软件的关键组成部分，它不仅给用户带来了第一印象，传达了应用程序的基础信息，也是一个非常重要的软件入口，能直接引导用户下载并使用应用程序。

1. 运用视觉隐喻的同时保证图标的可识别性

为了吸引用户去使用 APP 软件，设计师必须设计出吸引用户眼球的图标。通过运用隐喻的设计表现手法传达给用户程序的信息，让用户看到图标能够感知、想象、理解图标的意思。

大家进入 APP 应用市场会发现同类的程序有很多，但吸引眼球的 APP 图标却不多。例如，在搜索"绕口令"程序时会出现同类程序的图标，如图 2-366 所示，在这几种图标设计中比较吸引用户去点击的是如图 2-367 所示的图标。它的设计采用的就是隐喻的视觉表现手法，让用户理解绕口令的含义，再加上趣味性的形象设计，让用户容易理解图标的含义，这样的精致隐喻的图标容易在第一时间吸引用户的眼球，受到用户的喜爱。

图 2-366 绕口令图标

图 2-367 吸引用户点击的图标

如图 2-368 所示，这是星巴克的一款应用程序图标设计。星巴克的标志设计是非常好的，但是星巴克的消费卡的 APP 图标设计中星巴克的标志比较小，用户在下载时看到这枚图标设计，圈形的星巴克标志比较难以辨认。其实在设计时应该放大星巴克的商标，提高标识的可识别。因此，我们在使用视觉隐喻的手法去表现图标的同时需要确保图标设计的识别性。

图 2-368 星巴克图标设计

2. 分析同类 APP 图标，注重图标创新

我们搜索"效率"软件会发现很多相似的图标，如图 2-369 所示，这里面哪些图标更吸引用户的眼球呢？

图 2-369 "效率"软件图标

我们发现，那些有层次设计感和质感的精致图标更容易吸引用户关注，能够在第一时间抓住用户眼球的图标有三个，如图 2-370 所示。

图 2-370 吸引用户的图标

下面对这三个图标进行分析。

> ▶ 第一个图标就像一堆文件有序处理的感觉,缝制的皮革质地和洁净便条形成质感的对比,图标整体质感细腻、饱满。
>
> ▶ 第二个图标的表现方式与众不同,富有创造性和趣味性。图标采用文件箱子和箭头的视觉元素表现,表达事件处理的迅速效率的感觉;在色彩上运用了纯度很高的亮色去设计,能够抓住用户的眼球,让用户很快地理解这款软件的功能特性。
>
> ▶ 第三个图标给人的第一感觉像一堆文件整齐地堆放在一个办公桌上,虽然在视觉表现上没有给人留下很深刻的印象,但是图标画得非常精致,纸张的堆积效果表现出了图标的层次感,背景木材纹理的效果提升了图标设计的质感。

因此,设计 APP 图标的另一种方法是增加图标的层次感设计和质感表现。设计好图标后放在同类别 APP 图标中,对比查看自己设计的图标是否能够抓住用户的眼球。

3. 运用软件界面中的图形元素体现图标设计的连续性

启动图标的设计运用和应用程序界面图形相匹配的设计元素可以确保图标的表现和软件具有连续性。图 2-371 所示为一个很好的例子,图标与程序界面元素相匹配。

图 2-371 图标与程序界面元素相匹配

4. 采用用户好奇的图形元素设计，抓住用户的好奇心

在图 2-372 中用高雅的轮廓、优美的线条去表现一款瑜伽应用程序图标，唤起用户的好奇心，吸引用户使用。

5. 突出品牌，抓住用户眼球

在设计一个知名品牌的 APP 图标时不要浪费了一个知名品牌的现有元素以及充分使用它的品牌 Logo。这些品牌标志已经留给用户很深刻的印象，非常容易从众多 APP 的图标中胜出。

图 2-372 唤起用户的好奇心

图标在没有突出知名品牌元素的情况下，单独看时依旧很容易辨认，如图 2-373 所示。但是，在众多的 APP 图标界面中就会显得很无力，无法与其他图标竞争，如图 2-374 所示。

图 2-373 单独浏览的图标

图 2-374 放在众多图标中

此时，只要调整图标设计的局部，改进设计，如图 2-375 所示。再将新的图标放在众多图标中，我们发现通过调整设计品牌特性更能抓住用户的眼球，如图 2-376 所示。

图 2-375 改进后的图标

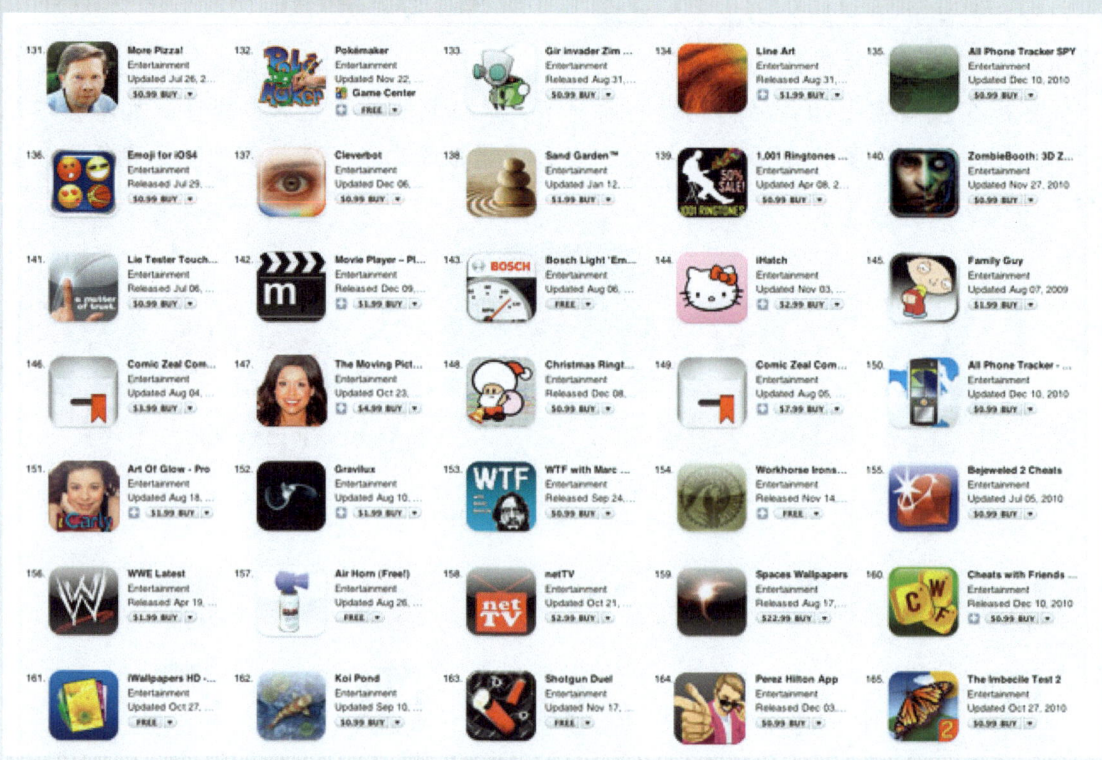

图 2-376 品牌特性更能抓住用户的眼球

6. 测试预览图标，通过微调达到最佳效果

在完成一个图标的制作后，测试在各种颜色的壁纸上的显示效果，以及将图标放在文件夹中的效果。最后，在用户的设备上图标会以不同尺寸出现，例如在应用市场中，图标的尺寸最大，而在桌面上图标的尺寸会缩小，在通知栏中图标的尺寸最小，因此需要确保图标在所有尺寸下看上去都很舒服。

7. 多场景测试，保证图标的上线质量

APP 的应用市场有很多，这意味着图标的应用环境有多种，因此在图标上线前设计师需要在多种图标的应用场景中进行设计测试，尽可能做到在多种场景下，在搜索同类产品的界面中图标都能吸引用户的眼球。

第3章

APP 按钮设计

按钮是APP界面中最基本也是最不可缺少的控件，无论是何种APP应用程序都少不了按钮元素，通过按钮能完成返回、设置、跳转、关闭等多种操作。本章将介绍按钮设计的基础知识、不同质感与纹理按钮的制作，以及不同功能按钮的绘制方法。

按钮设计基础

在进行按钮设计之前,需要了解 APP UI 界面中按钮的相关基础知识。

3.1.1 按钮尺寸

我们都知道小按钮比大按钮更难以操控,因此在设计 APP 界面时一般都会将可点击目标的尺寸做大一点,以利于用户点击。但是,APP 按钮应该设计为多大尺寸呢?

先来看一下各平台设计指导规范。

- 《iPhone 人机界面设计规范》:最小的点击目标尺寸是 44×44 px。
- 《Windows 手机用户界面设计和交互指南》:建议使用的尺寸为 34×34 px,最小 26×26 px。
- 《诺基亚开发指南》:目标尺寸应该不小于 1cm×1cm 或者 28×28 px。

上面这些指导规范给我们列举了各平台下可点击目标的尺寸标准,但是彼此的标准并不一致。

我们知道目标的尺寸过小还会导致失误的触摸操作,尺寸小,按钮容易拥挤在一起,用户点击时容易触碰到附近的按钮,导致运行结果非用户所愿。

大尺寸按钮定位更快,拖移也更方便,操作的舒适感更好。手指大小的目标尺寸最理想,一般以食指和拇指为主。食指点击目标尺寸是 44×44 px,拇指是 72×72 px。但也有特殊情况。移动设备的空间有限,这就意味着如果每个目标的大小都很大,那么屏幕空间根本不够,就需要不断翻页,这在体验上会变得很糟糕。

提示:如果按钮的实际尺寸为 32×32 px,在导出按钮时我们可以将周围扩大,若背景为透明,导出 50×50 px、格式为 PNG 的透明背景图标,这样加了透明区域使得点击的范围变大,点击起来也更方便。

另外,当我们无法推测用户使用应用时是用食指操作更多?还是用拇指更多?因此,针对这一点我们需要非常细致的调研,然后设置合理的目标尺寸。通过调整目标尺寸的大小,结合实际的应用情况,能够有效地提高移动端的适用性,同时提高用户体验。

3.1.2 按钮的形态

在进行按钮设计之前我们先了解按钮的形态。

1. 按钮的外观

常见的按钮有圆角矩形、矩形、圆形等常规形状,也有外观独特、个性的按钮,如图 3-1 所示。

 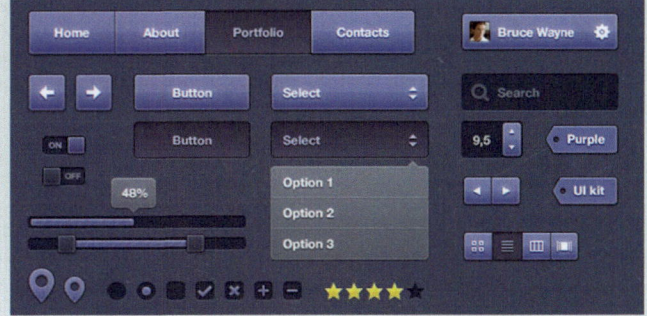

图 3-1 按钮的不同外观

2. 按钮的状态

由于按钮是用户执行某个操作时所要接触的对象，因此在操作中一定要有所反馈，让用户明白发生了什么，这就要求在设计中制作出按钮的几种不同的状态，以表现用户在使用按钮的过程中所呈现出来的不同显示效果。APP 常规按钮有默认、点击、不能点击三种状态，如图 3-2 所示。

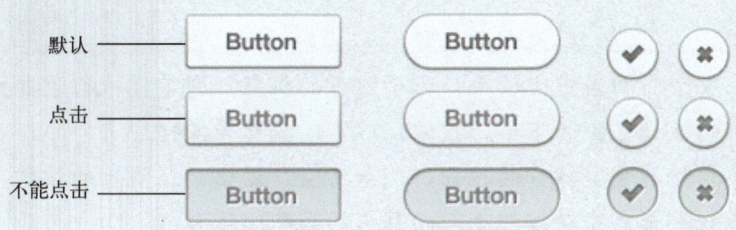

图 3-2 按钮的三种状态

在按钮的设计过程中，在确保按钮外观不变的前提下可以通过阴影、渐变、发光等特效来呈现不同的状态。

3.1.3 按钮设计技巧

按钮设计的好坏决定了 APP 的细节，下面介绍按钮设计的技巧。

1. 善用阴影

阴影能产生视觉对比，可以引导用户看更加明亮的地方，如图 3-3所示。

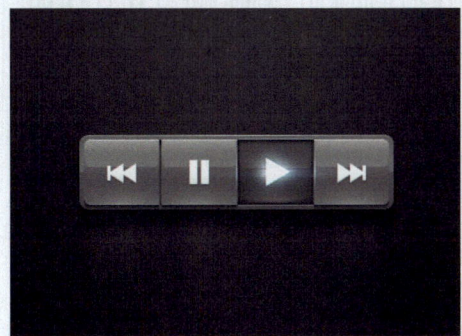 

图 3-3 善用阴影

2. 圆角边界

圆角作为边界既可以清晰明显地区分，又不会像直角那样生硬，如图3-4所示。

3. 表达明确

按钮的表达必须明确，如"保存""提交"等提示按钮，在用户拿定主意后只需点击即可。

4. 层级关系

将没有关联的按钮拉开一定的距离，既可以比较好地区分，又可以体现出层级关系。

5. 关联分组

将有关联的按钮放在一起，做到视觉统一。

6. 强调重点

应用程序界面中要强调的链接一般会以按钮的形式表现，按钮根据重要与否分为以下几种。

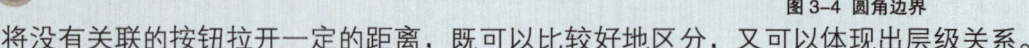

图3-4 圆角边界

- 重要按钮：在整个界面当中比较大，位于醒目的位置，通常指执行重要操作以及吸附在底部的按钮，例如下单、搜索、确定、提交等操作。
- 一般按钮：不是特别重要操作的按钮，例如清空、退出、说明性的按钮，重要按钮和一般按钮都是文字在按钮上，而且占的面积比较大。
- 软弱按钮：这里指优先级最低的一种按钮，这类按钮主要是文字和图标一起搭配出现的，例如筛选、排序等按钮。

按钮的重要性表现形式如下。

- 区别于周边的颜色：按钮的颜色区别于周边的环境色，一般使用更亮、高对比度的颜色，如图3-5所示。

图3-5 区别于周边的颜色

▶ **利用符号、图标：**使用符号、图标比文字描述更直观，且更能吸引眼球，如箭头、对勾、叉等，如图 3-6 所示。

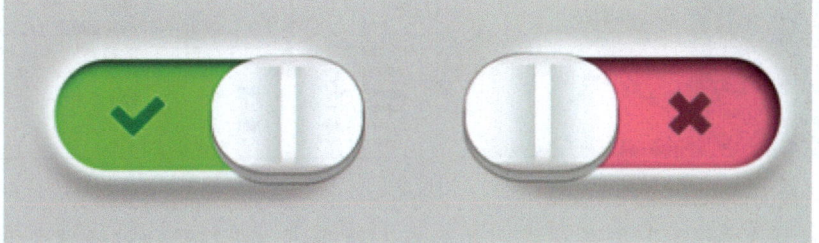

图 3-6 利用符号、图标

3.2 不同质感与纹理按钮

下面介绍不同质感与纹理按钮的制作，帮助读者学习使用 Photoshop 制作不同质感的按钮。

3.2.1 水晶质感

水晶一般晶莹剔透，呈透明或半透明状，折射率高，有光泽。水晶质感的按钮一般用于游戏 APP 中。

1. 设计思路

本实例制作的是水晶质感按钮，通过使用图层样式与图层的混合模式实现水晶晶莹剔透的效果，图 3-7 所示为制作流程图。

图 3-7 制作流程图

2. 制作步骤

下面介绍水晶质感按钮的绘制。

01 使用"圆角矩形工具"绘制一个边角半径为 28 px 的圆角矩形，如图 3-8 所示。然后为图层添加"斜面和浮雕""描边"样式，如图 3-9 所示。

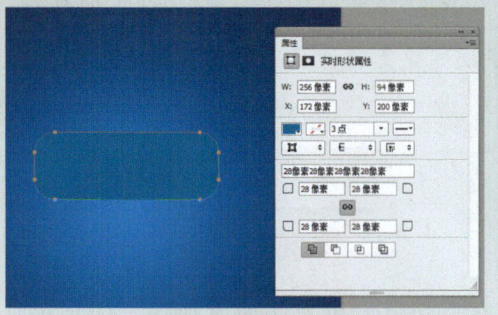

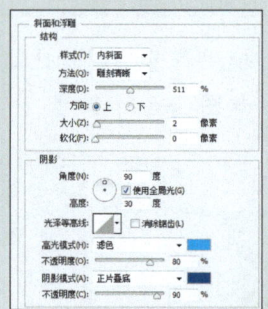

图 3-8 绘制圆角矩形　　　　　　　　　图 3-9 添加图层样式

02 添加"内阴影"图层样式，然后单击等高线，在打开的对话框中调整曲线。继续添加"内发光""光泽""渐变""投影"图层样式，如图 3-10 所示。

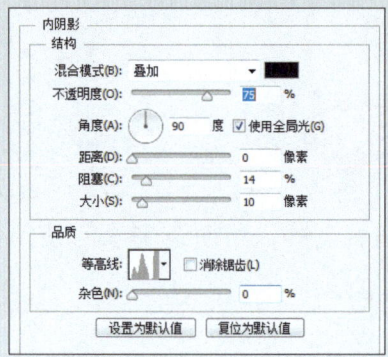

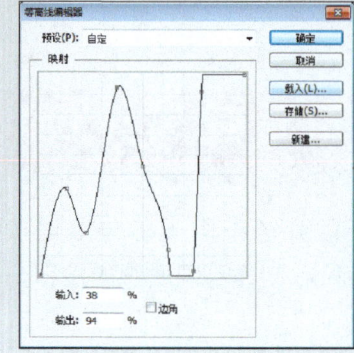

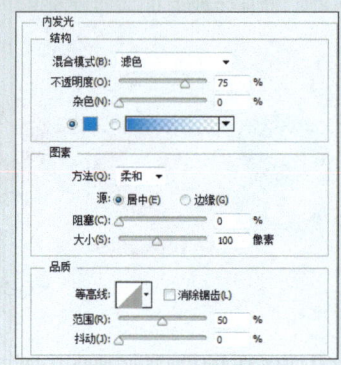

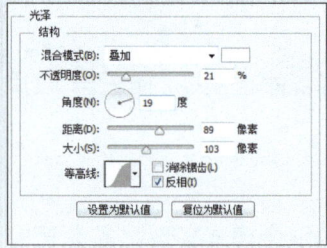

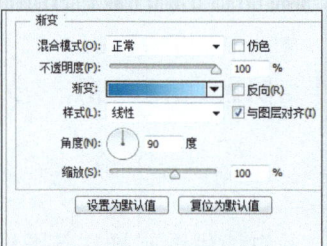

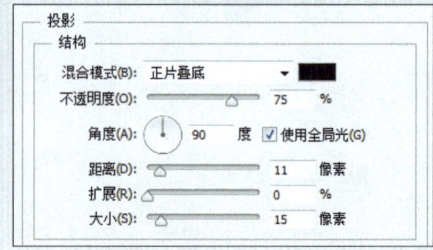

图 3-10 添加图层样式

03 执行确定操作后图像效果如图 3-11 所示。

04 新建图层，使用柔边画笔绘制如图 3-12 所示的效果。

05 设置混合模式为"叠加"、不透明度为 85%，效果如图 3-13 所示。

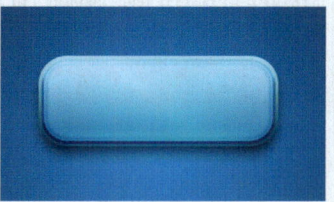

图 3-11 图像效果　　　　　图 3-12 绘制效果　　　　　图 3-13 设置效果

06 按 Ctrl+J 组合键复制图层，设置混合模式为"叠加"、不透明度为 53%，如图 3-14 所示。

07 添加素材图片，如图 3-15 所示。

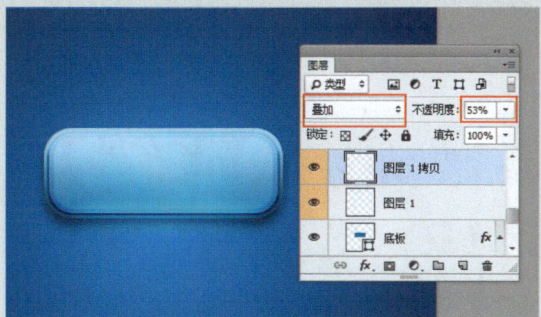

图 3-14 设置混合模式与不透明度

图 3-15 添加素材图片

08 设置混合模式为"柔光"、不透明度为 40%，效果如图 3-16 所示。

09 使用绘图工具绘制图形，如图 3-17 所示。

图 3-16 设置后的效果

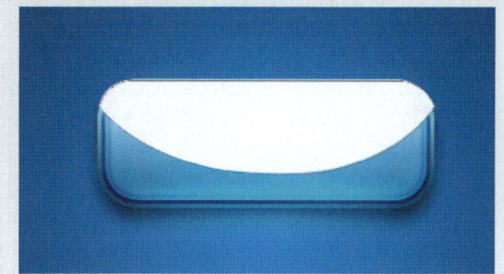

图 3-17 绘制图形

10 设置混合模式为"叠加"、不透明度为 13%，效果如图 3-18 所示。

11 在边界上绘制高光，如图 3-19 所示。

图 3-18 效果

图 3-19 绘制高光

12 用同样的方法在其他几处绘制高光，绘制的图形如图 3-20 所示。

13 设置图层混合模式为"叠加"、不透明度为 13%，如图 3-21 所示。

图 3-20 绘制图形

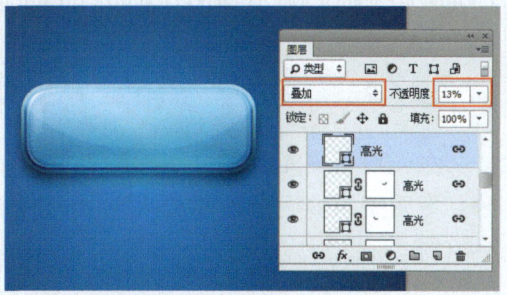

图 3-21 设置混合模式与不透明度

14 设置后的图像效果如图 3-22 所示。

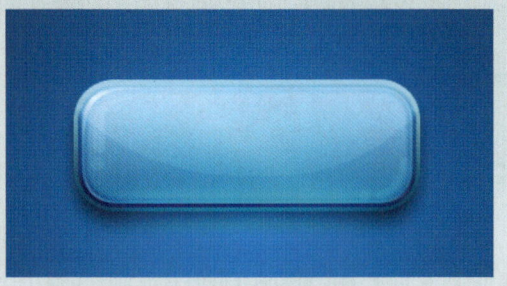

图 3-22 设置图像效果

15 使用"横排文字工具"输入文字，如图 3-23 所示。

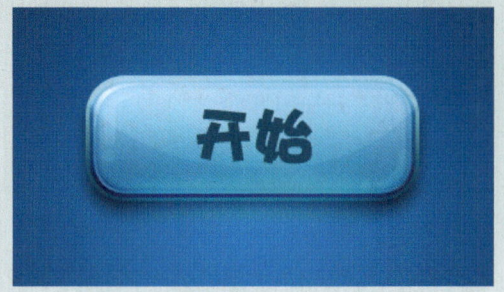

图 3-23 输入文字

16 为文字添加"内阴影""投影"图层样式，如图 3-24 所示。

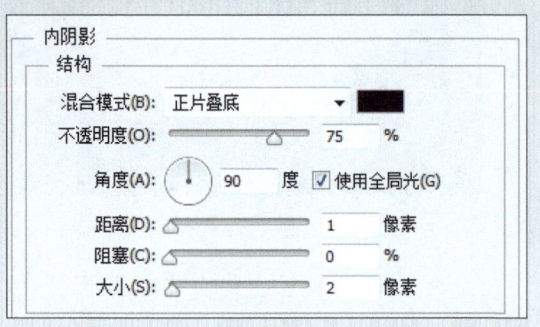
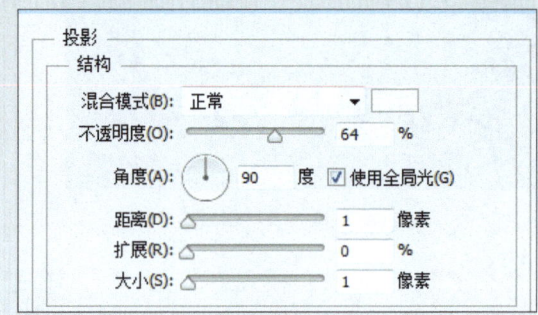

图 3-24 添加图层样式

17 单击"确定"按钮后的效果如图 3-25 所示。

图 3-25 完成效果

3.2.2 金属质感

金属对可见光反射强烈，具有金属光泽，除少数具有特殊颜色，一般金属都是银白色的。金属质感的设计大家在 APP 中经常会见到，在按钮和图标中用的最多。

1. 设计思路

本实例制作金属质感的按钮，通过添加"渐变叠加"图层样式实现金属质感，图 3-26 所示为制作流程图。

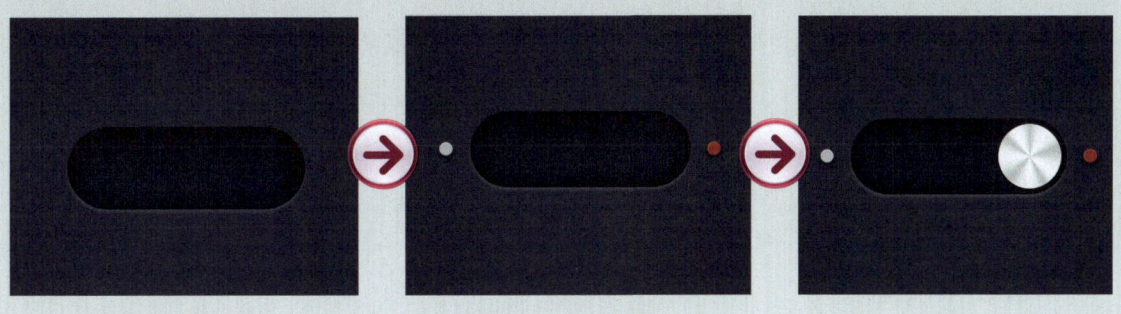

图 3-26 制作流程图

2. 制作步骤

下面介绍金属质感按钮的制作步骤。

01 使用"圆角矩形工具"绘制圆角矩形,如图 3-27 所示。

02 为图层添加"内阴影""内发光"图层样式,如图 3-28 所示。

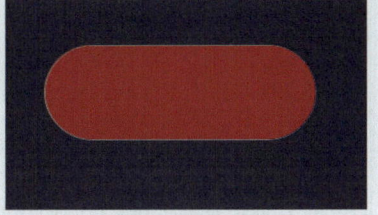

图 3-27 绘制圆角矩形

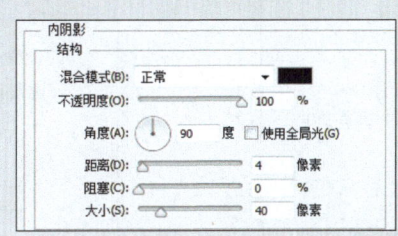
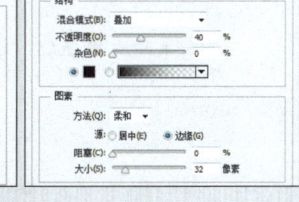

图 3-28 添加图层样式

03 继续为图层添加"颜色叠加""渐变叠加"和"投影"图层样式,如图 3-29 所示。

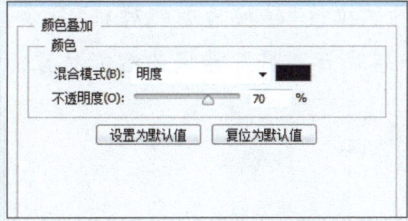
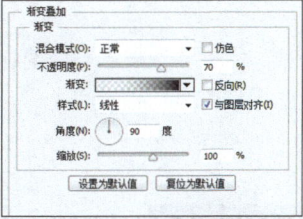
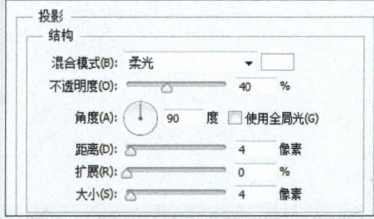

图 3-29 添加图层样式

04 单击"确定"按钮,然后设置图层的填充为 0%,效果如图 3-30 所示。

05 使用"椭圆工具"绘制正圆,如图 3-31 所示。

图 3-30 图像效果

图 3-31 绘制正圆

06 为图层添加"描边""内发光""渐变叠加"和"投影"4种样式,如图3-32所示。

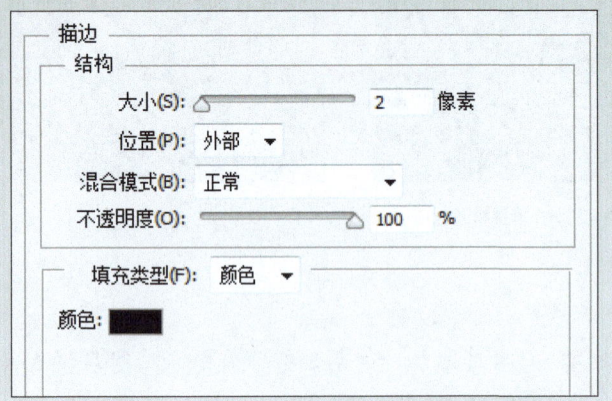

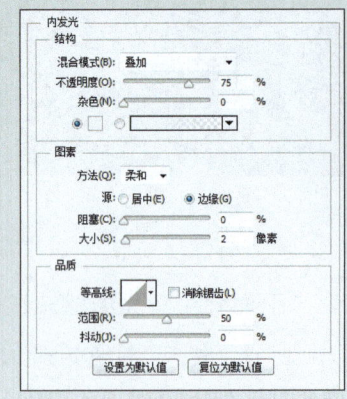

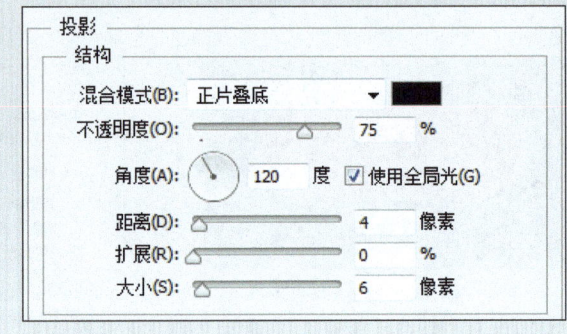

图3-32 添加图层样式

07 执行确定操作后的图像效果如图3-33所示。

08 选择图层,单击鼠标右键,执行"转换为智能对象"命令,如图3-34所示,将其转换为智能对象。

图3-33 图像效果

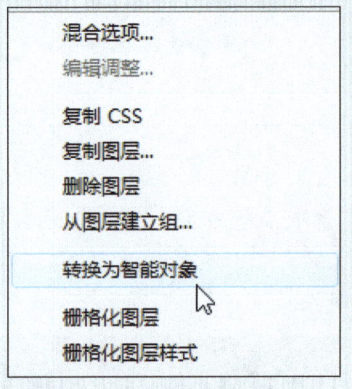

图3-34 执行"转换为智能对象"命令

提示: 转换为智能对象后可以双击智能对象并进行修改,修改完毕需要存储后才能对原文件生效。

09 执行"滤镜"|"杂色"|"添加杂色"命令,弹出"添加杂色"对话框,设置数量值,如图3-35所示,单击"确定"按钮关闭对话框。

10 使用"椭圆工具"在左、右两侧绘制两个不同颜色的正圆,如图3-36所示。

图 3-35 添加杂色

图 3-36 绘制圆

11 选择左侧的正圆,为图层添加"斜面和浮雕""渐变叠加""内阴影"和"投影"样式,如图 3-37 所示。

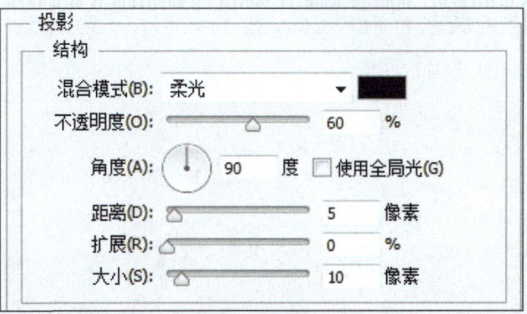

图 3-37 添加图层样式

12 单击"确定"按钮后图像效果如图 3-38 所示。选择图层,单击鼠标右键,执行"拷贝图层样式"命令,然后选择右侧圆所在的图层,单击鼠标右键,执行"粘贴图层样式"命令,粘贴后的效果如图 3-39 所示。

图 3-38 图像效果

图 3-39 粘贴图层样式效果

3.2.3 纸盒质感

纸盒表面光滑、平整,呈黄褐色,有一定的厚度,遮光性好,使用纸盒质感的设计往往能带来很强的书香气息。

1. 设计思路

本实例绘制纸盒质感的按钮,通过阴影、颜色表现纸盒的厚度与质感,图 3-40 所示为制作流程图。

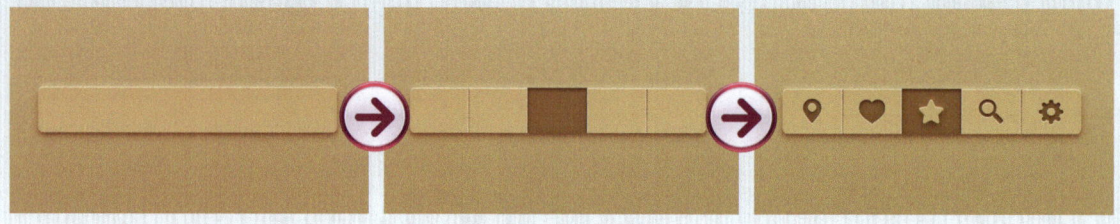

图 3-40 制作流程图

2. 制作步骤

下面介绍纸盒质感的制作步骤。

01 新建空白文档,选择"矩形工具",设置填充颜色为#c79d6a,绘制矩形,如图 3-41 所示。

02 为图层添加"内发光"和"渐变叠加"图层样式,如图 3-42 所示。

图 3-41 绘制矩形

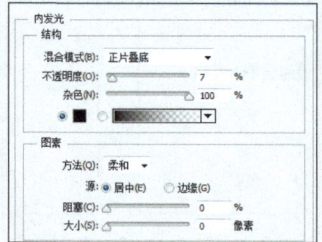

图 3-42 添加图层样式

03 单击"确定"按钮后的图像效果如图 3-43 所示。

04 使用"圆角矩形工具"绘制圆角矩形,如图 3-44 所示。

图 3-43 图像效果

图 3-44 绘制圆角矩形

05 为图层添加"斜面和浮雕""内阴影""光泽""渐变叠加"和"投影"图层样式,如图 3-45 所示。

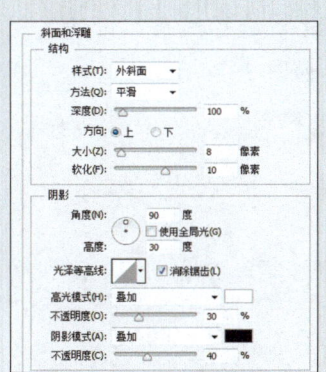
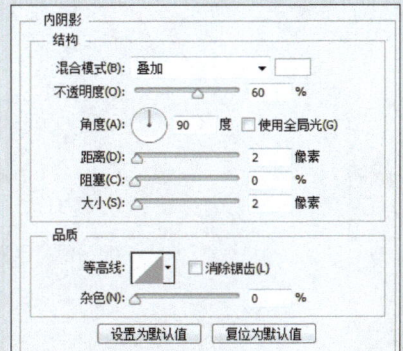
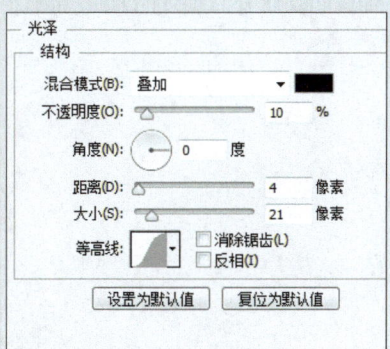
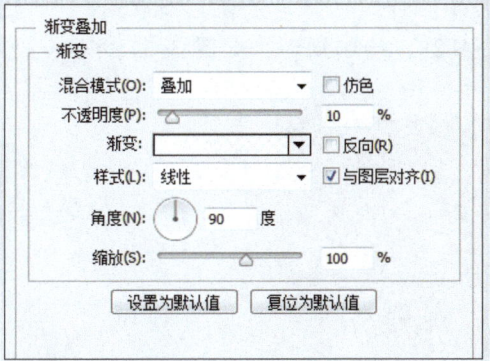
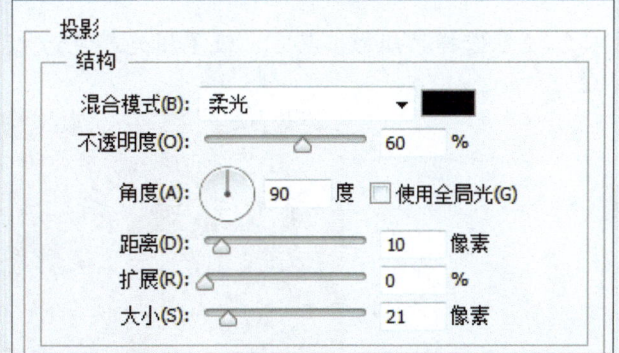

图 3-45 添加图层样式

06 单击"确定"按钮后的图像效果如图 3-46 所示。

07 选择"直线工具",设置填充颜色为 #855732,绘制线条,如图 3-47 所示。

图 3-46 图像效果

图 3-47 绘制线条

08 为图层添加"渐变叠加"和"投影"样式，如图 3-48 所示。

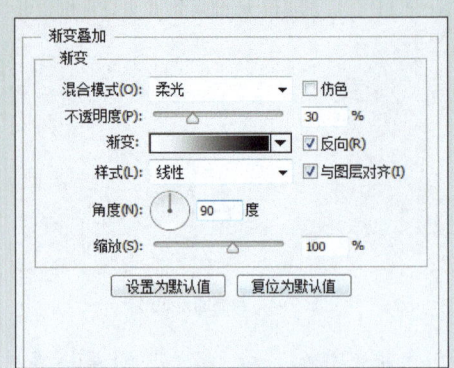
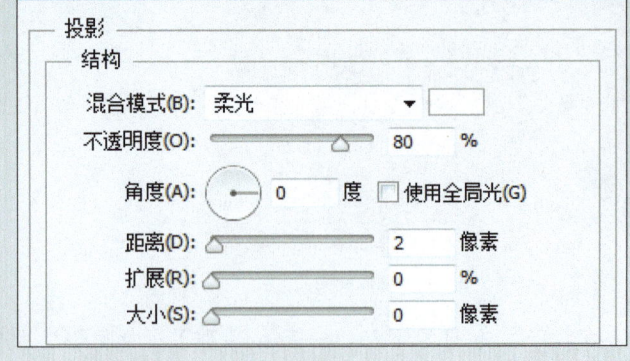

图 3-48 添加图层样式

09 单击"确定"按钮后的图像效果如图 3-49 所示。

10 按住 Alt 键选择线条，拖动复制多个，如图 3-50 所示。

图 3-49 图像效果　　　　　　　图 3-50 复制多个

11 选择"矩形工具"，设置填充颜色为 #7f4f28，绘制矩形，如图 3-51 所示。

图 3-51 绘制矩形

12 为图层添加"内阴影""内发光"和"渐变叠加"图层样式，如图 3-52 所示。

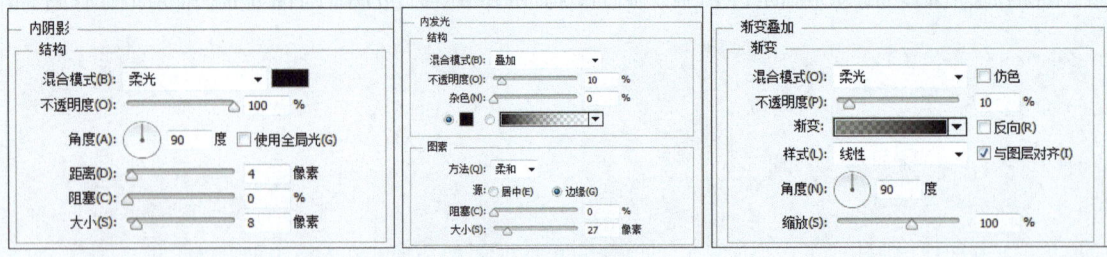

图 3-52 添加图层样式

13 执行确定操作后的图像效果如图 3-53 所示。

14 使用绘图工具绘制图形，如图 3-54 所示。

图 3-53 图像效果

图 3-54 绘制图形

15 为图层添加"内发光""内阴影""渐变叠加"和"投影"图层样式，如图 3-55 所示。

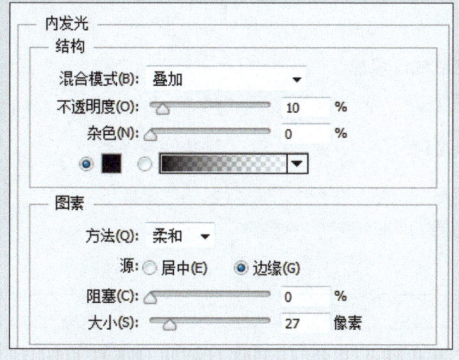

图 3-55 添加图层样式

16 执行确定操作后的图像效果如图 3-56 所示，拷贝图层样式备用。

17 使用绘图工具绘制其他图形，如图 3-57 所示。

图 3-56 图像效果

图 3-57 绘制其他图形

18 选择三个图形所在的图层，单击鼠标右键，执行"粘贴图层样式"命令，粘贴后的效果如图 3-58 所示。

19 使用绘图工具绘制星形，如图 3-59 所示。

图 3-58 粘贴图层样式后的效果

图 3-59 绘制星形

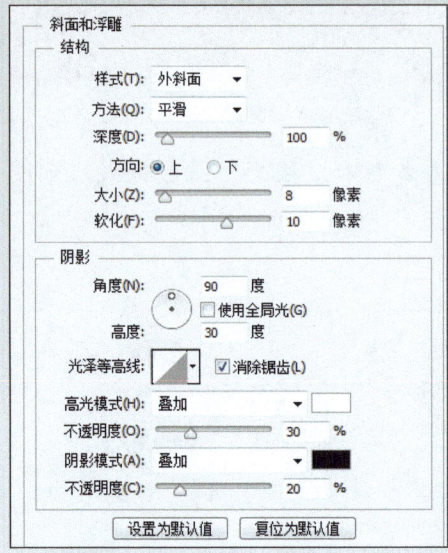

20 为图层添加"斜面和浮雕""内阴影""渐变叠加"和"投影"样式，如图 3-60 所示。

图 3-60 添加图层样式

21 单击"确定"按钮完成按钮的制作，如图 3-61 所示。

图 3-61 完成效果

3.2.4 发光效果

发光效果也是十分常见的设计效果,为了表现发光效果,一般按钮的背景色为深色,而发光的颜色为鲜艳的彩色,对比强烈。

1. 设计思路

本实例制作的是发光效果的按钮,主要通过"外发光"图层样式实现发光的效果,图3-62所示为制作流程图。

图3-62 制作流程图

2. 制作步骤

下面介绍发光按钮的制作步骤。

01 使用"椭圆工具"绘制正圆,如图3-63所示。然后双击图层,在打开的"图层样式"对话框中设置"内阴影"和"投影"样式,如图3-64所示。

图3-63 绘制正圆

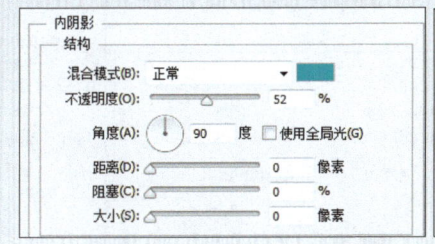

图3-64 添加图层样式

02 单击"确定"按钮后的图像效果如图3-65所示。

03 复制图层,删除"投影"样式,并修改"内阴影"样式,如图3-66所示。

图3-65 图像效果

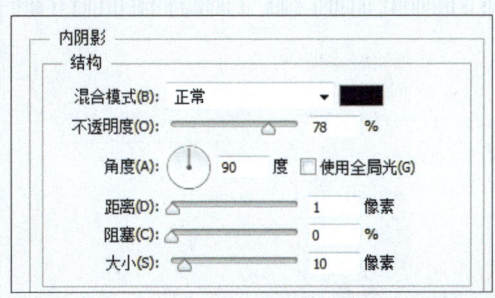

图3-66 修改图层样式

04 继续设置"颜色叠加"和"渐变叠加"图层样式，如图3-67所示。

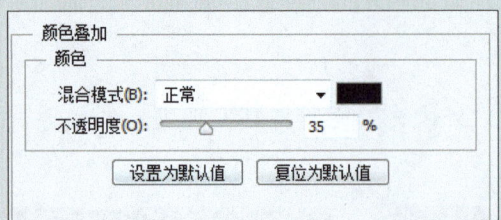

图 3-67 设置图层样式

05 单击"确定"按钮后的图像如图3-68所示。

06 使用绘图工具绘制图形，如图3-69所示。

图 3-68 图像效果　　　　图 3-69 绘制图形

07 为图层设置"内阴影""颜色叠加""渐变叠加""外发光"和"投影"样式，如图3-70所示。

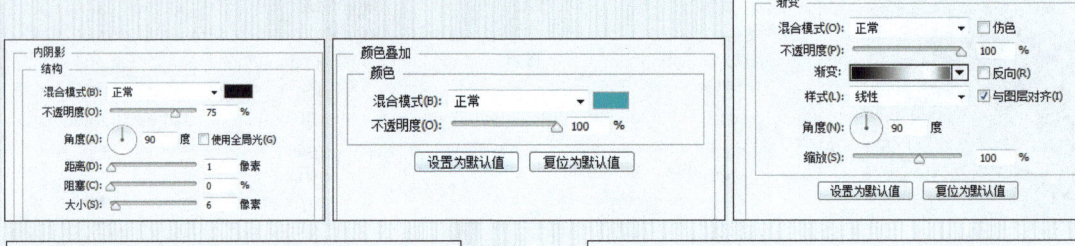

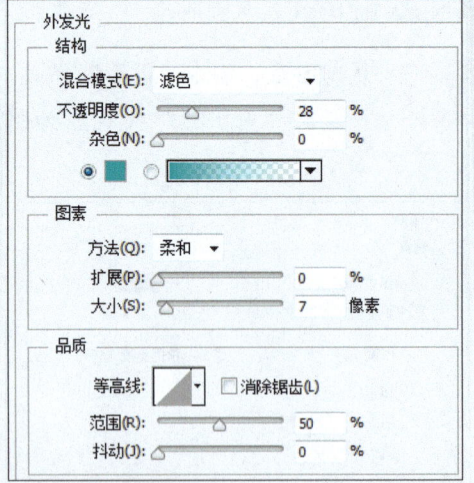 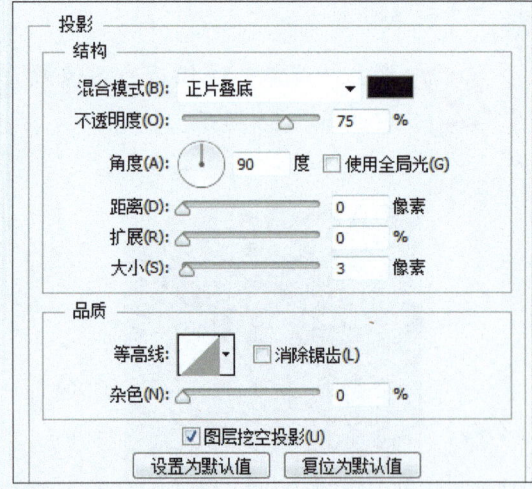

图 3-70 添加图层样式

08 单击"确定"按钮完成按钮的制作,如图 3-71 所示。

图 3-71 完成效果

3.3 不同功能按钮设计案例

按钮的不同用途决定了它的形状,除了最多也是最常见的普通按钮外还有很多其他控件也是由按钮控制的,如开关、滑块及进度条等。

3.3.1 开关按钮

开关按钮用于对某个功能或设置进行开启或关闭,是 APP 界面中经常用到的控件。

1. 开关的类型

开关一共有复选框、单选按钮和 ON/OFF 开关三种类型,如图 3-72 所示。

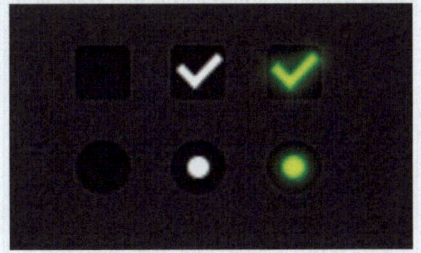 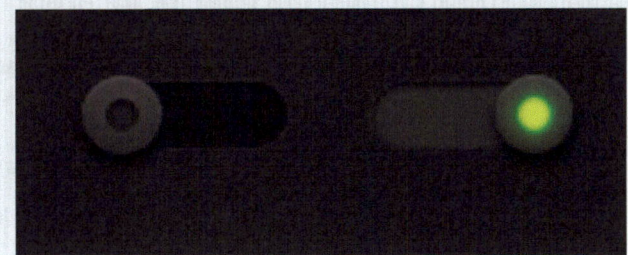

图 3-72 三种开关类型

- **复选框**:复选框开关在一组选项中有多个,允许用户选择多个。通过勾选的方式来设置。适合需要在列表中设计多个开关设置,并能节省空间的开关设计。
- **单选按钮**:单选按钮也是一组选项,但只允许用户从中选择一个。适合需要用户看到所有可用选项并排显示的开关设计。
- **ON/OFF 开关**:ON/OFF 开关只有一个开启和关闭的选择,开关控制它的开启和关闭状态。

2. 设计思路

本实例制作的是 ON/OFF 开关，为了逼真显示开关的状态，使用渐变色表现开关的按下和弹起两个面，图 3-73 所示为制作流程图。

图 3-73 制作流程图

3. 制作步骤

下面介绍开关按钮的制作步骤。

01 使用"圆角矩形工具"绘制圆角矩形，在"属性"面板中设置参数，如图 3-74 所示。
02 设置后的矩形效果如图 3-75 所示。

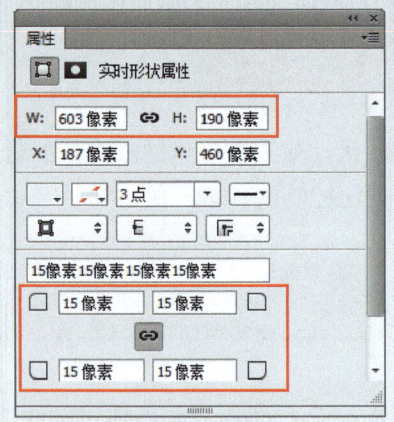

图 3-74 设置参数

图 3-75 设置后的矩形

03 双击进入"图层样式"对话框，设置"斜面和浮雕"和"渐变叠加"的参数，如图 3-76 所示。

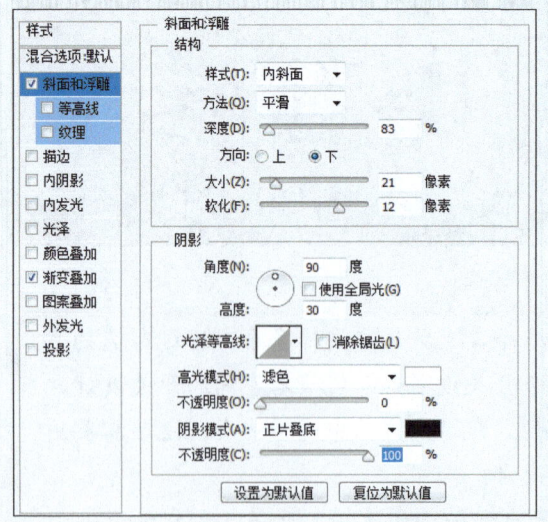
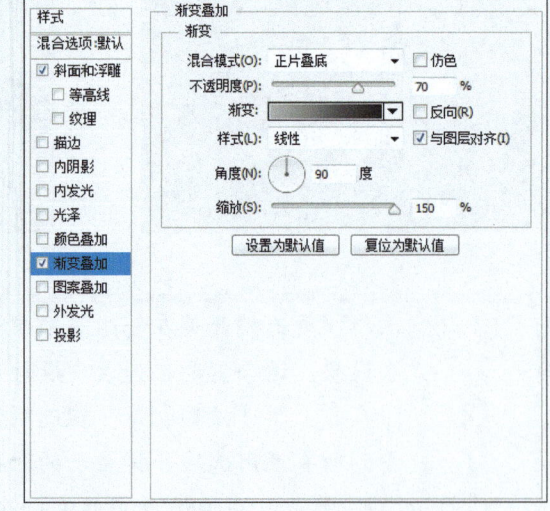

图 3-76 添加图层样式

04 单击"确定"按钮,图像如图 3-77 所示。

05 继续绘制矩形,如图 3-78 所示。

图 3-77 图像效果

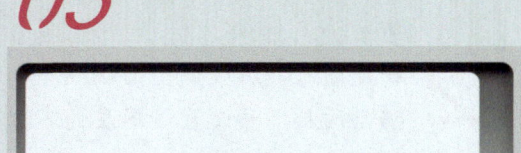

图 3-78 绘制矩形

06 为图层添加"外发光"样式,如图 3-79 所示。

07 单击"确定"按钮后的图像如图 3-80 所示。

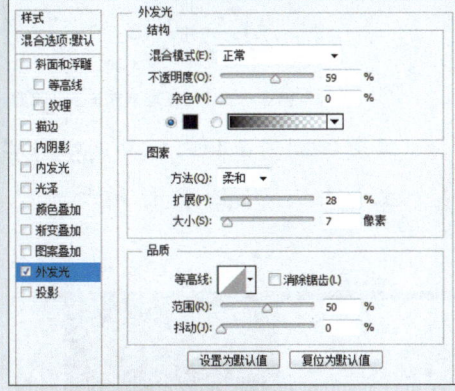

图 3-79 添加"外发光"样式

图 3-80 图像效果

08 再次使用"圆角矩形工具"绘制圆角矩形,如图 3-81 所示。

09 在"属性"面板中修改宽、高参数,并设置圆角半径,如图 3-82 所示。

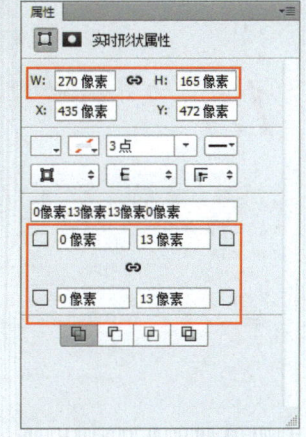

图 3-81 绘制圆角矩形

图 3-82 设置参数

10 为该图层添加"渐变叠加"和"投影"图层样式,如图 3-83 所示。

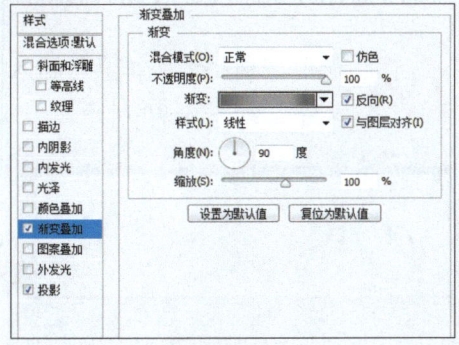
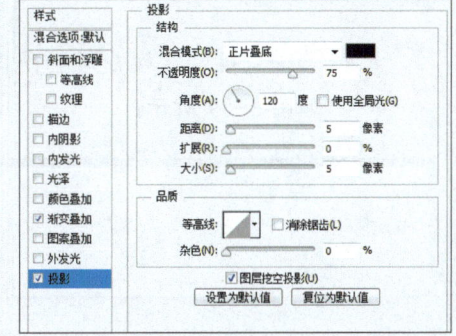

图 3-83 添加图层样式

11 单击"确定"按钮,图像如图 3-84 所示。

12 新建图层,然后调整图层顺序,向下移动两层,并设置该图层的不透明度为 50%,如图 3-85 所示。

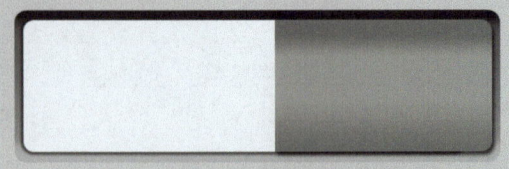

图 3-84 图像效果

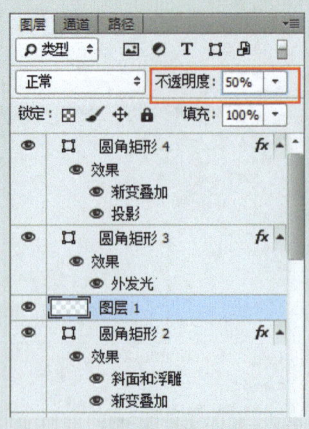

图 3-85 调整图层顺序与不透明度

13 选择"画笔工具",设置颜色为浅灰色,在右上角进行绘制,如图 3-86 所示。

14 再次绘制圆角矩形,并调整图层至最上层,如图 3-87 所示。

图 3-86 绘制图形

图 3-87 绘制圆角矩形

15 为图层添加"渐变叠加"和"投影"图层样式,如图 3-88 所示。

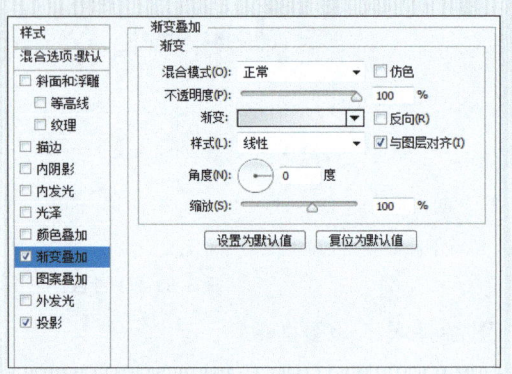
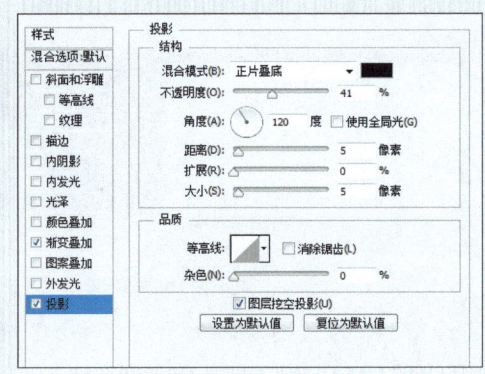

图 3-88 添加图层样式

16 单击"确定"按钮后的图像如图 3-89 所示。

17 使用"横排文字工具"输入文字,如图 3-90 所示。

图 3-89 图像效果

图 3-90 输入文字

18 为文字图层添加"内阴影"和"外发光"图层样式，如图 3-91 所示。

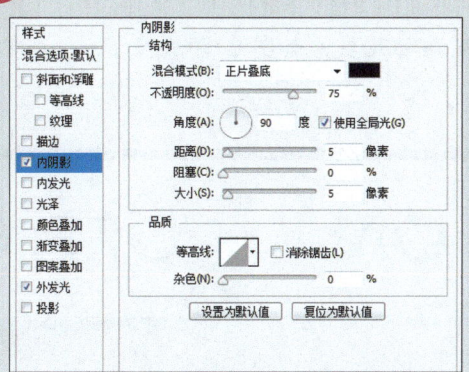 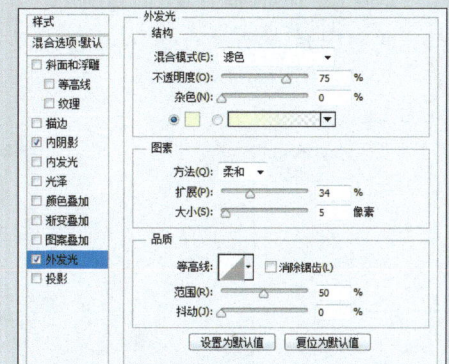

图 3-91 添加图层样式

19 单击"确定"按钮，图像如图 3-92 所示。

20 再次输入文字，如图 3-93 所示。

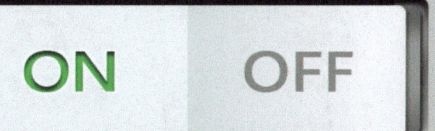

图 3-92 图像效果　　　　　　　　图 3-93 输入文字

21 选择第一个文字图层，单击鼠标右键，执行"拷贝图层样式"命令。然后选择第二个文字图层，单击鼠标右键，执行"粘贴图层样式"命令，如图 3-94 所示。

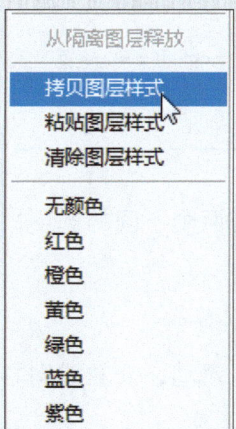 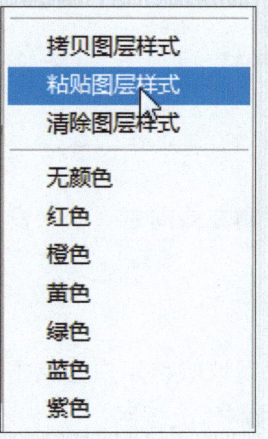

22 执行操作后的效果如图 3-95 所示。

图 3-94 执行命令　　　　　　　　图 3-95 效果

23 使用"圆角矩形工具"绘制圆角矩形，然后按 Ctrl+T 组合键，旋转并斜切图形，如图 3-96 所示。

24 选择图层，单击鼠标右键，执行"转换为智能对象"命令，如图 3-97 所示。

图 3-96 旋转并斜切　　　图 3-97 执行"转换为智能对象"命令

25 执行"滤镜"|"模糊"|"高斯模糊"命令,在弹出的对话框中设置半径值,如图 3-98 所示。

26 调整圆角矩形的位置,并将图层向下移动几层,如图 3-99 所示。

图 3-98 设置半径值

图 3-99 调整位置与图层顺序

27 在"图层"面板中设置不透明度为 80%,如图 3-100 所示。

28 "ON"状态的完成效果如图 3-101 所示。将除背景以外的所有图层放置在一个组内,然后复制组,并修改图层,制作按钮的"OFF"状态,完成效果如图 3-102 所示。

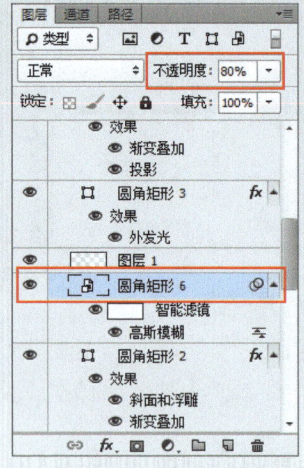

图 3-100 设置不透明度

图 3-101 "ON"状态完成效果

图 3-102 "OFF"状态完成效果

3.3.2 滑块按钮

滑块按钮用于滑动设置相应的选项,通常以向左或向右滑动来设置两个不同的选项,与 ON/OFF 按钮的效果相同。

1. 设计思路

本实例制作的是滑块按钮,通过设计突出的滑块吸引用户去点击、滑动,向左或向右滑动后显示为颜色、文字变化,图 3-103 所示为制作流程图。

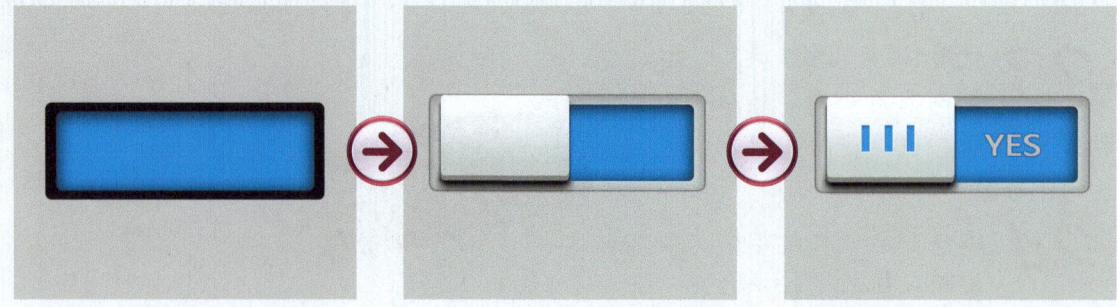

图 3-103 制作流程图

2. 制作步骤

下面介绍滑块按钮的制作。

01 使用"圆角矩形工具"绘制圆角矩形，如图 3-104 所示。

02 双击该图层，在弹出的对话框中选择"内阴影"复选框，设置参数，如图 3-105 所示。

图 3-104 绘制圆角矩形

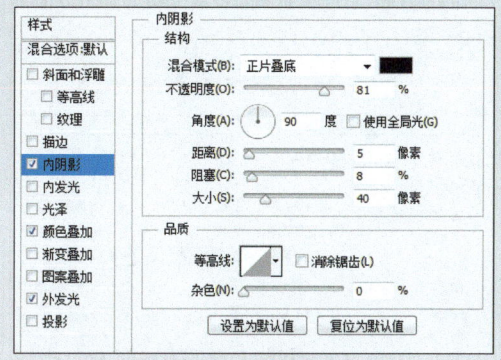

图 3-105 设置"内阴影"

03 分别设置"颜色叠加"和"外发光"的参数，如图 3-106 所示。

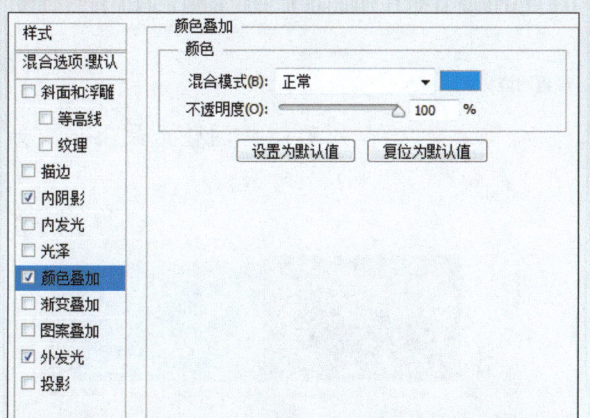

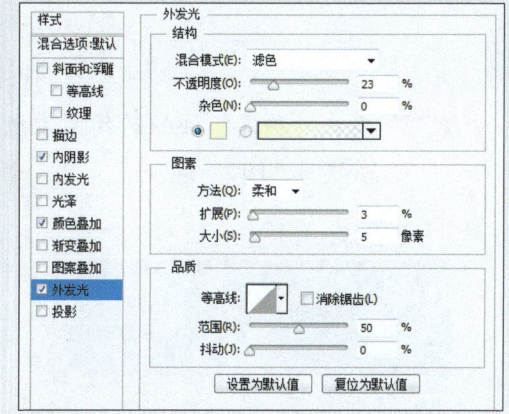

图 3-106 设置"颜色叠加"、"外发光"的参数

04 设置后的图像效果如图 3-107 所示。

05 再次绘制一个矩形，并调整图层到下一层，如图 3-108 所示。

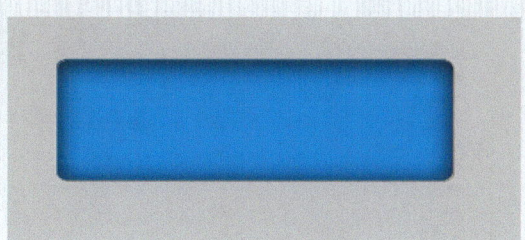

图 3-107 图像效果

图 3-108 绘制矩形并调整顺序

06 同样为该图层设置图层样式，如图 3-109 所示，对于渐变叠加的颜色，色标 1 为 #737373、色标 2 为 #c1c1c1。

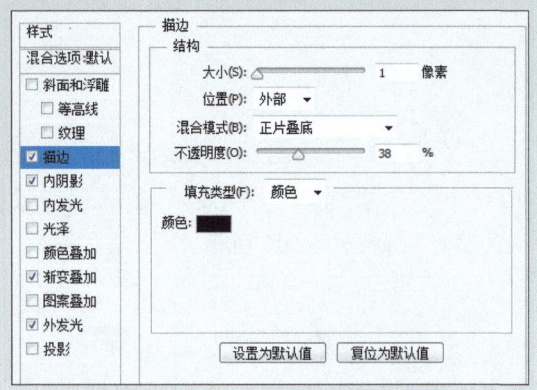
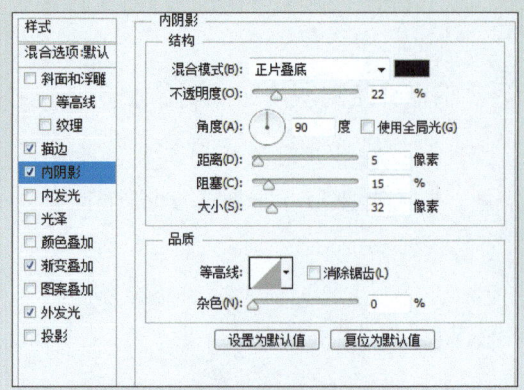
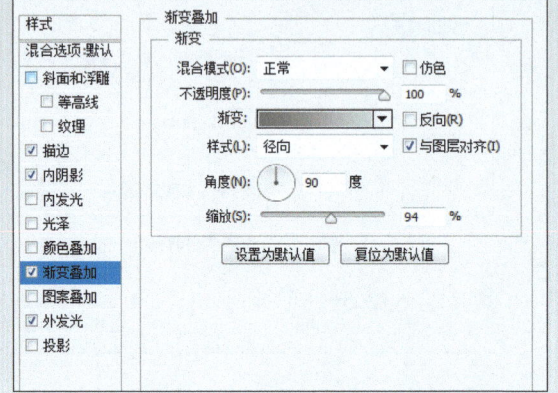
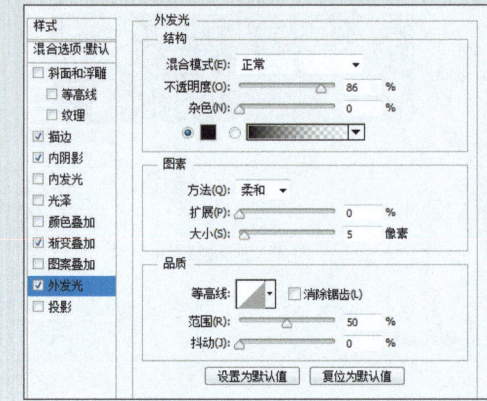

图 3-109 设置图层样式

07 单击"确定"按钮后的图像效果如图 3-110 所示。

08 绘制矩形,并调整至最上层,如图 3-111 所示。

图 3-110 图像效果

图 3-111 绘制矩形

09 双击图层添加图层样式,如图 3-112 所示。

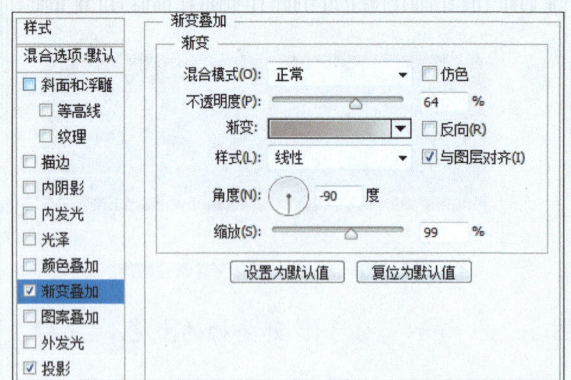
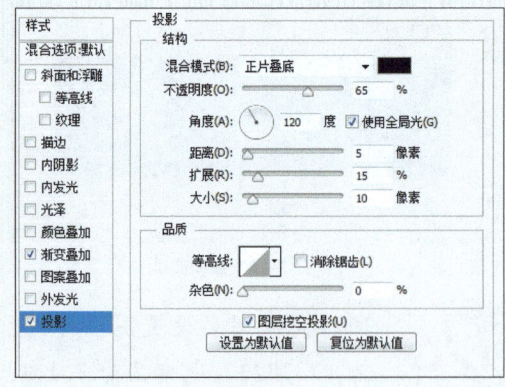

图 3-112 添加图层样式

10 复制一个图层,将其向上移动 12 px,如图 3-113 所示。

11 双击图层,在弹出的对话框中选择"渐变叠加"图层样式,设置参数,如图 3-114 所示。

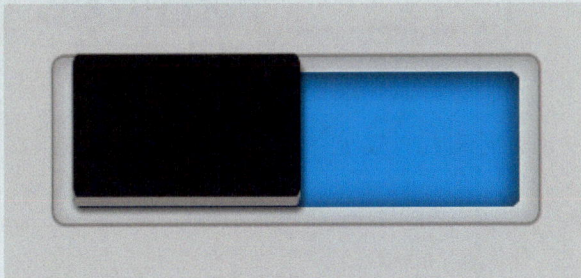

图 3-113 复制并移动

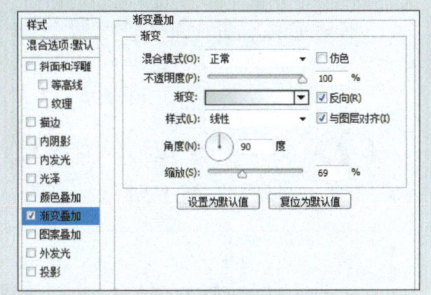

图 3-114 添加"渐变叠加"图层样式

12 复制一层,执行"滤镜"|"模糊"|"方框模糊"命令,如图 3-115 所示。

13 弹出对话框,单击"确定"按钮,如图 3-116 所示。

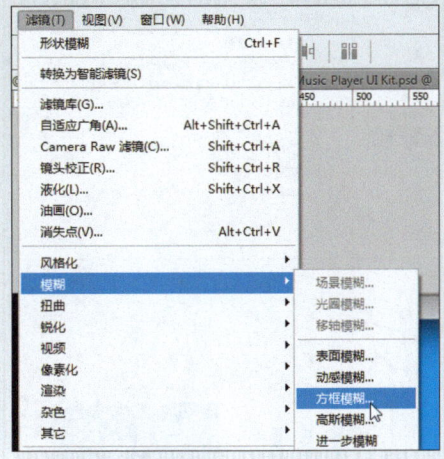

图 3-115 执行"方框模糊"命令

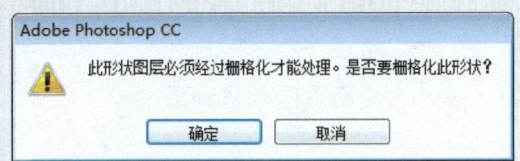

图 3-116 单击"确定"按钮

14 在弹出的对话框中设置参数,如图 3-117 所示。

15 单击"确定"按钮后使用方向键略微向下移动,图像效果如图 3-118 所示。

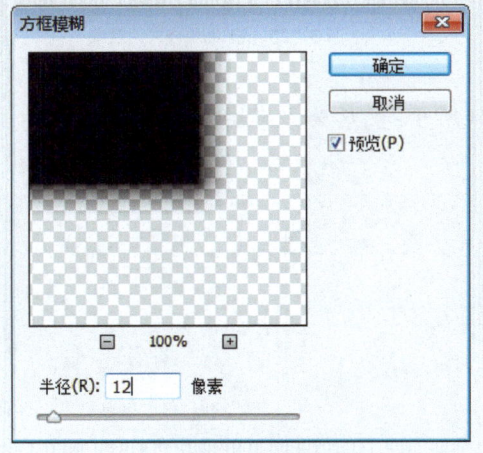

图 3-117 设置参数

图 3-118 向下移动

16 按 Ctrl+[组合键将图层向下调整三层,并添加图层蒙版,然后使用黑色的"画笔工具"涂抹左侧多余的部分,效果如图 3-119 所示。

17 绘制矩形并复制两个,然后单击"水平居中分布"按钮,如图 3-120 所示。

图 3-119 涂抹蒙版　　　　　　　　　　图 3-120 绘制矩形

18 选择一个矩形，双击进入"图层样式"对话框，设置"内阴影"和"外发光"，如图 3-121 所示。

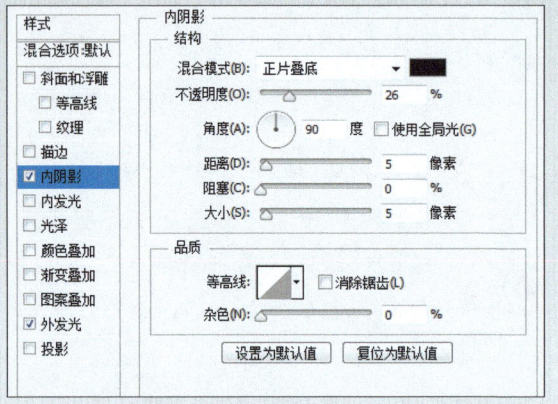
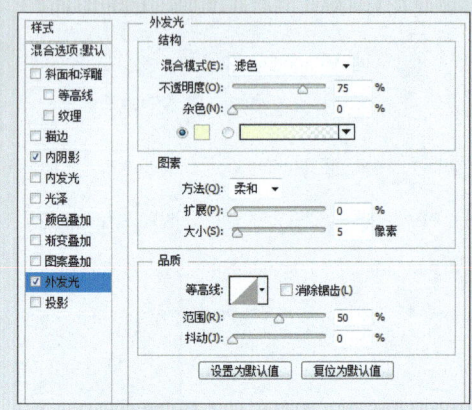

图 3-121 添加图层样式

19 单击"确定"按钮后的图像效果如图 3-122 所示。

20 复制图层样式，然后选择另外两个矩形图层，粘贴图层样式，如图 3-123 所示。

图 3-122 图像效果　　　　图 3-123 粘贴图层样式的效果

21 使用"横排文字工具"输入文字，如图 3-124 所示。然后为文字图层添加图层样式，如图 3-125 所示。

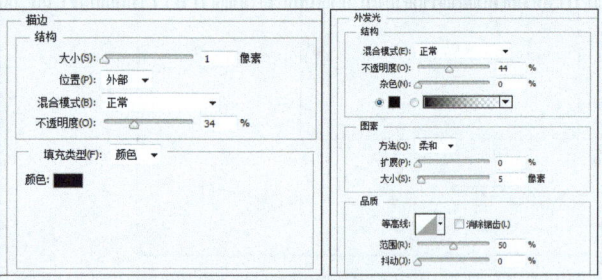

图 3-124 输入文字　　　　图 3-125 添加图层样式

22 单击"确定"按钮，完成效果如图 3-126 所示。然后将除背景以外的所有图层选中，单击鼠标右键，执行"从图层建立组"命令。接着复制组，并修改颜色、文字等，制作开关的另一个状态，如图 3-127 所示。

图 3-126 完成效果

图 3-127 开关的另一个状态

3.3.3 进度条滑块

进度条是在缓冲和加载信息时所显示的控件，它的作用是显示当前加载的百分比，使用户对加载的进度有所了解。

1. 进度条的类型

进度条的类型有"线形进度条"和"圆形进度条"两种类型。

▶ 线形进度条：线形进度条指示整体的进度或时间，当指示器达到 100% 时则完成加载，不会再返回 0% 重新开始。图 3-128 所示为线形进度条。

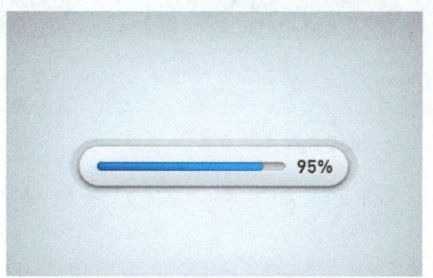

图 3-128 线形进度条

▶ 圆形进度条：圆形进度条通过和一个图标结合使用，使得效果比线形进度条更为丰富，为加载的等待时间带来更多趣味性。图 3-129 所示为圆形进度条。

图 3-129 圆形进度条

2. 设计思路

本实例制作的是进度条滑块，设计圆角矩形作为线性进度条的整体外形，完成的进度呈蓝色，未完成的进度使用渐变填充效果，图 3-130 所示为制作流程图。

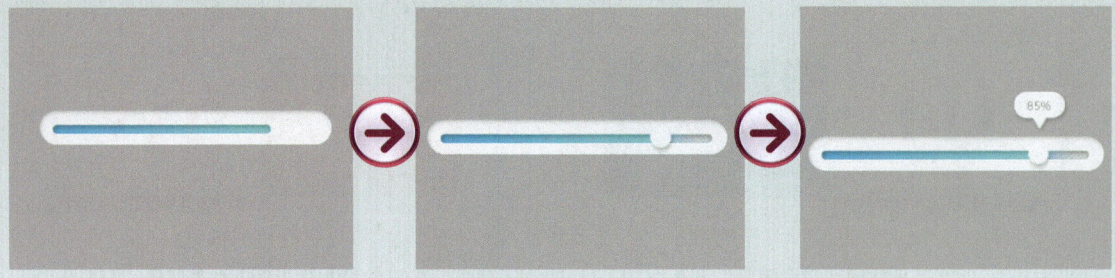

图 3-130 制作流程图

3. 制作步骤

下面介绍进度条滑块的制作。

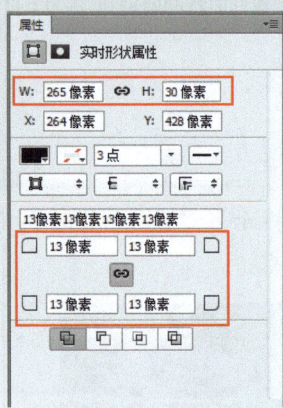

01 使用"圆角矩形工具"绘制圆角矩形,在"属性"面板中设置参数,如图 3-131 所示。

02 设置后的矩形效果如图 3-132 所示。

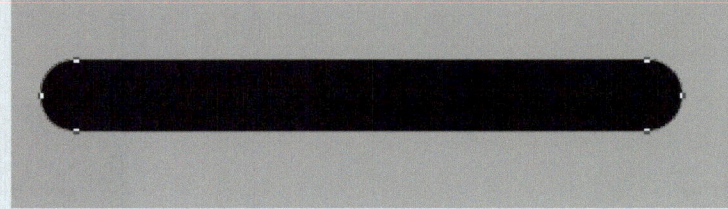

图 3-131 设置参数　　　　　图 3-132 矩形效果

03 为图层添加"内阴影""颜色叠加""渐变叠加"和"投影"4 种样式,如图 3-133 所示。

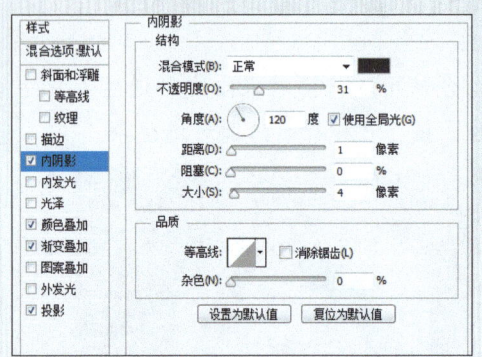

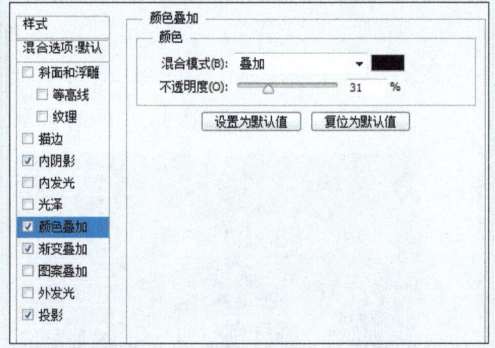

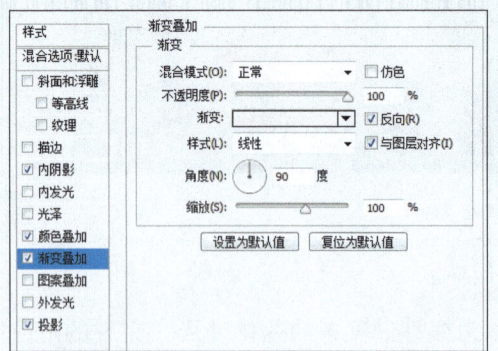

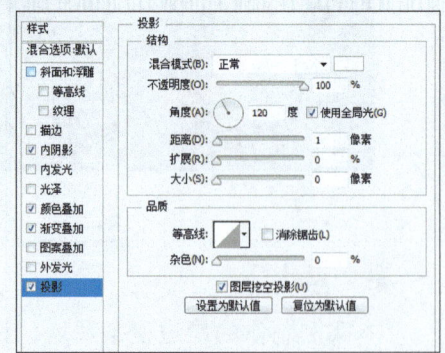

图 3-133 添加图层样式

04 添加图层样式后的效果如图 3-134 所示。

图 3-134 图像效果

05 使用"圆角矩形工具"绘制圆角矩形,并设置参数,如图 3-135 所示。

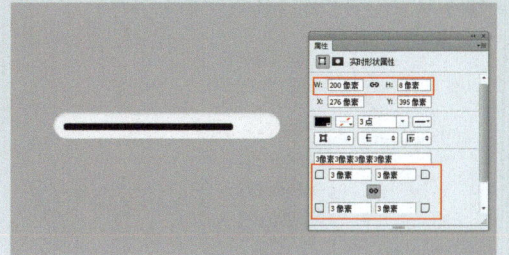

图 3-135 绘制圆角矩形

06 为图层添加"内阴影""渐变叠加"和"投影"样式,如图 3-136 所示。

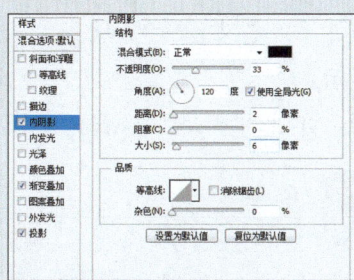 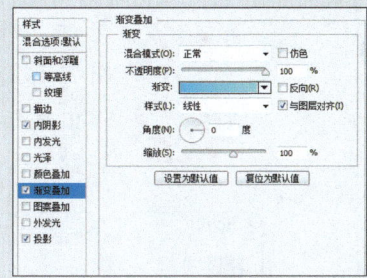 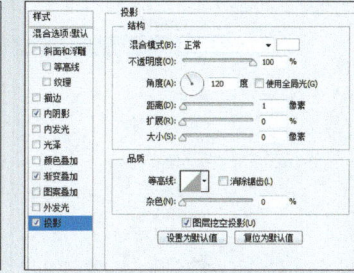

图 3-136 添加图层样式

07 单击"确定"按钮后图像如图 3-137 所示。

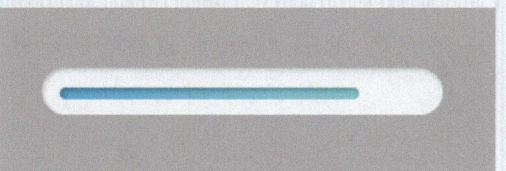

图 3-137 图像效果

08 使用"圆角矩形工具"绘制一个宽度相同的圆角矩形,如图 3-138 所示。

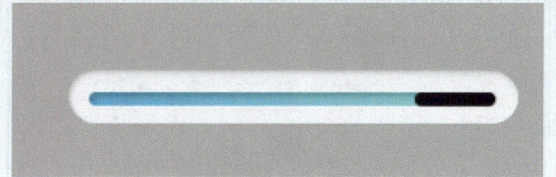

图 3-138 绘制圆角矩形

09 为图层添加"内阴影""颜色叠加"和"投影"图层样式,如图 3-139 所示。

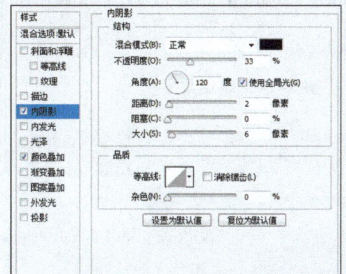 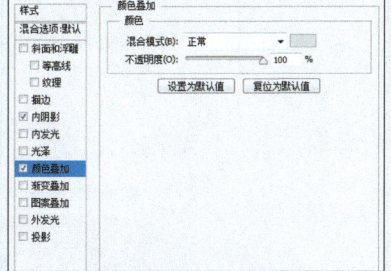 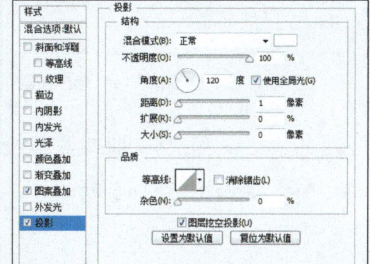

图 3-139 添加图层样式

10 在图层上单击鼠标右键，执行"转换为智能对象"命令，如图3-140所示。然后新建一个尺寸为4×4 px、背景为透明的文档，在其中绘制两个矩形，填充颜色为黑色，如图3-141所示。

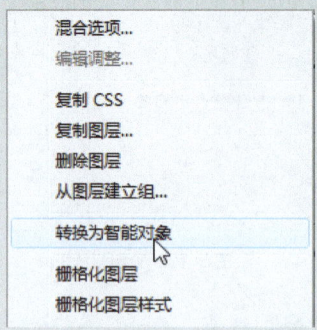

图3-140 执行"转换为智能对象"命令　　　　图3-141 绘制矩形

11 执行"编辑"|"定义图案"命令，如图3-142所示。

12 弹出对话框，单击"确定"按钮，如图3-143所示。

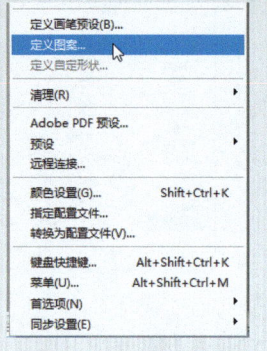

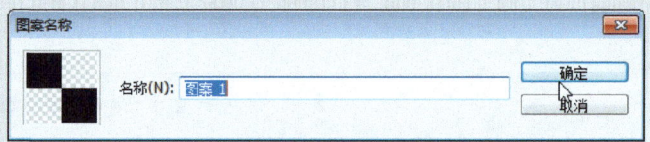

图3-142 执行"编辑"|"定义图案"命令　　　　图3-143 单击"确定"按钮

13 再次打开"图层样式"对话框，选择"图案叠加"，在"图案"中选择前面定义的图案，设置不透明度为6%，如图3-144所示。

14 单击"确定"按钮后的图像如图3-145所示。

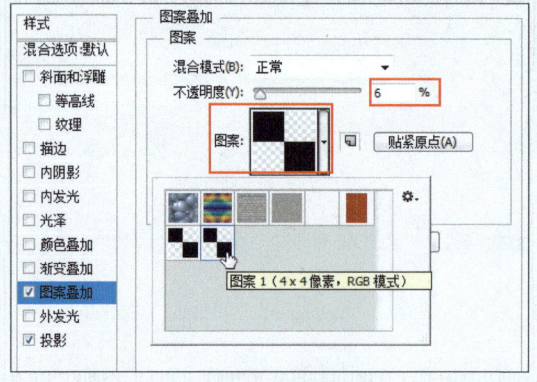

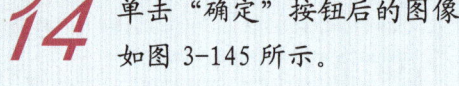

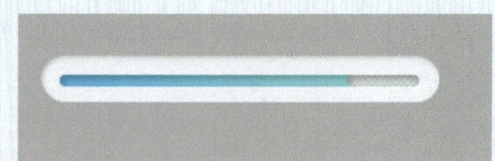

图3-144 选择图案　　　　图3-145 确定效果

15 使用"椭圆工具"绘制正圆，如图3-146所示。

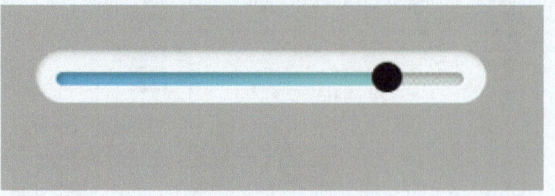

图3-146 绘制正圆

16 为该图层添加"内阴影""渐变叠加""投影"的图层样式,如图3-147所示。

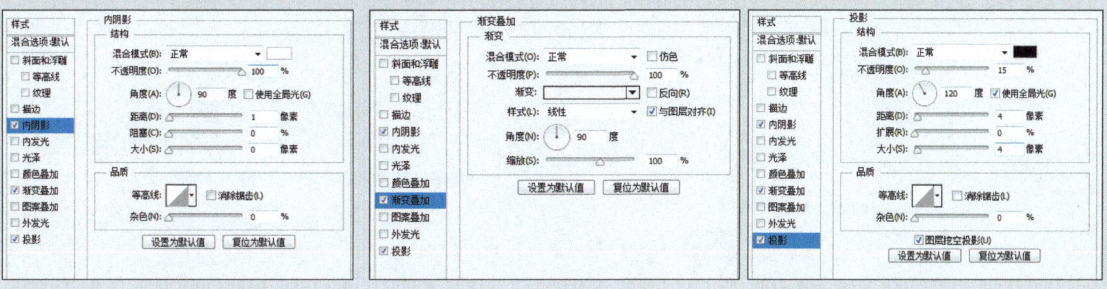

图3-147 添加图层样式

17 单击"确定"按钮后的图像如图3-148所示。

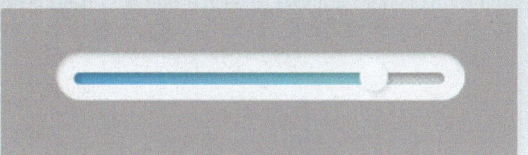

图3-148 图像效果

18 复制图层,修改不透明度为55%,如图3-149所示。

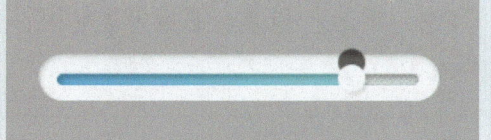

图3-149 复制并修改不透明度

19 转换为智能对象,执行"滤镜"|"模糊"|"动感模糊"命令,在打开的对话框中设置角度与距离参数,如图3-150所示。

20 单击"确定"按钮,图像如图3-151所示。

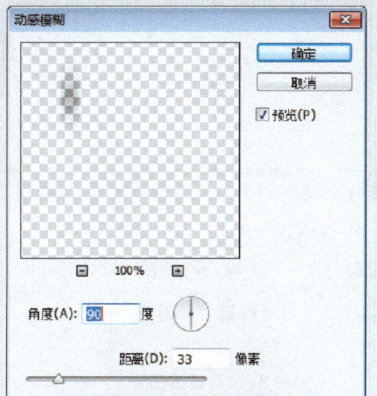

图3-150 设置参数

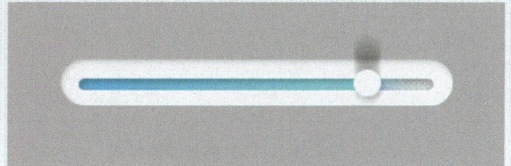

图3-151 图像效果

21 在"图层"面板中单击智能滤镜的缩略图,填充白色,并设置不透明度为55%,如图3-152所示。

22 选择"矩形工具",在选项栏中选择"路径",如图3-153所示。

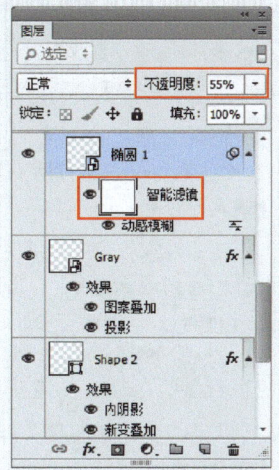

图3-152 填充并设置不透明度

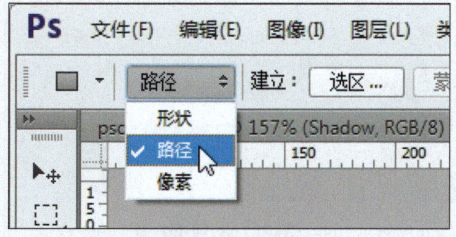

图3-153 选择"路径"

23 按住 Ctrl 键，单击"图层"面板中的"添加图层蒙版"按钮，为所选图层添加"矢量蒙版"，然后在画布中绘制矩形，如图 3-154 所示。

24 使用"矩形工具"绘制矩形，如图 3-155 所示。

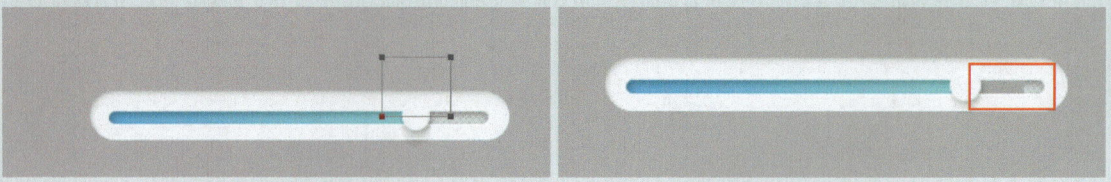

图 3-154 绘制矩形　　　　　　　　　图 3-155 绘制矩形

25 为图层添加"渐变叠加"图层样式，渐变色的色标颜色为 #65bce4 到透明，如图 3-156 所示。

26 在"图层"面板中设置混合模式为"叠加"、不透明度为 50%、填充为 0%，如图 3-157 所示。

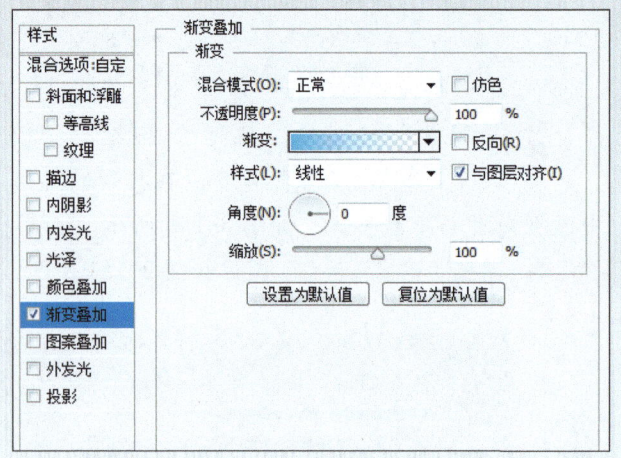

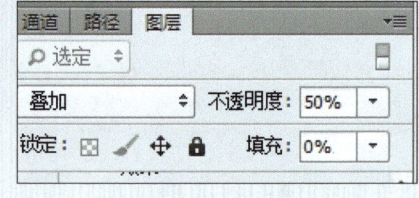

图 3-156 添加图层样式　　　　　　　图 3-157 设置图层

27 图像效果如图 3-158 所示。

28 使用"圆角矩形工具"绘制圆角矩形，设置参数如图 3-159 所示。

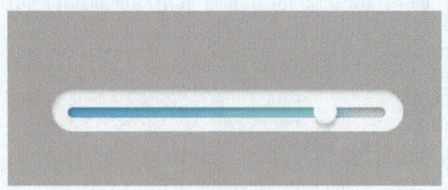

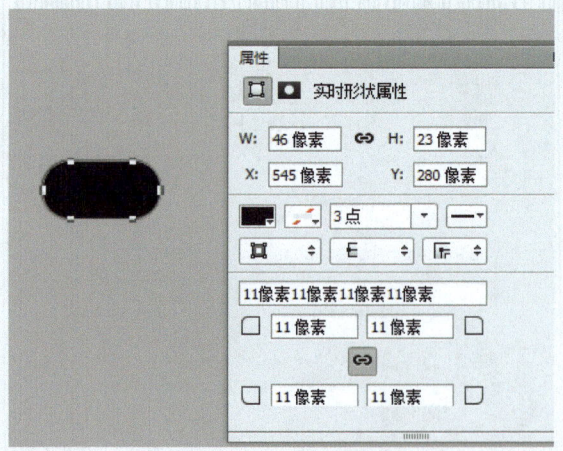

图 3-158 图像效果　　　　　　　　　图 3-159 绘制圆角矩形

29 选择"自定形状工具",在选项栏中选择形状为"方块",如图3-160所示。然后绘制图形,并调整位置,如图3-161所示。

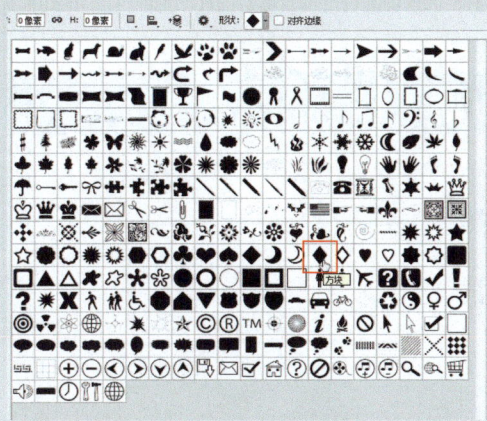

图3-160 选择形状

图3-161 绘制图形并调整位置

30 为图层添加"描边""内阴影""渐变叠加"和"投影"4种样式,如图3-162所示。

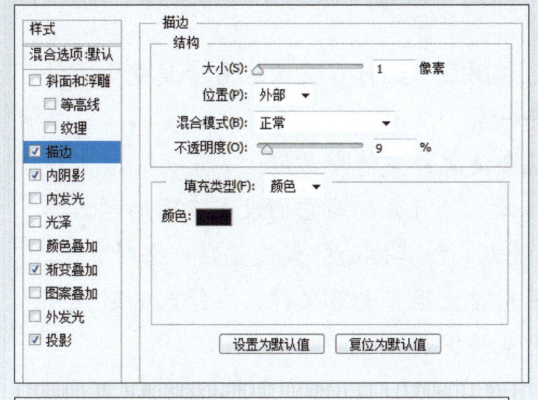

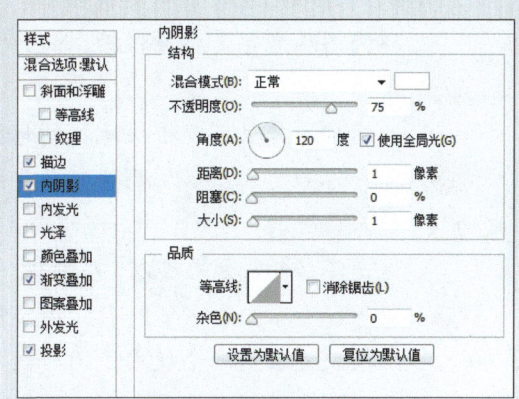

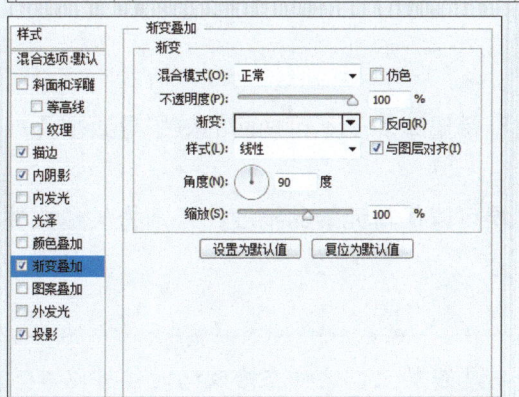

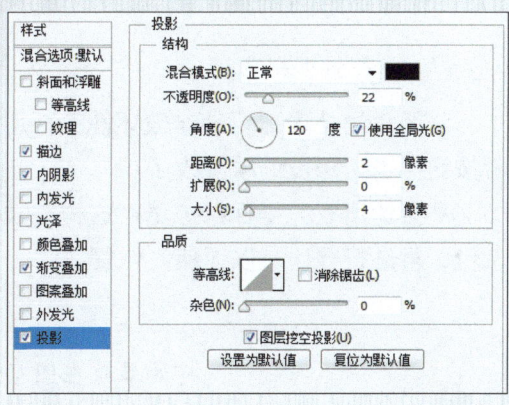

图3-162 添加图层样式

31 单击"确定"按钮后图像如图3-163所示。

32 使用"横排文字工具"输入文字,如图3-164所示。

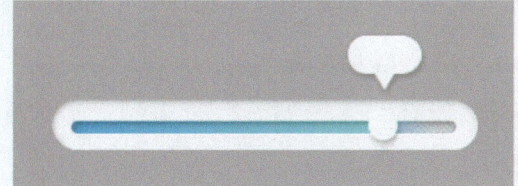

图3-163 图像效果

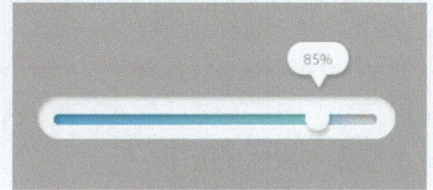

图3-164 输入文字

3.4 APP UI 设计师心得

3.4.1 设计新手使用 Photoshop 的技巧

下面介绍 APP UI 设计新手使用 Photoshop 的技巧。

1. 图层与组

在团队合作中,图层和组的使用十分重要。

- **命名图层,而且要合理且精确地命名**:不要嫌麻烦,一旦设计的层次多了,要找到一个图层将变得非常困难。对每一个图层都要命名,"图层 1 副本 2"这样的图层名字是要严格禁止的。
- **合理使用图层分组(图层文件夹)**:通过图层分组可以更快地看清楚整个文件的结构,并且可以很快地找到想要的那一层。
- **删除不必要的图层**:删除不必要的图层会使文件更清晰易用。
- **整合合并共同元素**:把一个 Logo 复制 5 次,并且分别为它们设置不同的样式,这是不必的,如果可以,尽量做一个主图层,把其他的样式设置在这个对象上。
- **使用图层复合和智能对象**:智能对象不用建立很多 PSD 文件,在修改的时候可以反映到任何一个使用了同样的智能对象的图层。

2. 图片处理技巧

对图片的处理都要是非破坏性的,用户肯定不希望添加了不可挽回的效果导致图片或者按钮再也无法被继续修改了。

尽量让所有元素保持矢量,这样在拉伸的时候可以保持元素的精度,否则将矢量文件备份,再进行操作,以便随时恢复。

- **将遮罩统一化**:将遮罩放在图层组上而不是图层上,这样在修改的时候可以非常方便地应用到整个组的图层。
- **对齐**:对齐网格,对齐像素,对齐任何一切可以对齐的东西。
- **谨慎使用混合模式**:混合模式不利于后期编辑。
- **非破坏性设计**:善用蒙版、智能对象,各种方式尽量保证原图没有损伤任何内容。

3. 特效使用技巧

用户要适量地使用图层样式和滤镜,更多滤镜不一定等于更好的设计。

- 适当地使用颜色叠加：可以通过双击修改形状颜色的，最好不要使用颜色叠加。
- 合理地使用描边：内部描边相对来说更为精确，而居中描边和外部描边会形成圆角。

3.4.2 设计师需要熟记的 Photoshop 快捷键

使用快捷键可以加快工作效率，下面列举出 APP UI 设计师必须熟记的 Photoshop 快捷键。

1. 图层

快速填充图层	前景色：Alt+Delete 背景色：Ctrl+Delete	盖印图层	Ctrl+Shift+E
复制图层	Ctrl+J	剪切图层	Ctrl+Shift+J
上移图层	Ctrl+]	下移图层	Ctrl+[
上移至图层顶端	Ctrl+Shift+]	下移至图层底端	Ctrl+Shift+[
复制选区内的多个图层	Shift+Ctrl+C		

2. 选择

选择方向	Ctrl+Shift+I	重新选择	Ctrl+Shift+D
选择所有图层	Ctrl+Alt+A	从选区中减去一部分	Alt+ 拖移
取消选区	Ctrl+D	寻找变化点	Ctrl+T 后 Ctrl+0
选择色彩通道	红：Ctrl+3 绿：Ctrl+4 蓝：Ctrl+5		

3. 画笔/填充

增加/减小画笔大小	增加：] 减小：[	打开"填充"对话框	Shift+F5
第一个/最后一个笔刷	第一个：< 最后一个：>	前一个/下一个笔刷	前一个：, 下一个：.
增加/减小画笔硬度	增加：} 减小：{	开关喷枪选项	Shift+Alt+P

4. 图像

自由变换	Ctrl+T	色阶	Ctrl+L
曲线	Ctrl+M	色彩平衡	Ctrl+B
色相/饱和度	Ctrl+U	去色	Ctrl+Shift+U
创建剪贴蒙版	Ctrl+Alt+G	变换混合模式	Shift++/ Shift+−

5. 视图缩放

缩放到 100%	Ctrl+Alt+0/Ctrl+1	按屏幕大小缩放	Ctrl+0
放大	Ctrl++	缩小	Ctrl+−

6. 文本

增加/减小所选字符的磅数（2pts）	增加：Ctrl+Shift+> 减小：Ctrl+Shift+<	增加/减小所选字符的磅数（10pts）	增加：Ctrl+Alt+Shift+> 减小：Ctrl+Alt+Shift+<
对所选字符进行字距调整		文本左对齐/居中对齐/右对齐	左对齐：Ctrl+Shift+L 居中对齐：Ctrl+Shift+C 右对齐：Ctrl+Shift+R

7. 保存/关闭

保存并调出选项框	Ctrl+Shift+Alt+S	关闭并打开 Adobe Bridge	Ctrl+Shift+W

第4章

APP 导航设计

移动设备的屏幕尺寸有限,设计者们通常会将屏幕空间尽量留给主体内容,优秀的导航设计会让用户轻松到达目的地且不会干扰和困惑用户的操作。APP 导航承载着用户获取所需内容的快速途径。它看似简单,却是产品设计中最需要考量的一部分。APP 导航的设计会直接影响用户对 APP 的体验感受。所以设计导航菜单需要考虑周全,尽量保持简约和易用性,发挥导航的价值。

如何设计导航

不同的产品需求和商业目标决定了不同的导航框架的设计模式，而交互设计的第一步就是决定导航的框架设计，框架确定后才能开始逐渐丰富其他部分。

1. 为组织信息分层

首先需要为组织信息分层，在这一步骤一定要做好信息层级的扁平化，不能把所有的组织信息都铺出来，这样做只会让用户心烦意乱找不到想要的重要操作；也不能把层级做得很深，用户没有那么多耐心跟你玩"躲猫猫"。在设计时一定要将做核心、最稳固、最根本的功能要素放在第一层页面，其他的内容放在第二层、第三层甚至更深。

2. 确定导航的设计样式

之后根据层级的深度和广度来确定导航的设计样式，这并不难，移动端的屏幕尺寸就这么大，操作方式也无非就是点击、滑动、长按这些。接下来具体介绍不同的导航样式。

主要导航样式

APP 的导航样式多种多样，如图 4-1 所示。APP 导航按排列方式分为列表式和网格式两大类，再由此演变成其他类别。常见的主导航有标签式、抽屉式、宫格式、列表式等，以及不同导航之间的组合。

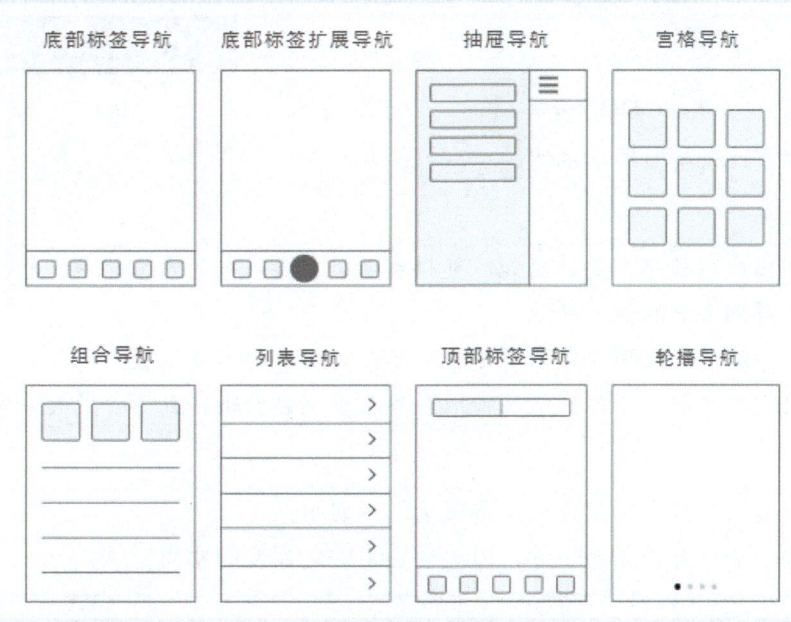

图 4-1 APP 的导航样式

4.2.1 标签式导航

标签式导航是 APP 应用中最普遍、最常用的导航样式，适合在相关的几类信息中频繁地切换。这类信息的优先级较高，用户使用频繁，彼此之间相互独立。一般根据逻辑和重要性将标签的分类控制在 5 个以内，在视觉表现上将当前用户的位置突显，用户可以迅速地实现页面之间的切换而不会迷失方向，简单且高效。

标签式导航还细分为底部标签导航、底部标签的扩展导航、顶部标签导航三种。

1. 底部标签导航

我们常见的 QQ、微信、淘宝等使用的都是底部标签导航，这种导航位于页面底部，是最常见的一种导航形式，在图 4-2 中的 APP 使用的就是底部标签导航。

通常，底部标签导航有 4～5 个标签，一般不会超过 5 个。若有更多的选项，在操作时可将最后一项设置为"更多"，将一些次要功能放置在"更多"里，如图 4-3 所示。

图 4-2 底部标签导航

图 4-3 "更多"选项

下面列举了底部标签导航的优缺点。

○ 优点

> 它列出应用程序重要的功能，直接展现最重要入口的内容信息，能让用户直观地了解到 APP 的核心功能。
> 通过导航的变化用户能很清楚地知道当前所在的入口位置。
> 通过点击导航入口用户能轻松地在各入口间频繁跳转且不会迷失方向。

○ 缺点

> 当功能入口过多时该样式显得笨重、不实用。
> 该导航会一直在界面下方，因此会占用一定高度的空间。

下面制作底部标签导航，图4-4所示为制作流程图。

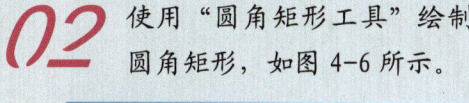

图4-4 制作流程图

01 新建空白文档，填充画布颜色，如图4-5所示。

02 使用"圆角矩形工具"绘制圆角矩形，如图4-6所示。

图4-5 填充画布颜色

图4-6 绘制圆角矩形

03 为图层添加"斜面和浮雕""内阴影""外发光""渐变叠加"和"投影"样式，如图4-7所示。

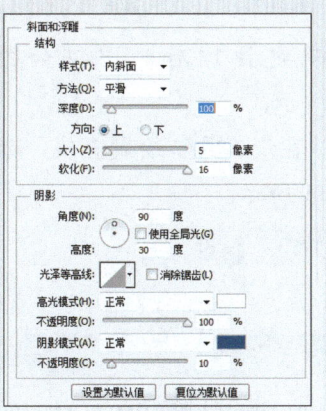

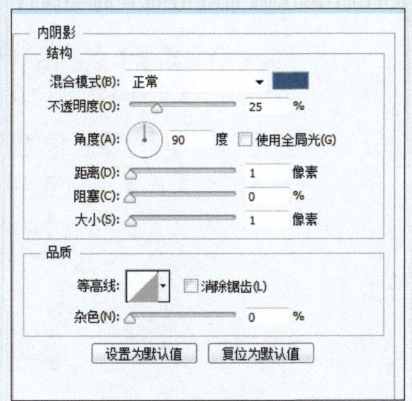

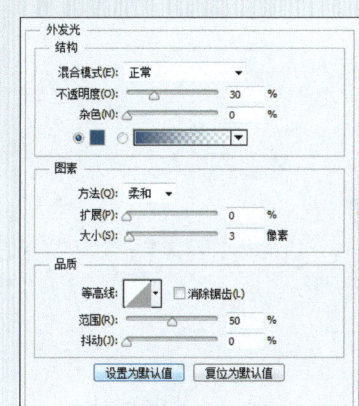

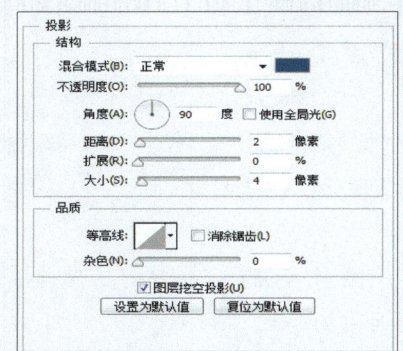

图4-7 添加图层样式

04 单击"确定"按钮，矩形效果如图 4-8 所示。

图 4-8 矩形效果

05 复制图层，清除图层样式，然后重新添加"斜面和浮雕""内发光"和"投影"样式，如图 4-9 所示。

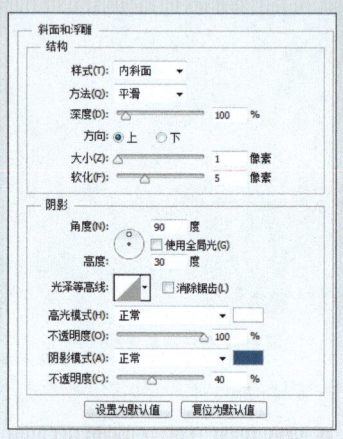 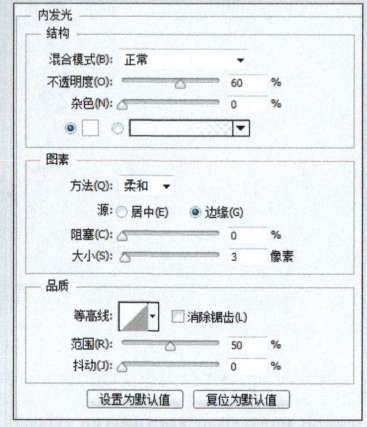 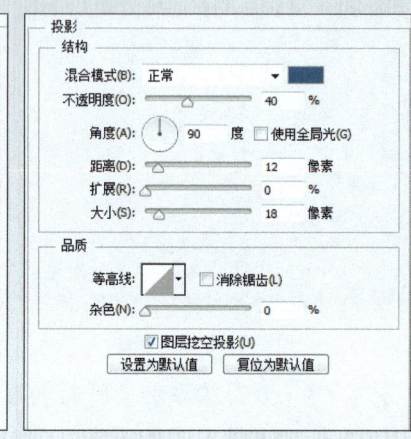

图 4-9 添加图层样式

图 4-10 图像效果

06 执行确定操作后的图像如图 4-10 所示。

07 使用"直线工具"绘制直线，如图 4-11 所示。

图 4-11 绘制直线

08 为图层添加"渐变叠加"和"投影"样式，如图 4-12 所示。

09 执行确定操作后的图像如图 4-13 所示。

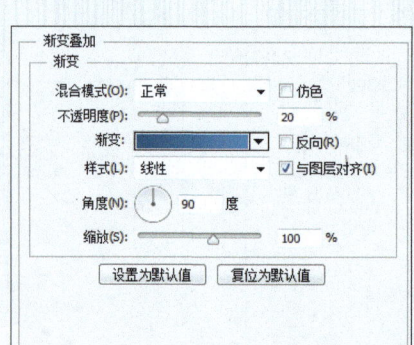 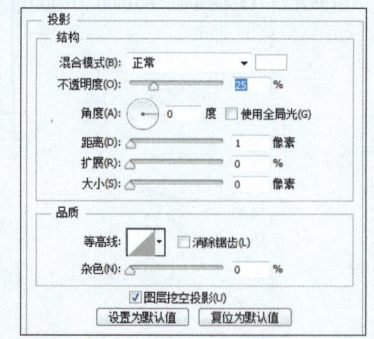

图 4-12 添加图层样式

图 4-13 图像效果

10 使用"矩形工具"绘制矩形，如图 4-14 所示。

11 为图层添加"颜色叠加"样式，如图 4-15 所示。

图 4-14 绘制矩形

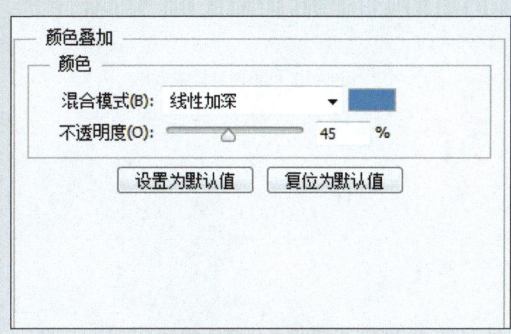

图 4-15 添加"颜色叠加"样式

12 执行确定操作后的图像如图 4-16 所示。

13 使用绘图工具绘制图形，如图 4-17 所示。

图 4-16 图像效果

图 4-17 绘制图形

14 选择一个图形，为图层添加"内阴影""颜色叠加"和"投影"样式，如图 4-18 所示。

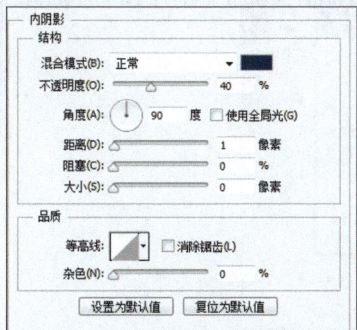
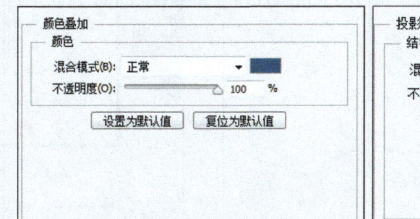
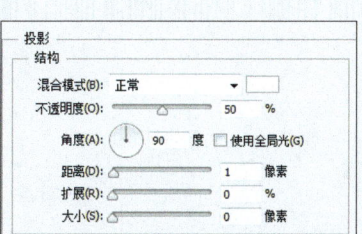

图 4-18 添加图层样式

15 执行确定操作后，将图层样式拷贝并粘贴到另外两个图层上，粘贴后的效果如图 4-19 所示。然后为第二个图层添加"投影"样式，如图 4-20 所示。

图 4-19 粘贴图层样式效果

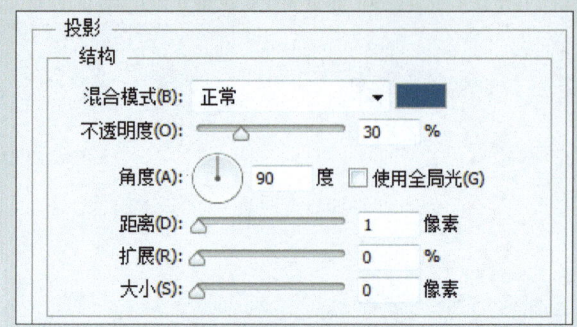

图 4-20 添加"投影"样式

16 执行确定操作后完成制作，最终效果如图 4-21 所示。

图 4-21 最终效果

2. 底部标签的扩展导航

如果在 5 个标签中有一个标签是最重要或最频繁使用的，要想重点突出，可以使用变形的底部标签导航，如图 4-22 所示。这是目前很流行的一种标签导航的变体，若页面中有处于同一层级的几大部分内容，同时又需要一个非常重要且频繁操作的入口，就可以采用这种 APP 导航样式。

图 4-22 底部标签的扩展导航

下面介绍底部标签的扩展导航的制作，图 4-23 所示为制作流程图。

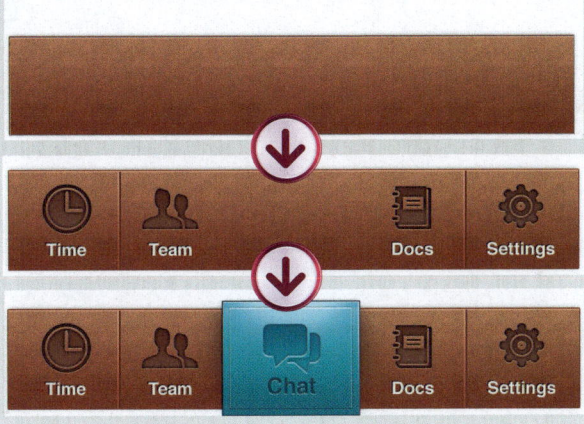

图 4-23 制作流程图

01 使用"矩形工具"绘制矩形，如图 4-24 所示。

图 4-24 绘制矩形

02 为图层添加"描边""内阴影""渐变叠加""投影"样式，如图 4-25 所示。

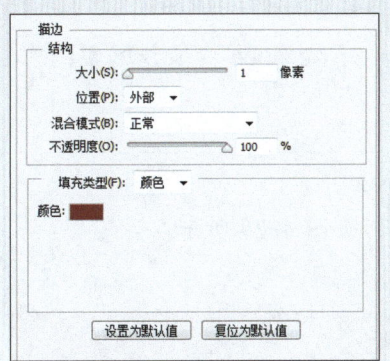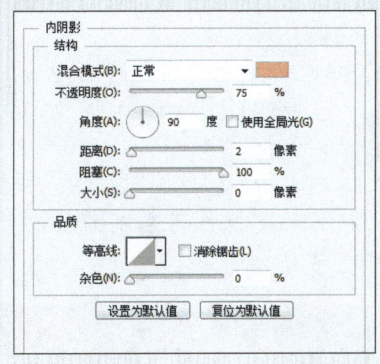

图 4-25 添加图层样式

03 单击"确定"按钮后的图像效果如图4-26所示。

图4-26 图像效果

04 使用"直线工具"绘制直线,如图4-27所示。

图4-27 绘制直线

05 为图层添加"内阴影"和"渐变叠加"样式,如图4-28所示。

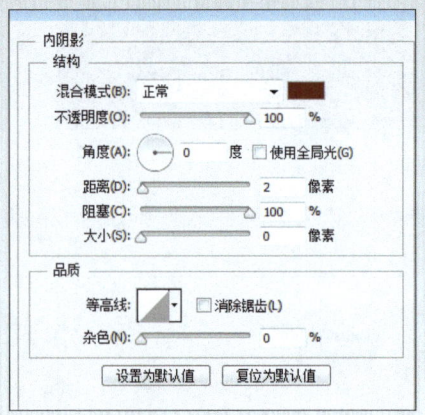 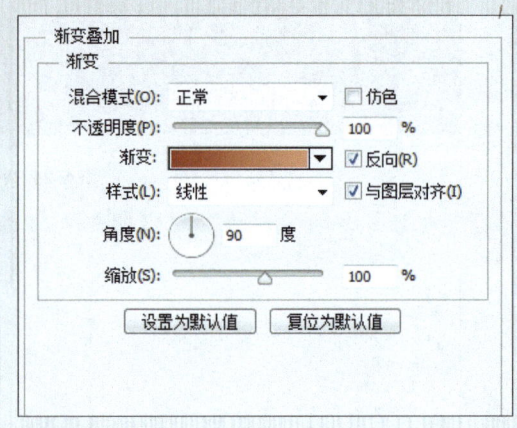

图4-28 添加图层样式

06 执行确定操作后复制图层,并调整位置,如图4-29所示。

图4-29 复制并调整位置

07 使用绘图工具绘制图形,如图4-30所示。

图4-30 绘制图形

08 为图层添加"内发光""渐变叠加""投影"样式，如图 4-31 所示。

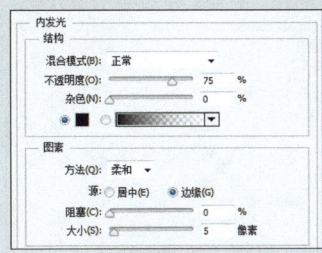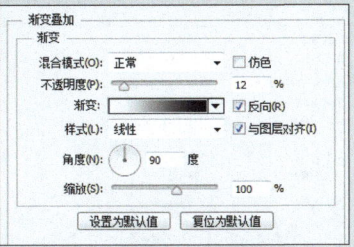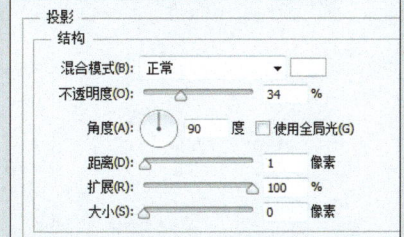

图 4-31 添加图层样式

09 单击"确定"按钮后的图像效果如图 4-32 所示。

图 4-32 图像效果

10 使用"横排文字工具"输入文字，如图 4-33 所示。然后为文字图层添加"投影"样式，如图 4-34 所示。

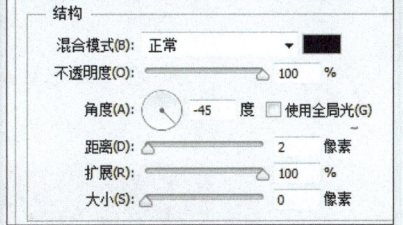

图 4-33 输入文字　　　　　　　　图 4-34 添加"投影"样式

11 执行确定操作后的图像效果如图 4-35 所示。然后用同样的方法绘制其他图形并输入文字，如图 4-36 所示。

图 4-35 图像效果　　　　　　图 4-36 绘制图形并输入文字

12 使用"矩形工具"绘制矩形，如图 4-37 所示。

图 4-37 绘制矩形

13 为矩形添加"描边""渐变叠加""图案叠加""外发光"和"投影"图层样式，如图 4-38 所示。

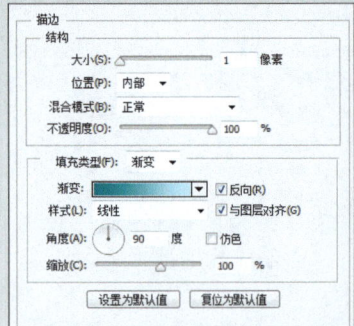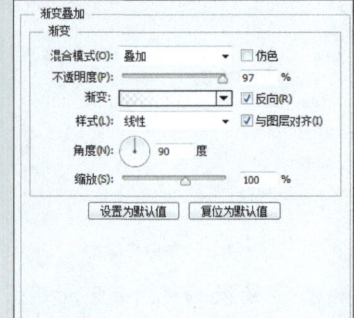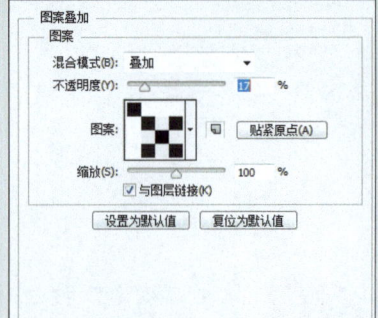

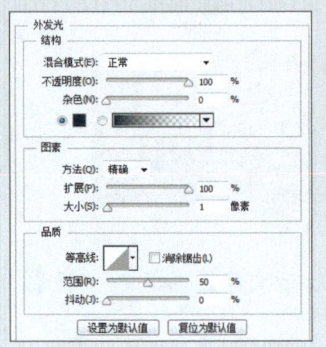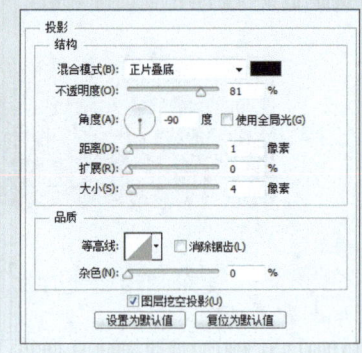

图 4-38 添加图层样式

14 单击"确定"按钮后的图像如图 4-39 所示。

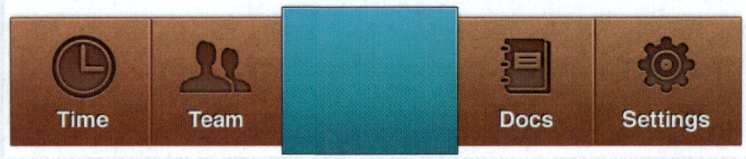

图 4-39 图像效果

15 新建图层，绘制顶部高光，如图 4-40 所示。

图 4-40 绘制高光

16 再次使用"矩形工具"绘制矩形，如图 4-41 所示。

图 4-41 绘制矩形

17 为图层添加"内阴影""渐变叠加""图案叠加"和"投影"样式，如图 4-42 所示。

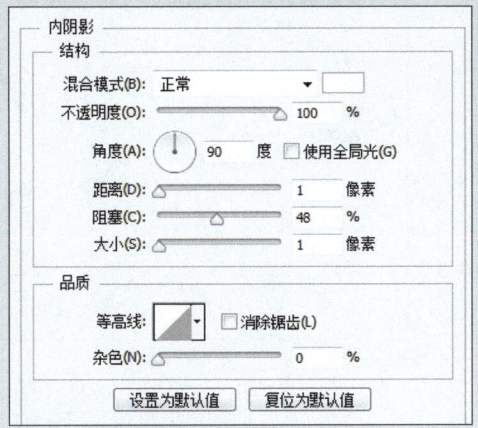
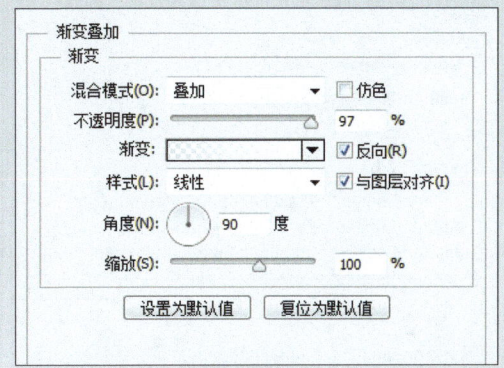
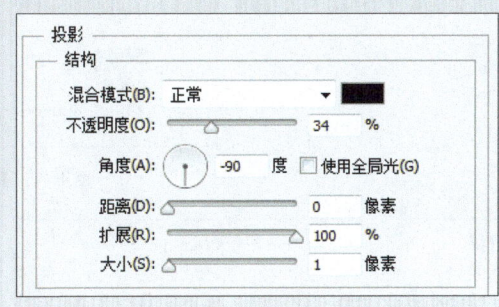

图 4-42 添加图层样式

18 执行确定操作后的图像如图 4-43 所示。

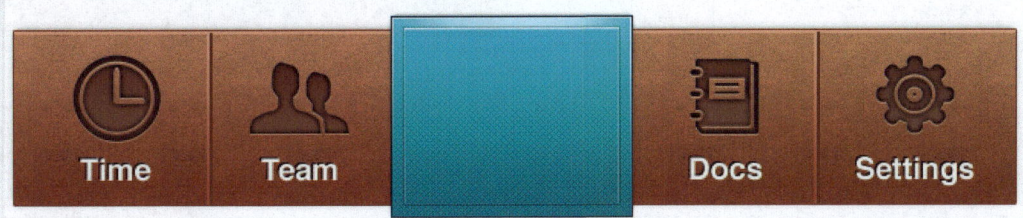

图 4-43 图像效果

19 使用绘图工具绘制图形并输入文字，添加图层样式后的效果如图 4-44 所示。

图 4-44 效果

20 为图形添加"内发光""渐变叠加"和"投影"图层样式，如图 4-45 所示。

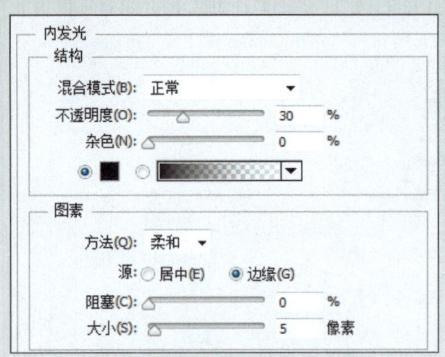
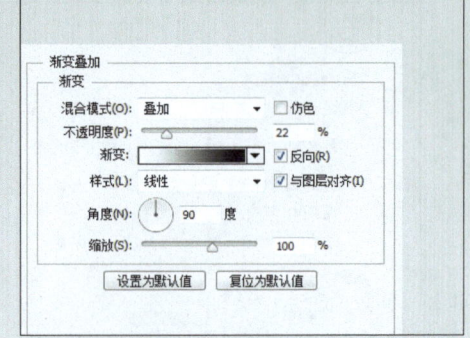
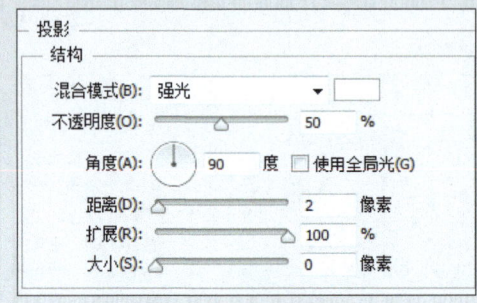

图 4-45 图形的图层样式

21 为文字添加"投影"图层样式，具体参数如图 4-46 所示。

22 使用"矩形工具"绘制矩形，并填充渐变色，如图 4-47 所示。

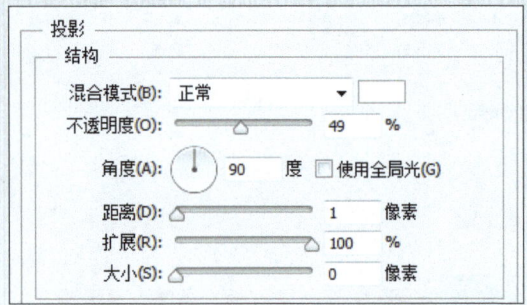

图 4-46 文字"投影"样式参数　　图 4-47 绘制矩形并填充渐变色

23 将图层向下移动几层，如图 4-48 所示。

24 完成效果后可以添加到 APP 界面的底部，如图 4-49 所示。

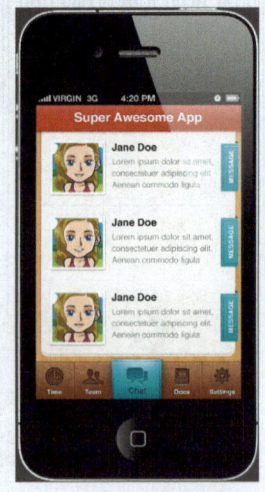

图 4-48 调整图层顺序　　图 4-49 添加到 APP 界面的底部

3. 顶部标签导航

将标签放到界面的上方就会形成常见的顶部标签导航，如图 4-50 所示。目前，顶部标签导航在 APP 中一般当作二级导航。顶部标签导航应用于多种情景下，可以固定数量，展示有限的几个标签，也可以扩大一定的数量，变成向左滑动展现更多标签。

既然我们习惯于从上到下浏览手机屏幕，放在屏幕顶部自然有一定的优势。标签页和每个控制中心独有的图标是这种布局最重要的代表。顶部菜单和底部的意义差不多，即把菜单放在顶部，可以遵循由上至下的阅读习惯。

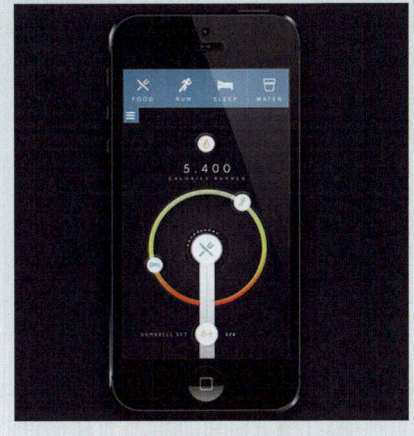

图 4-50 顶部标签导航

下面介绍顶部标签导航的制作，图 4-51 所示为制作流程图。

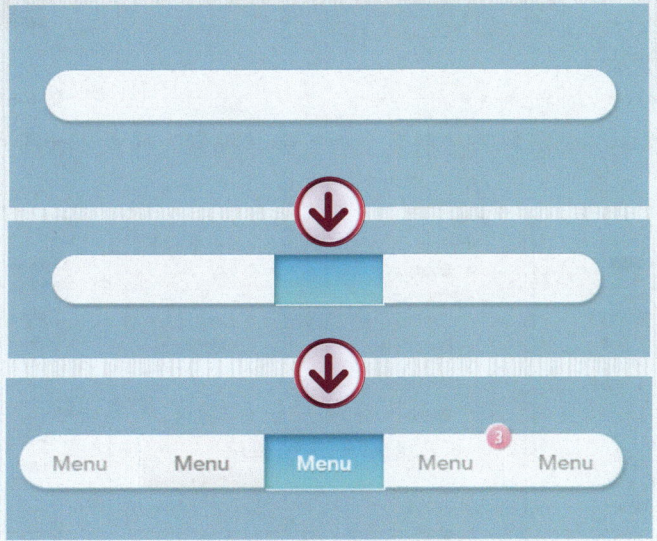

图 4-51 制作流程图

01 使用"圆角矩形工具"绘制圆角矩形，如图 4-52 所示。

图 4-52 绘制圆角矩形

02 双击图层,打开"图层样式"对话框,设置"描边""内阴影""渐变叠加"和"投影"参数,如图4-53所示。

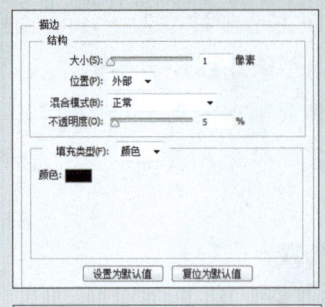
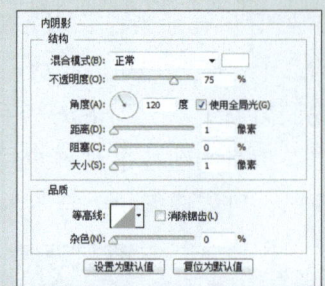
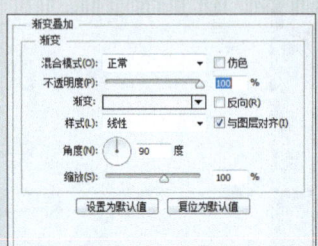
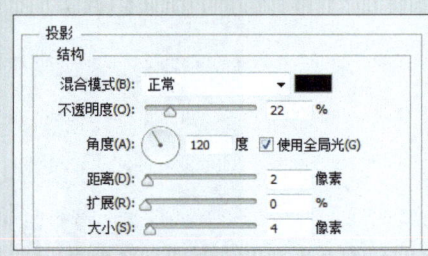

图4-53 添加图层样式

03 单击"确定"按钮后的图像效果如图4-54所示。

图4-54 图像效果

04 使用"矩形工具"绘制矩形,如图4-55所示。

图4-55 绘制矩形

05 为图层添加"内阴影""渐变叠加"和"投影"样式,如图4-56所示。

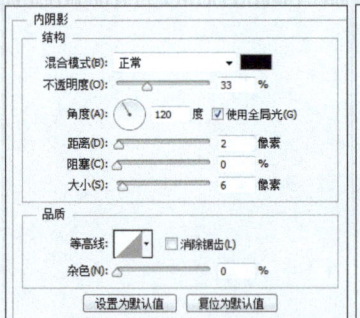
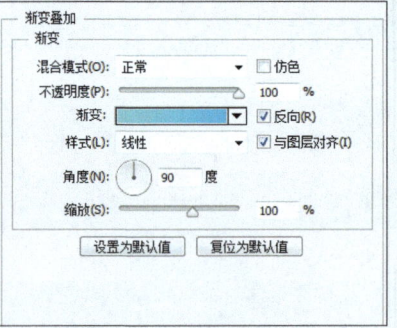
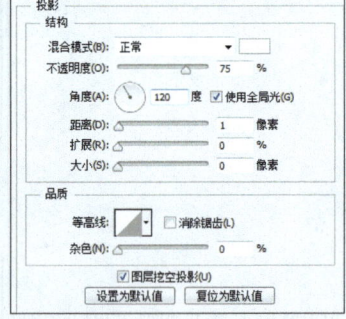

图4-56 添加图层样式

06 单击"确定"按钮后的图像如图4-57所示。

图4-57 图像效果

07 使用"矩形工具"绘制矩形,如图4-58所示。

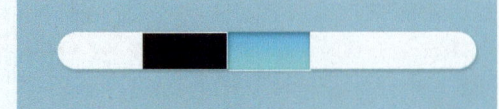

图4-58 绘制矩形

08 为图层添加"颜色叠加"和"渐变叠加"图层样式,如图 4-59 所示。

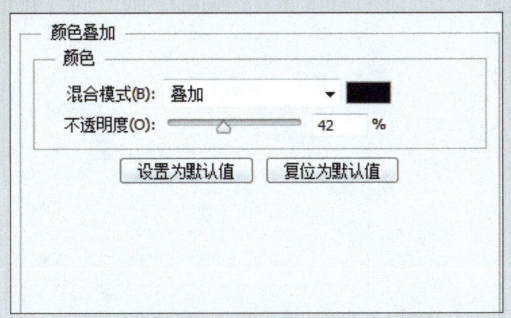 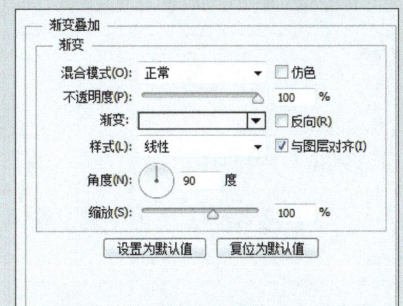

图 4-59 添加图层样式

09 执行确定操作后的图像如图 4-60 所示,然后使用"直线工具"绘制两条直线,分别填充颜色 #cfcecc 和 #ffffff,如图 4-61 所示。

 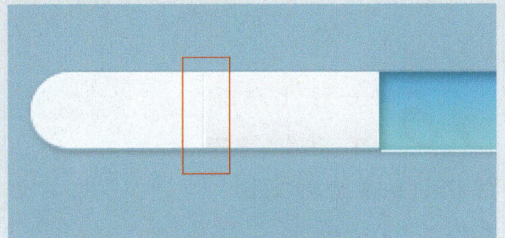

图 4-60 图像效果　　　　　　　　图 4-61 绘制直线

10 复制直线到另一侧,如图 4-62 所示。

11 使用"横排文字工具"输入文字,如图 4-63 所示。

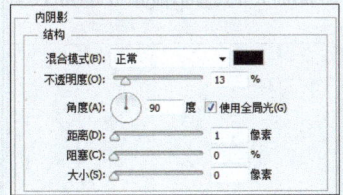 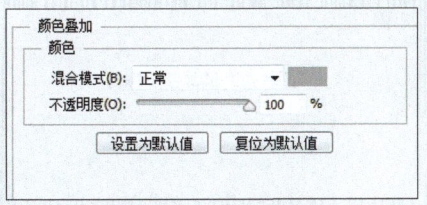

图 4-62 复制直线　　　　　　图 4-63 输入文字

12 为文字图层添加"内阴影""颜色叠加"和"投影"样式,如图 4-64 所示。

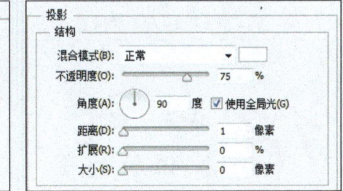

图 4-64 添加图层样式

13 复制多个图层并调整位置,如图 4-65 所示。

提示:最后可以根据实际需要对文字内容进行修改。

图 4-65 复制并调整位置

165

14 复制文字到中间的蓝色区域上,并为文字图层添加"颜色叠加"和"投影"样式,如图 4-66 所示。

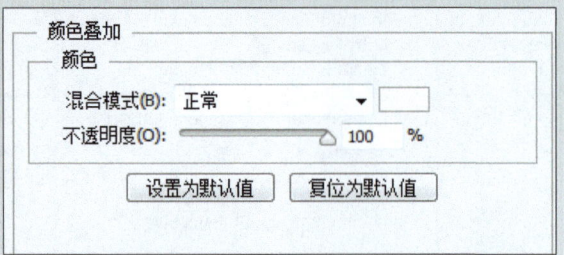 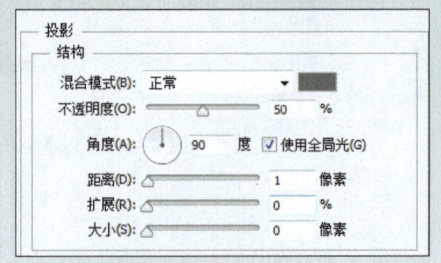

图 4-66 添加图层样式

15 完成效果如图 4-67 所示。

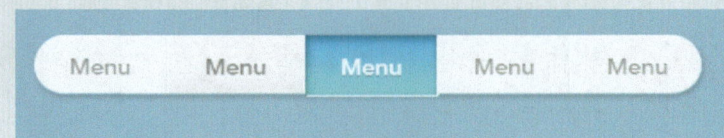

图 4-67 完成效果

16 选择"椭圆工具",按住 Shift 键绘制正圆,如图 4-68 所示。

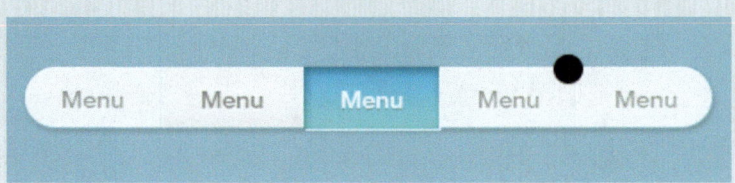

图 4-68 绘制正圆

17 为图层添加"内阴影""渐变叠加"和"投影"样式,如图 4-69 所示。

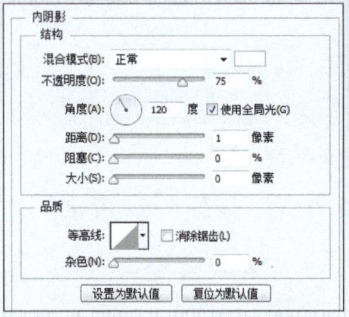 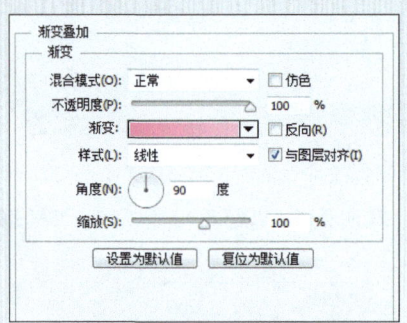 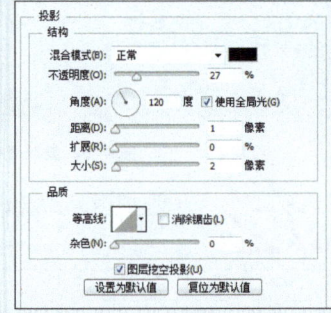

图 4-69 添加图层样式

18 单击"确定"按钮后的图像如图 4-70 所示。

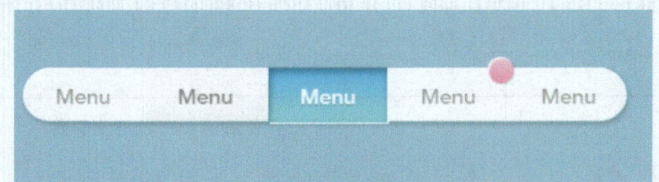

图 4-70 图像效果

19 使用"横排文字工具"输入文字,如图 4-71 所示。

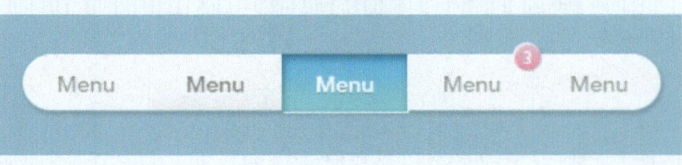

图 4-71 输入文字

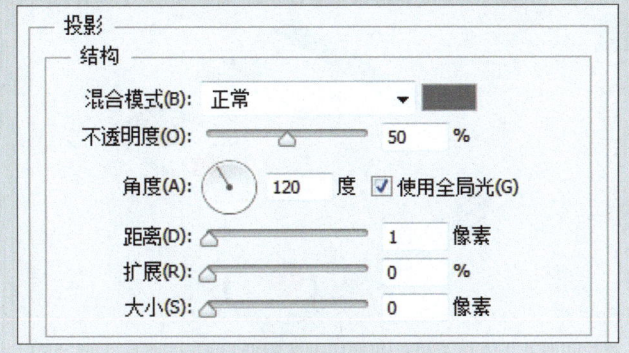

图 4-72 添加"投影"样式

20 为文字图层添加"投影"样式,如图 4-72 所示。

21 单击"确定"按钮完成导航的制作,最终效果如图 4-73 所示。

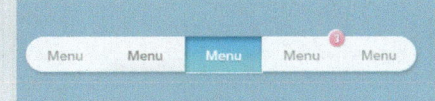

图 4-73 最终效果

4.2.2 抽屉式导航

抽屉式导航也称扩展式导航,抽屉式导航是将菜单隐藏在当前页面后,点击导航入口即可像拉抽屉一样拉出菜单。这种导航的核心思想就是隐藏,将最主要的信息显示在界面上,而将非核心的信息隐藏。

1. 抽屉式导航的优缺点

下面列举了抽屉式导航的优缺点。

① 优点

- 节省屏幕空间,让导航"藏"在侧滑抽屉里,释放了更多的空间给主要内容。
- 让用户将更多的注意力聚焦到当前页面,比较适合不那么需要频繁切换内容的应用,例如对设置、关于等内容的隐藏。
- 能够提供在非顶级视图间导航的能力。
- 主界面和内容界面的层级关系减弱,一一对应关系更强。

① 缺点

- 由于入口为一个小图标,使得导航的可发现性低。
- 大部分操作项目均为隐藏状态,用户需要一定的记忆成本。
- 对排版和设计要求高,如果导航选项多、层级结构深,在使用过程中就需要不断在导航选项间进行切换操作,需要频繁地从低层级页面向高层级页面跳转。
- 容易与应用内的其他交互模式冲突,例如侧滑手势操作。
- 对于需要经常在不同导航间切换或者核心功能有一堆入口的 APP 不适用。

2. 抽屉式导航的类型

抽屉式导航分为很多类,下面进行简单介绍。

- 类型一:如图 4-74 所示,内容为一层,导航为一层,内容层覆盖在导航层上。
- 类型二:如图 4-75 所示,导航和内容为同一层级。
- 类型三:如图 4-76 所示,内容层在下面,导航选项覆盖在内容上,并弱化了内容的抽屉形式。

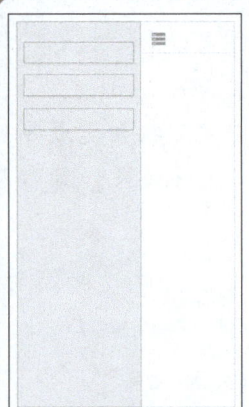

图 4-74 类型一

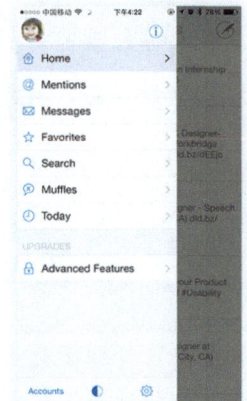

图 4-75 类型二　　　　　　　　　　　　　　　图 4-76 类型三

▶ **类型四**：如图 4-77 所示，将内容层缩小，或扭曲缩小内容。

图 4-77 类型四

提示：如果希望设计出亮点，需要注意提供菜单滑出的过渡动画，如图 4-78 所示。

图 4-78 过渡动画

3. 制作抽屉导航

下面介绍抽屉导航的制作，图4-79所示为制作流程图。

图4-79 制作流程图

01 新建空白文档，为背景填充深蓝色，如图4-80所示。

02 建立参数线，确定顶部状态栏和右侧区域的位置，垂直的为540 px、水平的为40 px，如图4-81所示。

03 在右侧添加制作好的图片，如图4-82所示。

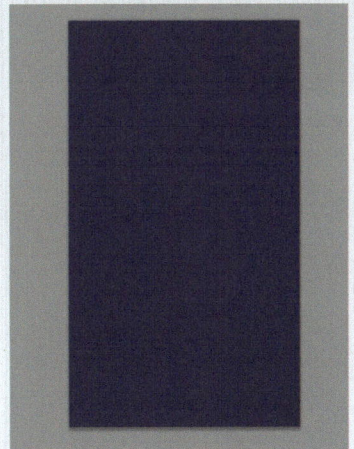  

图4-80 填充背景　　　　　图4-81 建立参考线　　　　　图4-82 添加图片

04 在状态栏中绘制图形并输入文字，如图4-83所示。

05 使用"椭圆工具"绘制正圆，如图4-84所示。

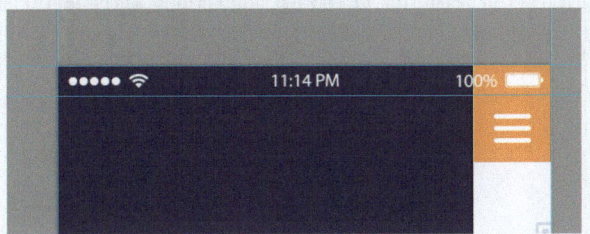 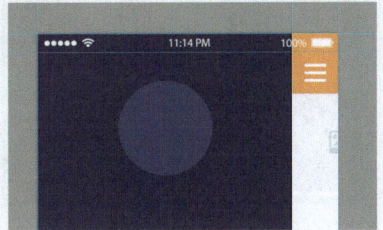

图4-83 绘制图形并输入文字　　　　图4-84 绘制正圆

06 为图层添加"描边"图层样式，如图4-85所示。

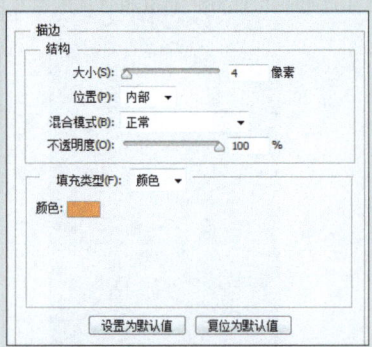

图4-85 添加"描边"图层样式

07 执行确定操作后的图像效果如图4-86所示。

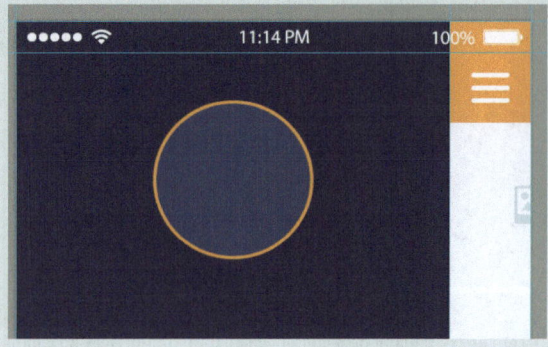

图4-86 图像效果

08 拖入素材图片，调整大小后创建剪贴蒙版，如图4-87所示。

09 使用绘图工具绘制图形，如图4-88所示。

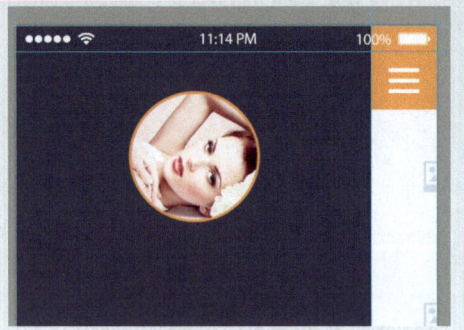

图4-87 拖入素材并创建剪贴蒙版

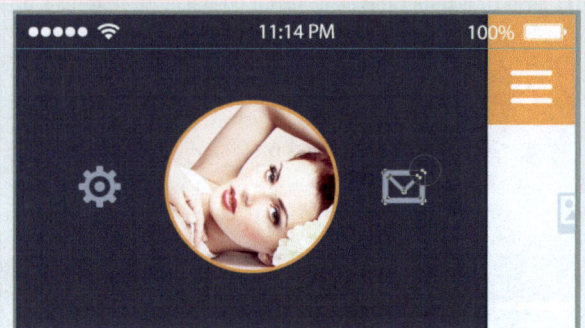

图4-88 绘制图形

10 使用"椭圆工具"绘制圆，并使用"横排文字工具"输入文字，如图4-89所示。

11 使用"直线工具"绘制直线，填充颜色为白色、不透明度为15%，并复制多个进行居中对齐，如图4-90所示。

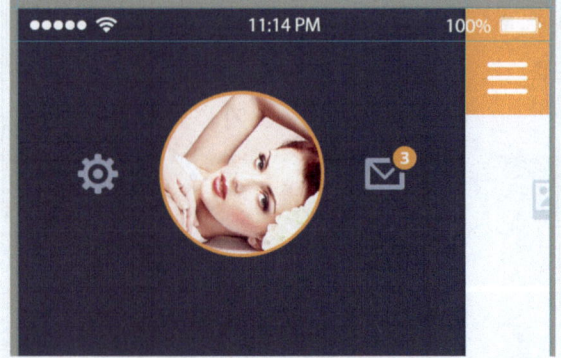

图4-89 输入文字

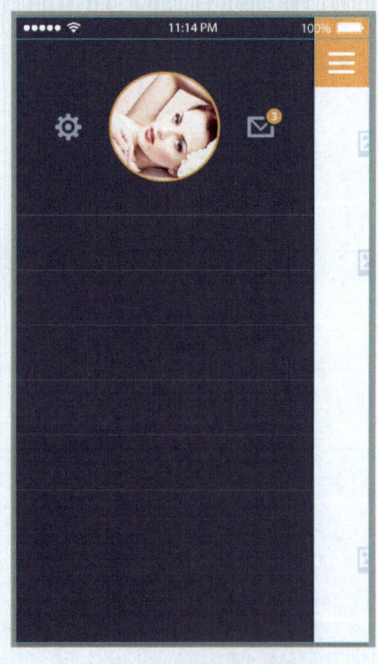

图4-90 绘制并复制直线

12 绘制矩形，设置填充颜色为黑色、不透明度为10%，如图4-91所示。

13 使用"横排文字工具"输入文字，如图4-92所示。

14 在底部输入文字"退出"，即完成了导航的制作，效果如图4-93所示。

图4-91 绘制矩形

图4-92 输入文字

图4-93 完成效果

4.2.3 宫格式导航

我们每天接触的最多的就是宫格式导航，它应用于手机主屏，如图4-94所示。每一个APP都是一个宫格，这些宫格聚集在中心页面，用户只能在中心页面进入其中一个宫格，如果想进入另一个宫格，必须先回到中心页面，再进入另一个宫格。每个宫格相互独立，它们的信息之间也没有任何交集，无法跳转互通。因为这种特质，宫格式导航被广泛应用于各平台系统的中心页面。

目前，在APP界面中使用宫格式导航作为主导航的很少，常见的只有美图秀秀，如图4-95所示。

图4-94 系统桌面

图4-95 美图秀秀

宫格式导航占据全屏，类似于堆砌色块，它适合入口相互独立互斥，且不需要交叉使用的信息归类，如图4-96所示。在页面间切换时，每次要重复进入页面A→退出到主导航页面→进入页面B。

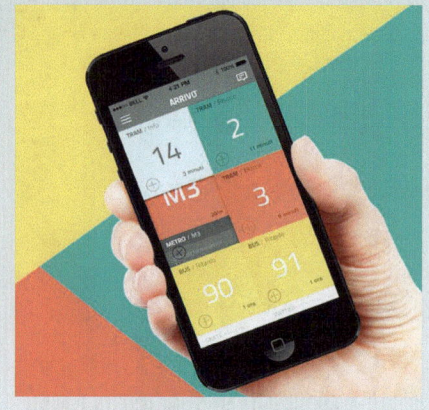

提示：在设计时切忌不分青红皂白地去使用色彩，这可能会让用户不知所措和产生疲倦感。

图4-96 宫格导航

1. 优点

- 将主要入口全部聚集在一个界面，导航清晰易懂、显而易见，方便用户做出选择，并能提高效率。
- 容易记住各入口位置，方便快速找到。

2. 缺点

- 若页面之间切换频繁，需要多次重复地回到主导航页面，此导航无法在多入口间灵活跳转，不适合多任务操作。
- 这样的组织方式无法让用户在第一时间看到内容，选择压力较大。
- 容易形成更深的路径。
- 不能显示太多入口次级内容。
- 从目前来说，这种导航模式越来越少用在一级导航。不过在二级导航中，作为一系列工具入口的聚集，或作为内容列表的一种图形化呈现形式，还是存在于各种APP里的。

另外，宫格式导航还有一种变式，即"跳板式"，如图4-97所示。

图4-97 宫格导航的变式

4.2.4 列表式导航

列表式导航是我们在 APP 设计中必不可少的一个信息承载模式，当然，作为一个 APP 的导航也是非常方便的。这种导航模式是将多个列表左对齐展示，增加向右箭头表明是否还有下级，如图 4-98 所示。

 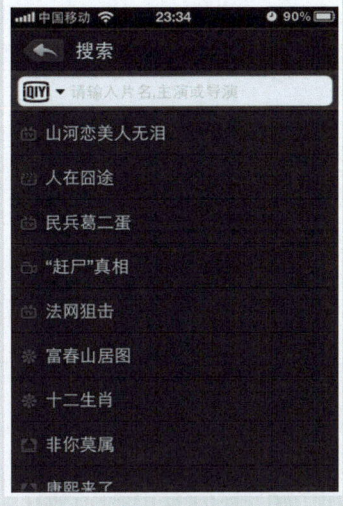 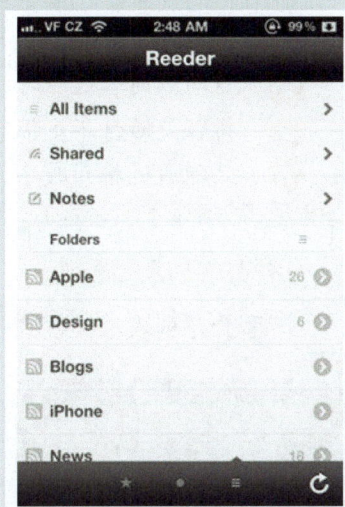

图 4-98 列表式导航

从目前来看，列表式导航通常用于二级页，由于它与宫格导航一样不会默认展示任何实质内容，所以通常 APP 不会在首页使用它。

列表式导航在网站和手机 APP 上都很常用，由于遵循由上至下的阅读习惯方式设计，所以用户使用起来不会觉得困难。设计师们通常会通过漂亮的配色、图标组合来设计，使得菜单更加美观，如图 4-99 所示。

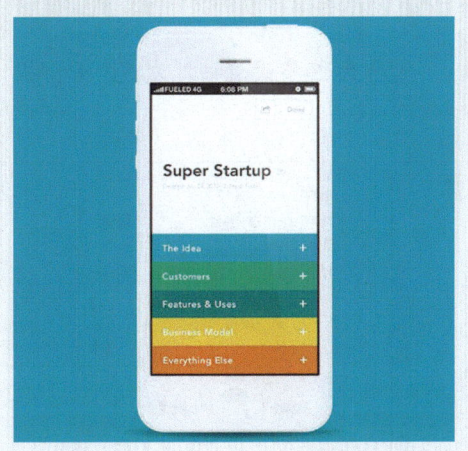 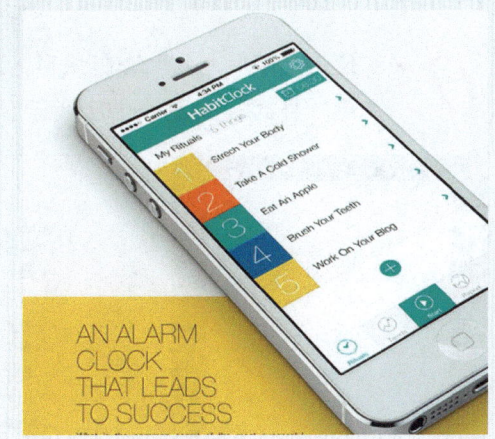

图 4-99 列表式导航

下面列举列表式导航的优缺点。

1. 优点

> 这种导航结构清晰、易于用户理解、高效，能够帮助用户快速定位到对应的页面。

- 列表项目可以通过间距、标题等进行分组。
- 可展示内容较长的标题。
- 可展示标题的次级内容。

2. 缺点

- 当同级内容过多时，用户浏览容易产生疲劳。
- 排版灵活性不是很高。
- 只能通过排列顺序、颜色来区分各入口的重要程度。

3. 制作列表式导航

下面介绍列表式导航的制作，图4-100所示为制作流程图。

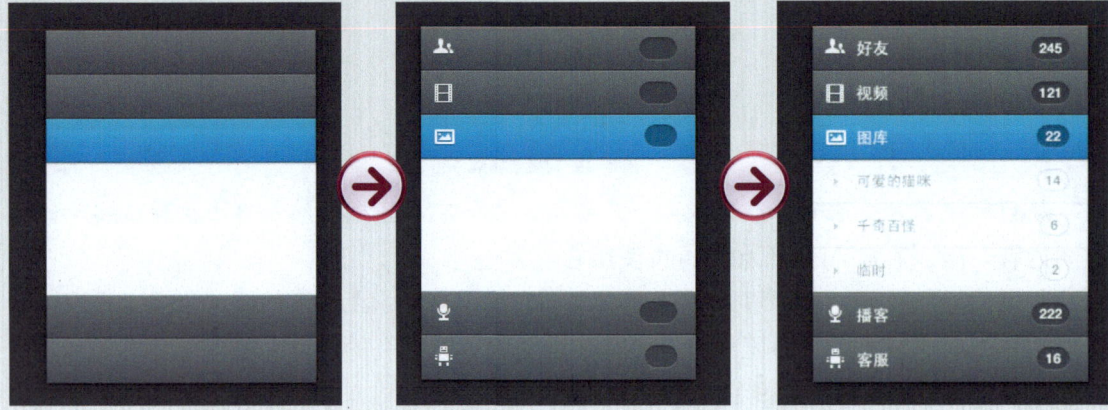

图4-100 制作流程图

01 使用"矩形工具"绘制矩形，如图4-101所示。然后为图层设置"外发光"和"投影"样式，如图4-102所示。

图4-101 绘制矩形

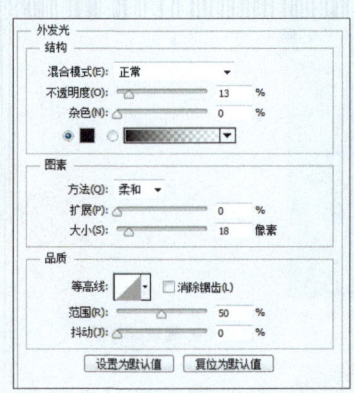

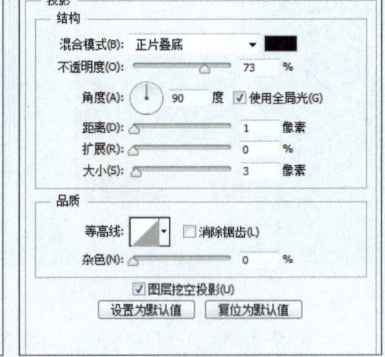

图4-102 添加图层样式

02 设置后效果如图 4-103 所示。然后使用"矩形工具"绘制矩形,并填充颜色为灰色,如图 4-104 所示。

图 4-103 设置效果

图 4-104 绘制矩形

03 拷贝矩形 1 的图层样式,粘贴到矩形 2 上,完成效果如图 4-105 所示。

04 复制多个矩形,并修改其中一个的颜色为蓝色,如图 4-106 所示。

05 使用绘图工具绘制图形,并使用"圆角矩形工具"绘制圆角矩形,如图 4-107 所示。

图 4-105 粘贴图层样式效果

图 4-106 复制矩形

图 4-107 绘制图形

06 为圆角矩形图层添加"内阴影"和"投影"样式,如图 4-108 所示。

07 单击"确定"按钮后的图像如图 4-109 所示。

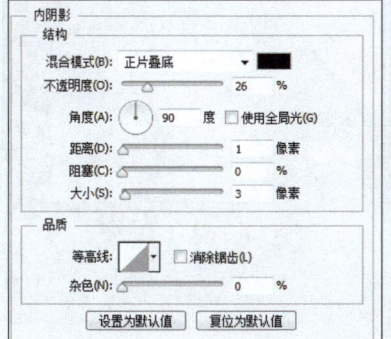

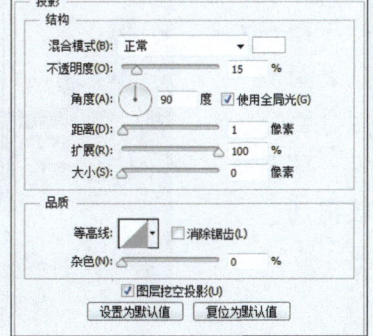

图 4-108 添加图层样式

图 4-109 图像效果

175

08 用同样的方法绘制图形，如图 4-110 所示。

图 4-110 绘制图形

09 使用"横排文字工具"输入文字，如图 4-111 所示。

图 4-111 输入文字

10 使用绘图工具绘制图形，如图 4-112 所示。

11 使用"横排文字工具"输入文字，完成效果如图 4-113 所示。

图 4-112 绘制图形

图 4-113 完成效果

4.2.5 混合组合导航

当用户需要聚焦内容同时又需要一些快捷入口连接到某些页面时就可以采用组合导航。组合导航一般上方用宫格的形式展现快捷入口，与标签导航不同的是，这些宫格入口之间不需要是平级的关系，也不必包含整个层级的内容，可以将它理解为一种图形化的文字链。这种导航比较灵活，能适应架构的快速调整，如图 4-114 所示。

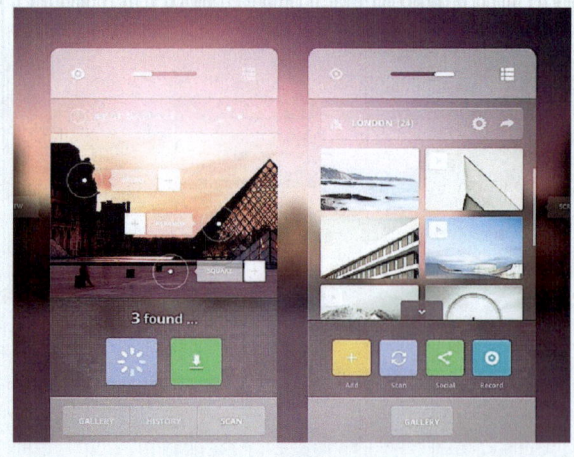

图 4-114 混合组合导航

下面介绍组合导航的设计制作，图4-115所示为制作流程图。

图4-115 制作流程图

01 在Photoshop中打开素材图片，设置前景色为白色，使用"圆角矩形工具"绘制圆角矩形，如图4-116所示。

02 使用"圆角矩形工具"绘制填充颜色为蓝色的圆角矩形，如图4-117所示。

图4-116 绘制圆角矩形　　　　图4-117 绘制圆角矩形

03 使用"矩形工具"绘制多个矩形，并修改不同的颜色，然后绘制图形并输入文字，如图4-118所示。

04 使用"椭圆工具"绘制正圆，如图4-119所示。

图4-118 绘制图形并输入文字　　图4-119 绘制正圆

05 为图层添加"描边"样式，如图4-120所示。

06 拖入素材图片，缩小后创建剪贴蒙版，效果如图4-121所示。

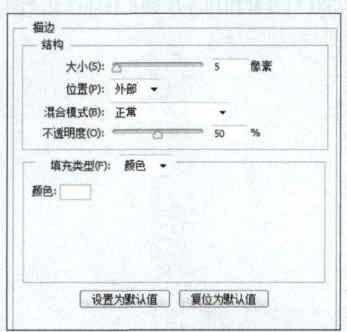 

图4-120 添加"描边"样式　　图4-121 拖入素材并创建剪贴蒙版

07 使用绘图工具在顶部绘制图形，并输入文字，如图 4-122 所示。

图 4-122 绘制图形并输入文字

08 使用"椭圆工具"绘制填充颜色为红色的正圆，将其向下移动一层，并为图层添加"描边"样式，如图 4-123 所示。

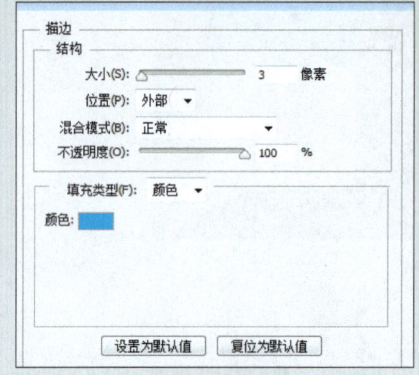

图 4-123 添加"描边"样式

09 确定后的图像效果如图 4-124 所示。

图 4-124 图像效果

10 使用"横排文字工具"在头像下方输入文字，并绘制图形，如图 4-125 所示。

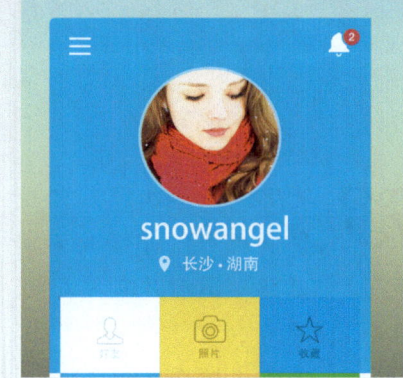

图 4-125 绘制图形

11 使用"矩形工具"绘制填充颜色为白色的矩形，如图 4-126 所示。

12 使用绘图工具绘制图形并输入文字，如图 4-127 所示。

图 4-126 绘制矩形

图 4-127 绘制图形并输入文字

13 使用"椭圆工具"绘制圆,然后添加"描边"图层样式,添加素材图片并创建剪贴蒙版,如图 4-128 所示。

14 完成的最终效果如图 4-129 所示。

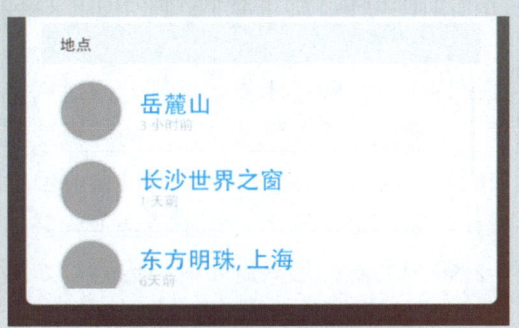

图 4-128 添加图片并创建剪贴蒙版

图 4-129 完成效果

4.2.6 滑动式导航

滑动式导航是为频繁操作而设计的。导航并不一定只发生在功能项之间,例如新闻类应用需要在不同类别的新闻之间进行切换浏览,如图 4-130 所示。通常来说,这种切换的频率要比功能项的切换频率更高,切换项的数量也会比较多,用户通过在内容页面左右滑动手指即可在不同的类别之间进行切换。

▶ **优点**:通过滑动手指实现切换,用户体验好,尤其在连续切换时其操作方式的连续性比较强,主体页面的过渡也更加平滑,会产生更加流畅的体验。

▶ **缺点**:一次滑动只能切换到相邻的类别,要想直接切换到对应类别可以点击上方的类别列表,不过由于类别过多有时候可能需要滑动一下类别列表才能完成操作。

当需要在具有相似属性类别之间进行较频繁的切换时,这种设计方式很值得参考。

图 4-130 滑动式导航

4.3 其他导航

下面介绍除了主要导航外的其他导航,包括次要导航和个性导航。

4.3.1 次要导航模式

所有主要导航模式都可以用作次级导航,但次级导航不太适合用作主要导航。

1. 下拉导航

还有一种类似抽屉导航的导航模式同样可以节省页面空间,并且隐藏次要入口,这就是下拉导航。

下拉导航与抽屉导航的作用相同,都是为了突出内容。一般位于界面顶部,通过点击打开导航菜单。导航菜单以浮窗形式位于界面上层,可通过点击导航菜单以外的区域使其收起。下拉导航的菜单与界面的连贯性比抽屉导航要好,容易让用户感知当前位置。但由于是位于屏幕上方,相对隐蔽而且不能结合手势操作,所以该菜单形式也不适合于频繁切换功能使用。考虑到导航菜单的可用面积较小,一般采用列表的形式展示菜单内容,如图4-131所示。

这种导航模式在各种O2O形态的APP中应用较多,例如美团网,如图4-132所示。

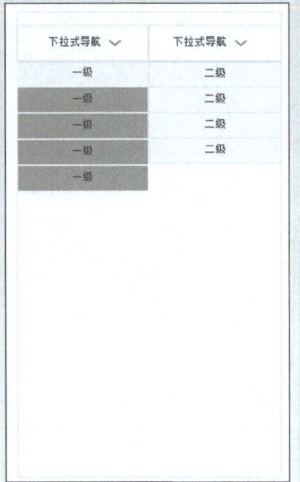

图4-131 下拉导航

图4-132 "美团"APP界面

2. 轮盘式导航

轮盘式导航也叫平铺式导航,比较适用于足够扁平化的内容和随意浏览的阅读模式,如果应用得当能够给人耳目一新的体验。这种导航能够最大程度地保证应用的页面简洁性,一般都会结合滑动切换的手势,操作起来也非常方便,如图4-133所示。

下面列举了轮盘式导航的优缺点。

图4-133 轮盘式导航

① 优点

- 能够最大程度地保证应用的页面简洁性，单页面内容整体性强。
- 线性的浏览方式有顺畅感、方向感。
- 操作最方便，连续切换时其操作连续性比较强，主体页面过渡平滑，会产生更加流畅的体验。

① 缺点

- 不适合展示过多页面。
- 只能按顺序查看相邻页面，不能跳跃性地查看间隔页面，使用户很容易迷失位置，因此轮播式导航都会添加几个小点来指示当前位置，如图 4-134 所示的墨迹天气中切换城市的操作也是使用这种导航。
- 不能够快速地定位对应的分页内容，某些应用可以点击上方的类别列表或者下方的小圆点图标，但也会产生很多麻烦，例如类别过多，有时候可能需要滑动一下类别列表才能完成操作；原点或提示过小，不易点击。
- 由于各页面内容结构相似，容易忽略后面的内容。

图 4-134 墨迹天气界面

4.3.2 悬浮导航

悬浮导航是将导航页面分层，无论用户到达 APP 的哪个页面，悬浮导航永远悬浮在上面，用户依靠悬浮层随时可以去想要去的地方，同时，为了让悬浮图标不遮挡某个页面的操作，通常悬浮的 icon 都可以在屏幕边缘自由移动。

iOS 系统就运用了这种导航模式，如图 4-135 所示。悬浮导航在大屏幕时代发挥了作用，当单手持握手机，拇指在手机中部浏览，想回到主屏幕，但是手指却难以到达屏幕底部时，悬浮方块就能为用户提供快捷操作。

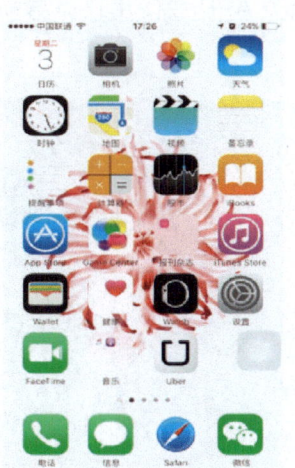 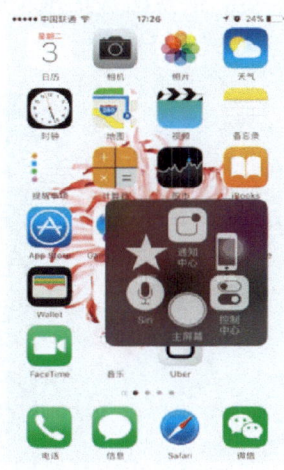 

图 4-135 iOS 悬浮导航

在 Android 的界面中同样提出了悬浮导航的设计概念，如图 4-136 所示。虽然这种导航设计很少，但随着大屏幕的发展可能会被广泛应用。

提示：悬浮导航会遮挡某些页面操作，在设计的时候应该考虑进去。

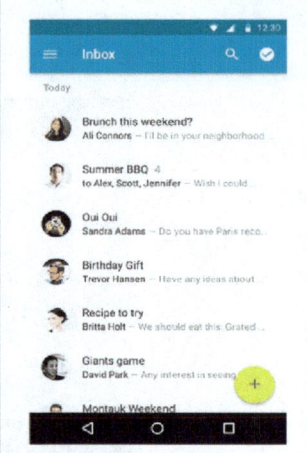

图 4-136 Android 悬浮导航

4.3.3 个性导航

下面介绍两种个性导航。

1. 点聚导航

点聚导航在功能上与抽屉导航类似，都是用于隐藏次级功能。但是，此类导航所隐藏的功能更加少，需要给用户指明其功能，显示效果佳。

当层级框架比较复杂，几个并列的模块中都有用户频繁使用的核心内容，但又需要简化页面时，会考虑使用点聚导航。点聚导航将多个核心功能汇聚到主界面中显示，以方便用户使用，如图 4-137 所示。由于点聚导航占用的空间小，一般会融入一些动态的互动效果，让导航更具趣味性，如图 4-138 所示。很多图片拍摄及编辑类 APP 会使用这类导航。

▶ **优点**：灵活、有趣，界面更加开阔，适用于展示信息内容较多的软件并且功能需求频度较低。

▶ **缺点**：隐藏了功能，且隐藏的功能不能太多，否则显示后用户较难反应。

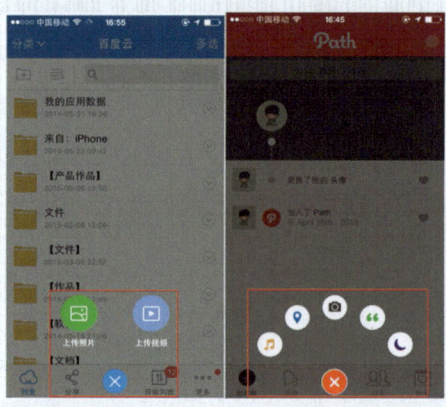

图 4-137 点聚导航

图 4-138 添加动态效果

2. 隐喻导航

这种导航主要用于游戏，一般游戏导航不仅要求可用，还要和整个游戏的风格等匹配。在隐喻导航模式下，用页面模仿应用的隐喻对象。对于日记、书籍等 APP，在对其进行分类的应用中也会用到。这种导航模式设计得好可以增强用户的体验，如图 4-139 所示。

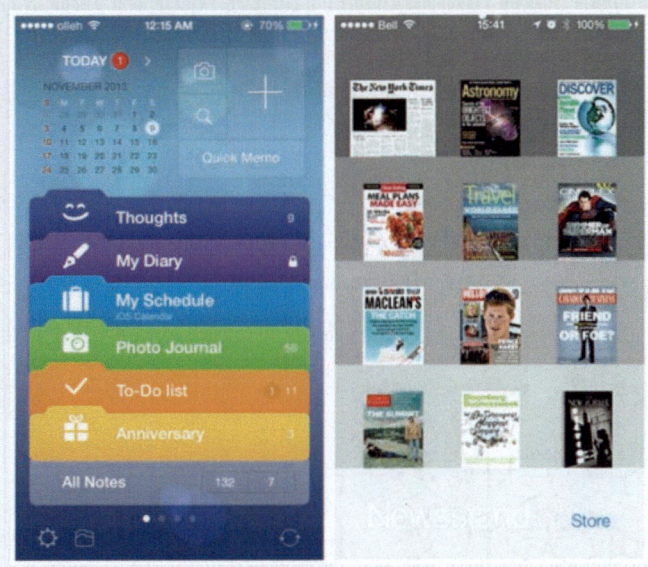

图 4-139 隐喻导航

4.4 APP UI 设计师心得

4.4.1 APP 界面中的文字排版设计原则

文字是主要界面的基础元素，优秀的文字排版可以在一定程度上提升用户体验。

1. 减少反差

在桌面端我们可能会采用字号差异较大的文字组合，移动端屏幕较小，容纳的文字也较少，同等的字号差异在小屏幕上给人的感受会被放大。原因是我们在使用这两种设备时的观看距离不同,在桌面端我们的眼睛离屏幕较远,而在移动端相反,因此我们应该在移动端使用较小的字号反差,如图 4-140 所示。

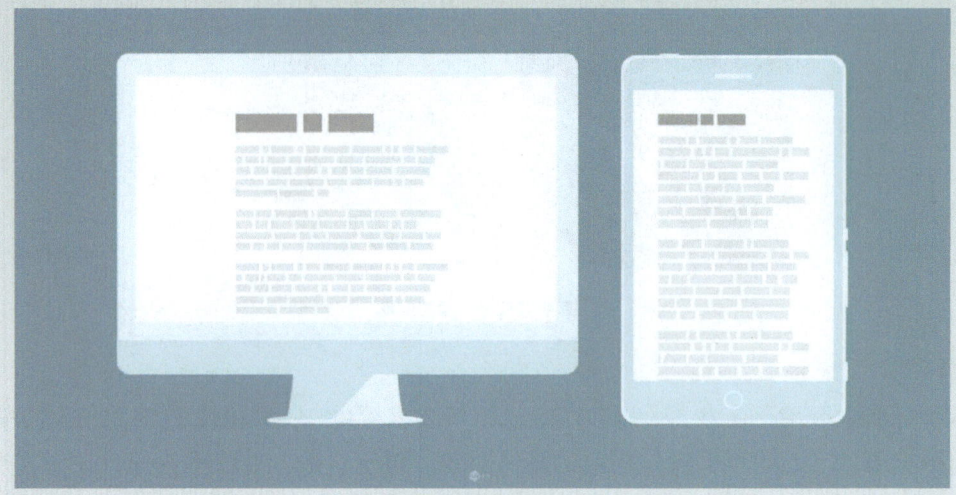

图 4-140 大小反差不同

2. 不要改变固有字间距

不要轻易改变字体默认的字间距,即固有字间距,字体设计师已经充分考虑了这款字体所适合的字间距,如果不满意可以更换字体。

3. 使用字重

不要使用 PS 中的文本加粗效果,它不仅破坏字体本身的美感,还改变了文字原本的宽度而影响段落内文字的对齐。合理的方式是使用字体本身的字重来控制,例如 STHeiti、Helvetica Neue 等字体本身提供 Light、Regular、Medium 等两三种甚至更多的字重选择,如图 4-141 所示。

图 4-141 不同自重效果

4. 颜色反差

移动设备使用环境复杂多变且不局限在室内,可能在室外,甚至暴露在强烈的阳光下,应确保文字在背景中不会识别困难,即使是色弱者也可以正常阅读。WCAG 2.0 中建议的两者颜色反差比应该高于 4.5:1(AA 级),这样才能确保更多人及环境都可以轻松阅读。

5. 栅格系统

在小屏幕上,一些桌面端无关大雅的间距不等问题会变得突出。

如图 4-142 所示,可以看到段落右侧与卡片的间距明显大于左侧。造成这个问题的原因是设计时对文本框的宽度与文字大小在关系上考虑不周全，导致文字不能完美地填充满文本框。

6. 行宽

行宽是一行文字的长度，或者确切地说是一行文字的理想长度，因为很难让每一行都精确吻合。

众所周知，舒适阅读的理想行宽是 65 个字符左右。行宽产生的物理长度取决于字体的设计、字间距和用户使用的具体文字。

在桌面端浏览器中，65 个字符很难触及边缘，但在移动设备上，65 个字符会超出浏览器的边界，所以在移动设备上必须缩减行宽。

在移动端并没有普遍认可的行宽标准，不过传统上，报纸或杂志上的每一个窄列都会趋向于 39 个字符。鉴于这个理想，行宽已经经历了数个世纪的考验，它在移动端字体上也运转良好。

图 4-142 间距问题

7. 宽松行距、紧凑行距

行距是行之间的空间，行距太紧凑，会让观者的视线难以从行尾扫视到下一行首；行距太宽松，字间距会开始形成队列，阻断了行的视觉流。图 4-143 所示为理想行距、太紧凑、太宽松三种效果。

图 4-143 不同行距

8. 找到最佳状态

所有字体至少有一种最佳状态，在屏幕上展现最佳的尺寸，还有在浏览器中最能保持字形的抗锯齿选项。

在最佳状态下，多数笔画通常都能排列在像素网格中——像素字体，这些字体仅仅在将字号调整到最佳状态时有效，将字体设为最佳状态能形成更强烈的对比。当为移动端设计时，对比尤其重要。

通常设计师通过基线网格来排列文字，但在移动设备上我们需要使用 x 高度来代替（x 高度指小写字母 x 的高度）。从易读性研究中我们知道大脑识别的是文字顶部，而不是底部，所以要形成更加平顺的视觉流，我们要确保字符顶部最契合像素网格。

9. 不要忽视起伏边

起伏边是一段文字的边缘，因此每一行从同一个地方开始，文字左侧边缘应该是平的，这是常见的左对齐。

两端对齐的文字产生的留白不统一，最糟的情况会导致一行中只有几个字，相当不协调。更窄的行宽会加重两端对齐的问题，所以两端对齐的文字在移动端是难以阅读的。

图 4-144 所示从左至右分别为左对齐、居中对其、两端对齐。

图 4-144　不同对齐方式

4.4.2 将 iOS 的 UI 设计转换成安卓平台的技巧

不同的平台有不同的 UI 设计规范，iOS 和 Andriod 自然也是不一样的。下面我们分享几个将 UI 设计在 iOS 和 Andriod 这两个平台中转换的技巧。

1. 技巧一：熟悉术语

首先我们需要熟悉业界的常见术语，如 "dp" "sp" 和 "9 patch" 等。dp 和 sp 是尺寸单位，而 9 patch 是组件格式的名称。dp 是 density-independent pixels 的简写，它是一个永远不会改变大小的绝对单位。sp 和 dp 很像，但它是可以伸缩的。如果用户在设备的设置里调大文字，那么通过 sp 定义的字体大小就会受到影响。9 patch 是一个能让组件可大可小的格式，对于大幅减小文件的体积大有帮助。

2. 技巧二：理解屏幕密度和尺寸

虽然 Andriod 系统有很多生产商在研发，但是 UI 设计不必为所有的手机设备进行设计，Andriod 有一个屏幕密度的系统能适应每个屏幕尺寸，因此只需要留意那 5 到 7 个不同的尺寸就可以了。

对于 1080 x 1920 pixels（xxhdpi）来说，所有像素值除以 3 便是 dp。dp 是针对所有显示屏的一个绝对数值单位。如果要实现正确的像素值，必须在每个分辨率上做乘、除法。例如对于 1080 x 1920 px（xxhdpi）来说，所有像素值除以 3 便是 dp。

在任何情况下，设计师都应该为优化 APP 于不同的屏幕尺寸和分辨率做出努力。在 APP 上线之前，在至少 5 个不同分辨率的设备上进行测试。即使分辨率不同，比例还是非常接近甚至一致的，因此大家不必太担心原始排版会被打乱或需要重新设计的问题。

3. 技巧三：不要转换

设计师不应该在安卓上使用同一套规格的 UI。iOS 中有一个能一键返回桌面的"物理 Home 键"，然而安卓上的按键是"返回、Home 和多任务"。这意味着一位 Andriod 用户可以从一个应用轻松跳转到另一个应用。这是一个很大的不同点，因此 iOS 通常会有一个结合了纵向和横向的 UI 结构，但 Andriod 更偏向于纵向。另外，这些返回、Home 和多任务按键都在屏幕底部，因此要考虑是否将标签放在底部的位置。

4. 技巧四：Material Design

谷歌发布了它的 Material Design，这是一个全新的设计语言。这确实是一个绝佳的设计方向，大家可以去网站上看看，理解基本的 UI 原理。当然，在设计时不要太纠结于颜色或者阴影这些特定的视觉设计，UI 设计师可以有更多自己的创意。

5. 技巧五：图标

Andriod 上图标的风格更加实心和圆润，Andriod 的可伸缩图标能自动在不同尺寸之间切换，然而这种切换可能会导致位图变模糊。为了确保位图不受影响，设计师应该在适配每个尺寸上花点时间。

6. 技巧六：其他方面

在软键方面上，典型的 Andriod 设备在屏幕上有特定的 Home、返回和菜单按键。但三星是以实体按键的形式应用在硬件设备上，所以要确保排版能在三星和其他设备上都行得通。

Andriod 上的插件从最早开始就是其独一无二的特点之一。用户可以在主屏创建简单且实用的卡片，虽然只提供局限的功能，可以多看看别人是怎么做的，然后在开始设计之前和工程师谈谈实现的问题。

一个典型的消息往往由图标 + 文字或图片 + 文字组成，但 Andriod 的 4.x 和 5.x 使用了不同的方式，这也是大家需要注意的一点。

第5章

APP其他界面元素设计

除了图标、按钮、导航这些在APP界面中数量最多也是最常见的元素外，本章将介绍很多设计新手容易忽略的其他界面元素设计，它们也是界面重要的组成部分。

5.1 表单设计

大部分应用程序都是依靠表单实现数据输入或布局,常见的表单有登录表单、注册表单、核对表单、计算表单、搜索表单、多步骤表单和长表单,如图5-1所示。下面对几个比较常见的表单进行介绍。

图 5-1 表单类别

5.1.1 登录表单

登录表单包括少量的信息输入,例如用户名、密码、操作按钮、密码帮助、注册选项等,很多应用还会添加用户头像。下面介绍登录表单的设计制作,图5-2所示为制作流程图。

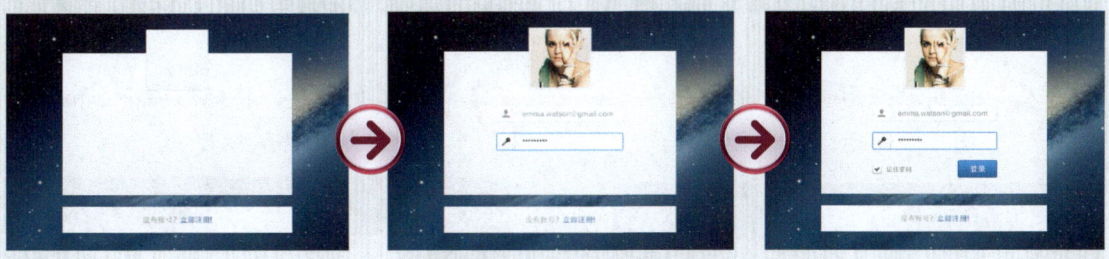

图 5-2 登录表单制作流程图

01 按Ctrl+O组合键打开一张素材图片,如图5-3所示。

02 设置前景色为白色,使用"矩形工具"绘制矩形,如图5-4所示。

图 5-3 打开素材

图 5-4 绘制矩形

03 为图层添加"渐变叠加"和"投影"样式，如图 5-5 所示。

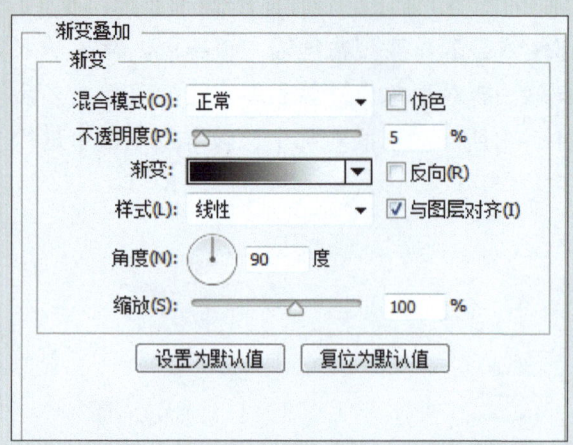
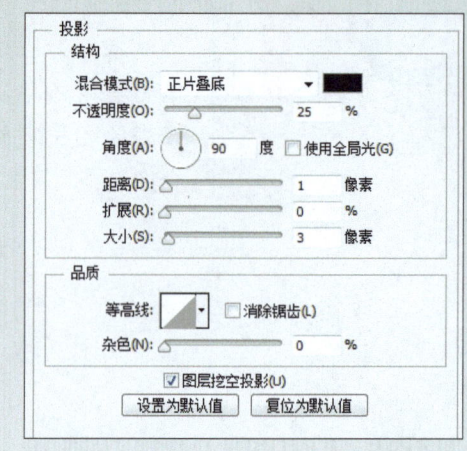

图 5-5 添加图层样式

04 再次使用"矩形工具"绘制矩形，如图 5-6 所示。

05 使用"横排文字工具"输入文字，并修改"立即注册"的颜色为蓝色，如图 5-7 所示。

图 5-6 绘制矩形

图 5-7 输入文字

06 使用"矩形工具"绘制矩形，如图 5-8 所示。

07 复制图层，将矩形缩小 2 px，如图 5-9 所示。

图 5-8 绘制矩形

图 5-9 复制并缩小

08 打开素材图片，并拖入文档中，如图 5-10 所示。

09 为图层添加蒙版，然后单击蒙版，填充黑色。按住 Ctrl 键单击下层矩形的缩览图，载入选区，然后执行"选择"|"变换选区"命令，将其缩小到 102 px，如图 5-11 所示。

图 5-10 打开素材

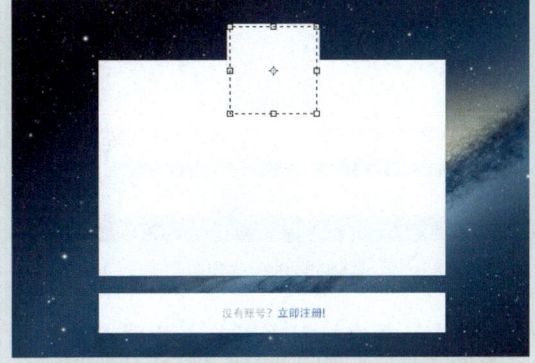

图 5-11 缩小选区

10 填充白色，效果如图 5-12 所示。

11 使用"矩形工具"绘制矩形，如图 5-13 所示。

图 5-12 效果

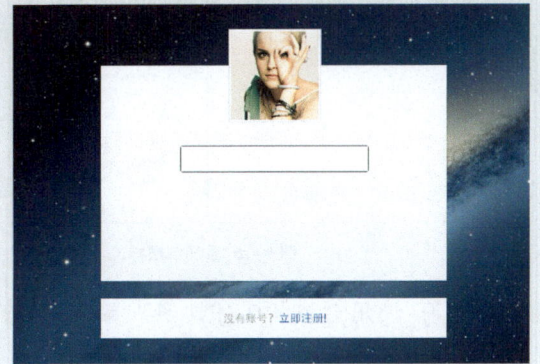

图 5-13 绘制矩形

12 为图层添加"描边"样式，如图 5-14 所示。

13 单击"确定"按钮关闭对话框，添加后的效果如图 5-15 所示。

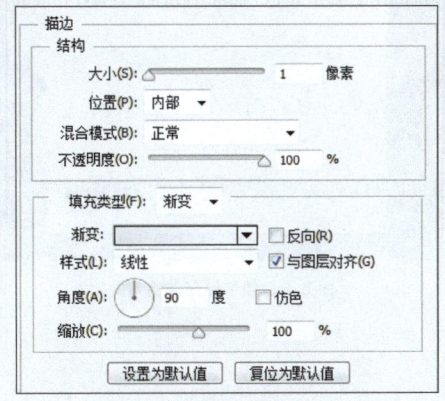

图 5-14 添加"描边"样式

图 5-15 添加后的效果

14 使用绘图工具绘制图形，如图 5-16 所示。

15 继续绘制图形，如图 5-17 所示。

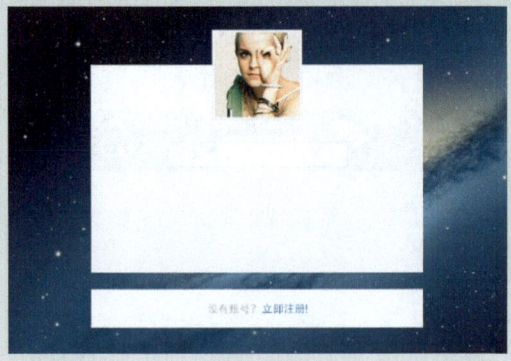

图 5-16 绘制图形

图 5-17 继续绘制图形

16 复制矩形框图层，为图层添加"描边"和"外发光"样式，如图 5-18 所示。然后绘制图形，效果如图 5-19 所示。

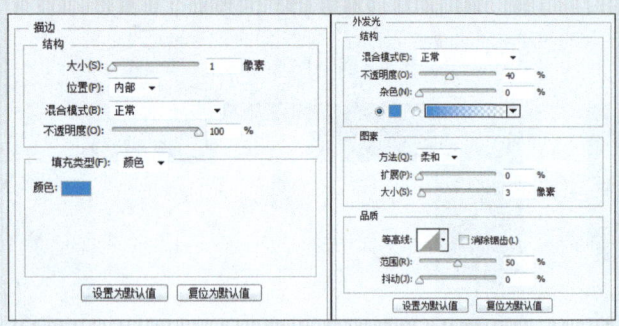

图 5-18 添加图层样式

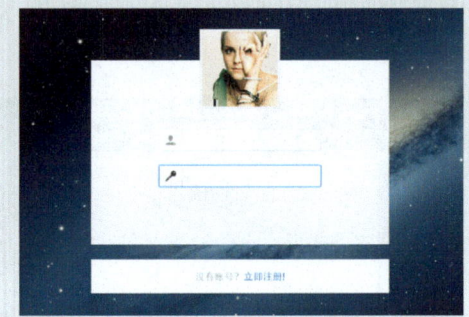

图 5-19 绘制图形

17 使用"横排文字工具"输入文字，如图 5-20 所示。

18 在下方绘制圆角矩形并添加图层样式，然后输入文字，如图 5-21 所示。

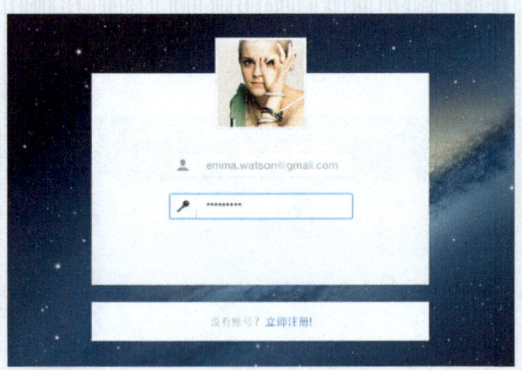

图 5-20 输入文字

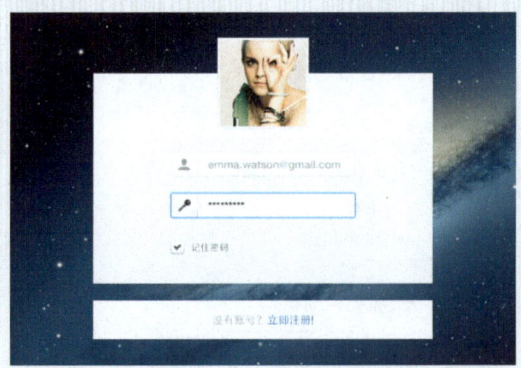

图 5-21 绘制图形并输入文字

19 使用"圆角矩形工具"绘制圆角矩形,如图 5-22 所示。

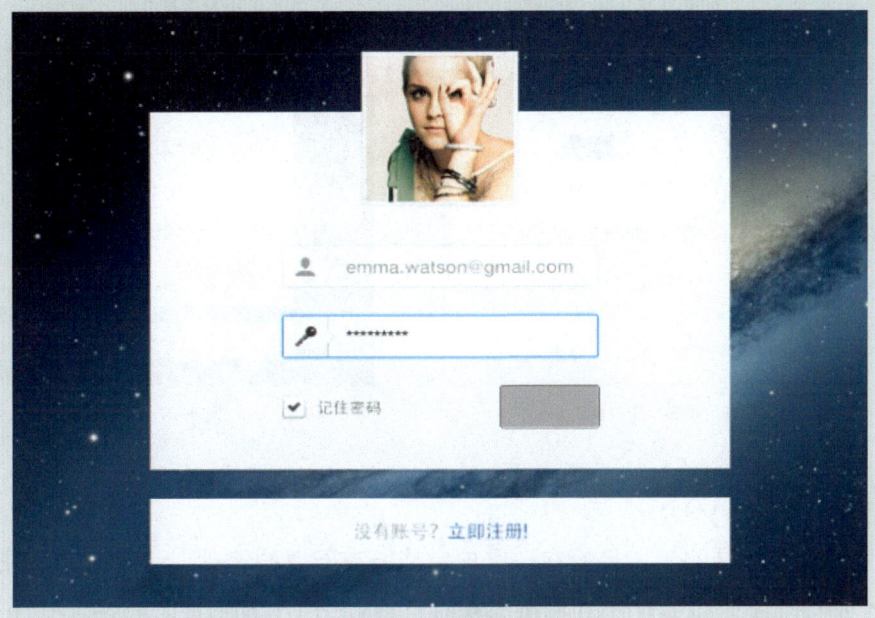

图 5-22 绘制圆角矩形

20 为图层添加"描边""内阴影"和"渐变叠加"样式,如图 5-23 所示。

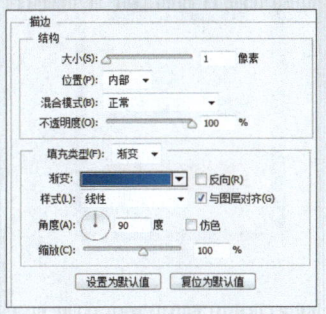 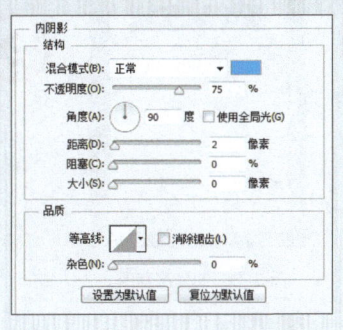 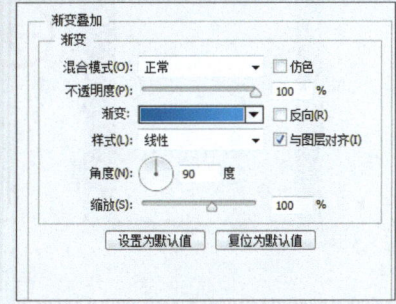

图 5-23 添加图层样式

21 执行确定操作后的图像如图 5-24 所示。

22 使用"横排文字工具"输入文字,如图 5-25 所示。

图 5-24 图像效果　　　　　　　　　　图 5-25 输入文字

23 为文字添加"投影"图层样式，如图 5-26 所示。

24 单击"确定"按钮完成登录表单的制作，如图 5-27 所示。

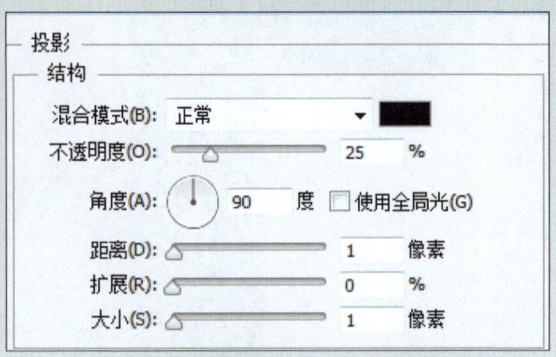

图 5-26 添加"投影"图层样式

图 5-27 完成制作

5.1.2 注册表单

注册表单应该简洁明了，最好在一屏内完成所有要填的信息，注册与登录按钮也应该显示在同一屏幕中。下面介绍注册表单的设计制作，图 5-28 所示为制作流程图。

图 5-28 制作流程图

01 使用"矩形工具"绘制矩形，如图 5-29 所示。

02 修改填充颜色为灰色，在底部绘制矩形条，如图 5-30 所示。

图 5-29 绘制矩形

图 5-30 绘制矩形条

03 使用"圆角矩形工具"绘制圆角矩形,使用"横排文字工具"输入文字,如图 5-31 所示。

04 继续绘制圆角矩形并输入文字,如图 5-32 所示。

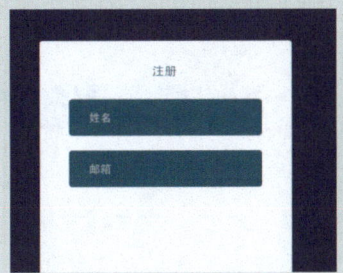

图 5-31 绘制圆角矩形并输入文字

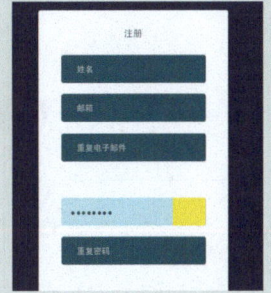

图 5-32 继续绘制并输入文字

05 修改填充颜色为橙色,绘制圆角矩形,然后输入文字完成制作,如图 5-33 所示。

图 5-33 完成制作

5.1.3 搜索表单

搜索表单只需要设计必要的输入项,并提供合理的默认值即可。搜索表单包括,如图 5-34 所示的几种。

图 5-34 搜索表单的种类

表单设计不能设置过多的搜索选项，以免造成用户选择困难。本节将介绍搜索表单的设计制作，图 5-35 所示为制作流程图。

图 5-35 制作流程图

01 打开素材图片，使用"圆角矩形工具"绘制圆角矩形，如图 5-36 所示。

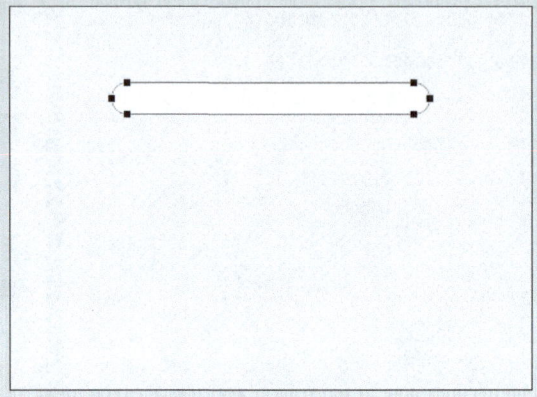

图 5-36 绘制圆角矩形

02 为图层添加"斜面和浮雕""描边"和"内阴影"图层样式，如图 5-37 所示。

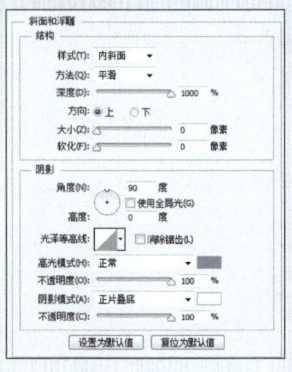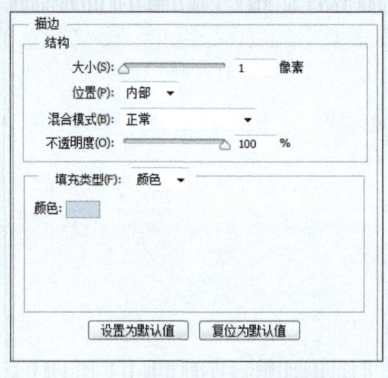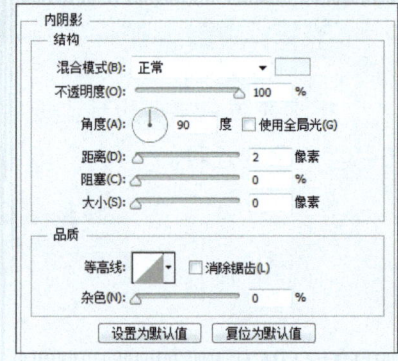

图 5-37 添加图层样式

03 单击"确定"按钮后的图像效果如图 5-38 所示。

04 使用"横排文字工具"输入文字，并绘制图形，如图 5-39 所示。

图 5-38 图像效果　　　　图 5-39 输入文字并绘制图形

05 使用"圆角矩形工具"绘制圆角矩形,如图 5-40 所示。然后修改混合模式为"正片叠底",并为图层添加"描边"和"投影"样式,如图 5-41 所示。

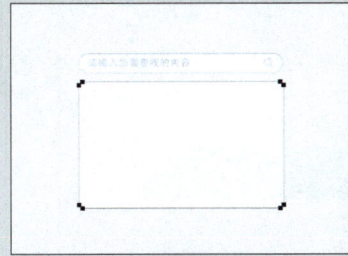

图 5-40 绘制圆角矩形

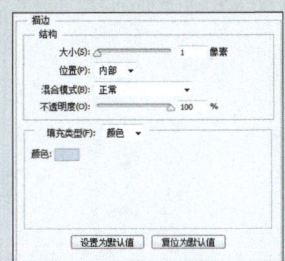

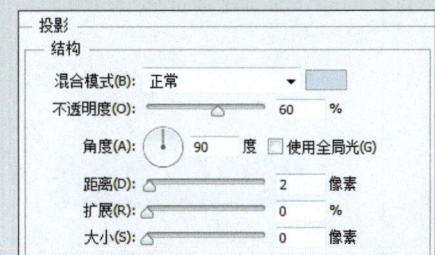

图 5-41 添加图层样式

06 执行确定操作后的图像效果如图 5-42 所示。在矩形内绘制一个小矩形,并为图层添加"内阴影"和"渐变叠加"样式,如图 5-43 所示。

图 5-42 图像效果

图 5-43 添加图层样式

07 单击"确定"按钮后的图像效果如图 5-44 所示。

图 5-44 图像效果

08 使用"横排文字工具"输入文字并绘制箭头,如图 5-45 所示。

图 5-45 输入文字并绘制箭头

09 将三个图层整理在一个组中,然后复制组,并修改文字、调整位置,如图 5-46 所示。

图 5-46 复制并修改

10 再次绘制一个矩形,为图层添加"渐变叠加"样式,如图 5-47 所示。

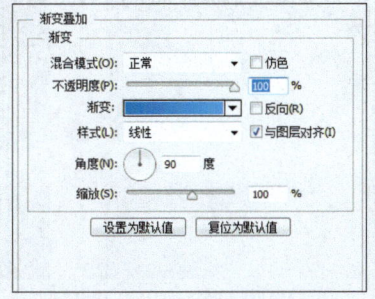

图 5-47 添加"渐变叠加"图层样式

11 单击"确定"按钮后的效果如图 5-48 所示。

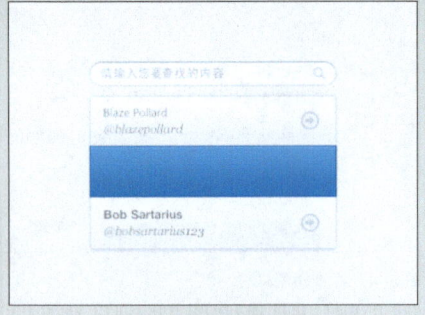

图 5-48 图像效果

12 输入文字并复制箭头、修改颜色，如图 5-49 所示。

图 5-49 输入文字并复制箭头

13 使用绘图工具绘制三角形，完成搜索表单的制作，如图 5-50 所示。

图 5-50 完成制作

5.2 对话框设计

下面介绍聊天对话框和操作提示对话框的设计。

5.2.1 聊天对话框

聊天对话框在具有交流功能的 APP 中是必不可少的，下面介绍聊天对话框的设计，图 5-51 所示为制作流程图。

图 5-51 制作流程图

01 新建空白文档，拖入背景图，如图 5-52 所示。

02 使用"椭圆工具"、"圆角矩形工具"和"钢笔工具"绘制图形，如图 5-53 所示。

图 5-52 拖入背景图

图 5-53 绘制图形

03 选择圆，在选项栏中设置"减去顶层形状"，如图 5-54 所示。

04 执行操作后的图形效果如图 5-55 所示。

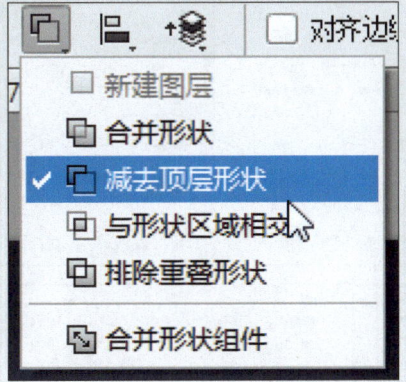

图 5-54 减去顶层形状

图 5-55 操作后的效果

05 设置该图层的填充为 0%，并添加"内发光"和"颜色叠加"图层样式，如图 5-56 所示。

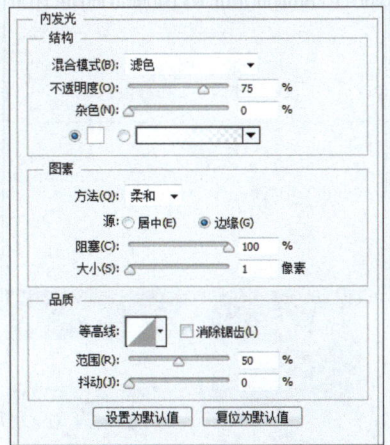

图 5-56 添加图层样式

06 单击"确定"按钮后的图像如图 5-57 所示。

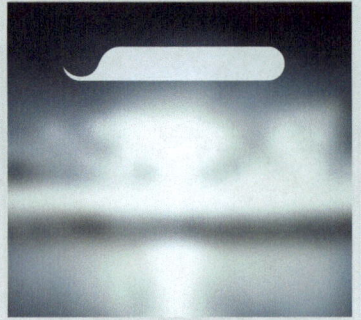

图 5-57 图像效果

07 使用"椭圆工具"绘制正圆，如图 5-58 所示。

图 5-58 绘制正圆

08 为图层添加"斜面和浮雕""描边""内阴影""内发光""光泽""外发光"和"投影"样式，如图 5-59 所示。

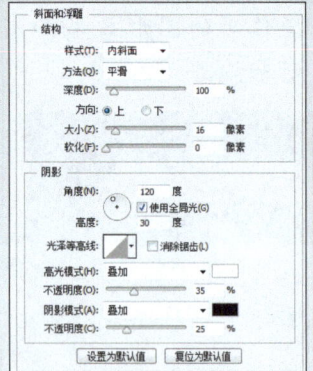
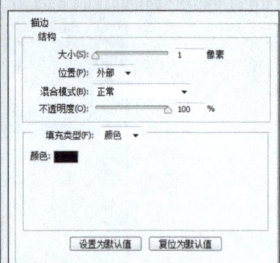
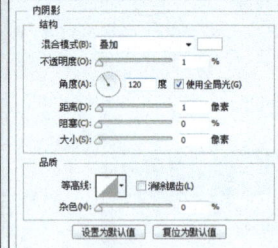
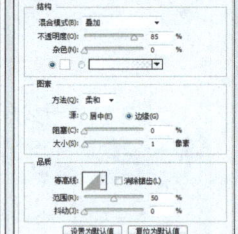
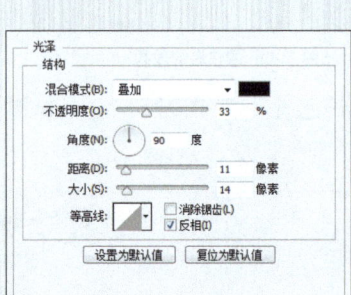
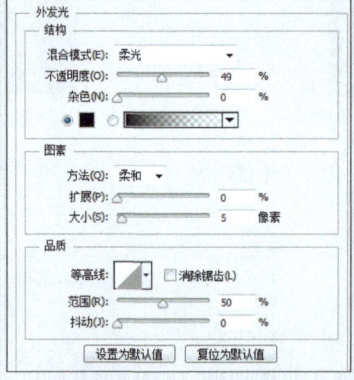
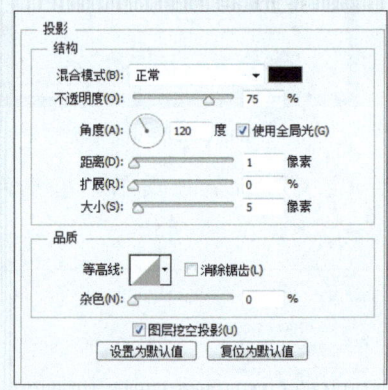

图 5-59 添加图层样式

09 按 Ctrl+O 组合键打开图片，并拖入文档中创建剪贴蒙版，如图 5-60 所示。

10 绘制半透明白色作为高光，如图 5-61 所示。

图 5-60 拖入图片并创建剪贴蒙版　　图 5-61 绘制高光

11 使用"椭圆工具"绘制正圆，如图 5-62 所示。

12 使用"矩形工具"绘制图形，如图 5-63 所示。

图 5-62 绘制正圆

图 5-63 绘制图形

13 使用"横排文字工具"输入文字，如图 5-64 所示。

14 用同样的方法绘制图形，如图 5-65 所示。

图 5-64 输入文字

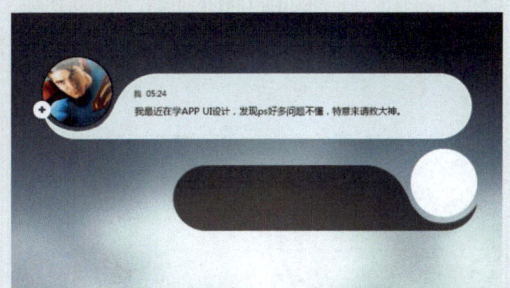

图 5-65 绘制图形

15 拷贝第一个圆的图层样式，粘贴到两个图层上，如图 5-66 所示。

16 拖入素材创建剪贴蒙版，并输入文字，如图 5-67 所示。

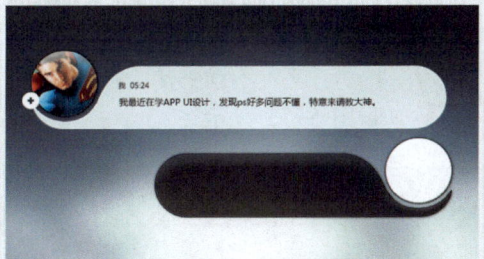

图 5-66 粘贴图层样式

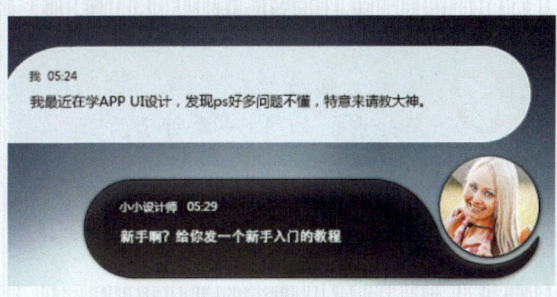

图 5-67 拖入素材并输入文字

17 复制前面的图层，然后调整位置，如图 5-68 所示。

18 使用"椭圆工具"绘制正圆，如图 5-69 所示。

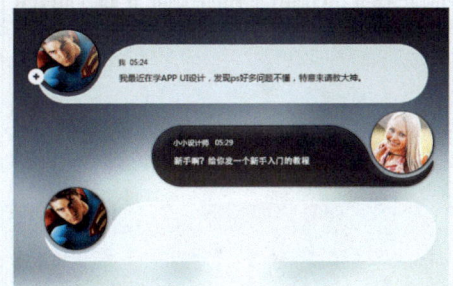

图 5-68 复制图层并调整位置

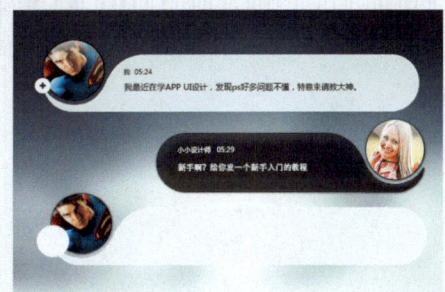

图 5-69 绘制正圆

19 使用绘图工具绘制图形，如图 5-70 所示。

20 粘贴图层样式，如图 5-71 所示。

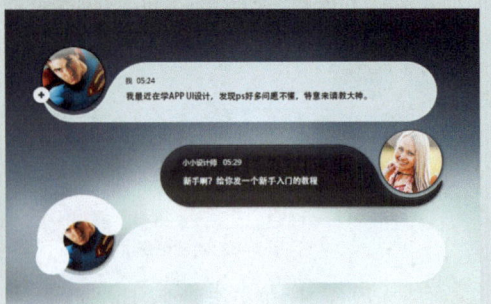

图 5-70 绘制图形

图 5-71 粘贴图层样式

21 使用绘图工具绘制图形，如图 5-72 所示。

22 使用"横排文字工具"绘制文本框并输入文字，如图 5-73 所示。

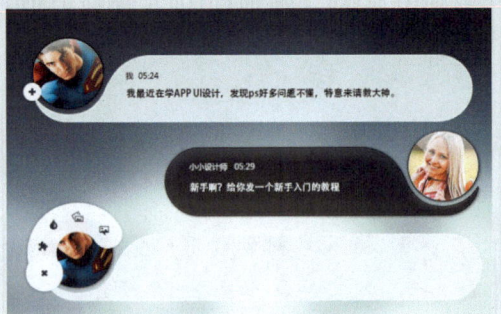

图 5-72 绘制图形

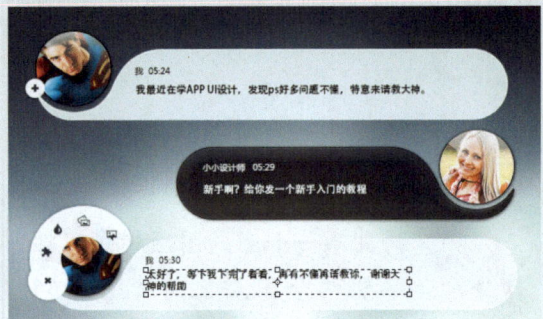

图 5-73 输入文字

23 使用"圆角矩形工具"绘制圆角矩形，如图 5-74 所示。

24 使用"横排文字工具"输入文字，如图 5-75 所示。

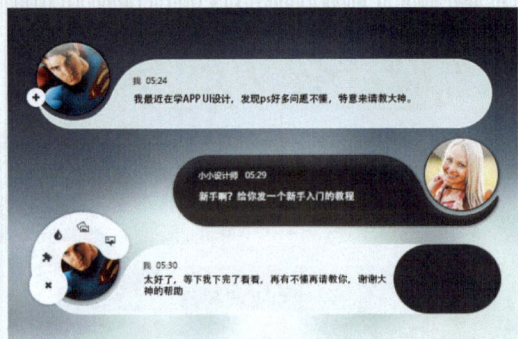

图 5-74 绘制圆角矩形

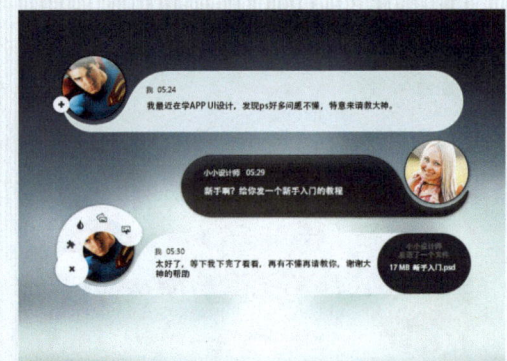

图 5-75 输入文字

25 绘制圆角矩形并输入文字,如图 5-76 所示。

26 复制前面的图层,然后调整位置并进行修改,如图 5-77 所示。

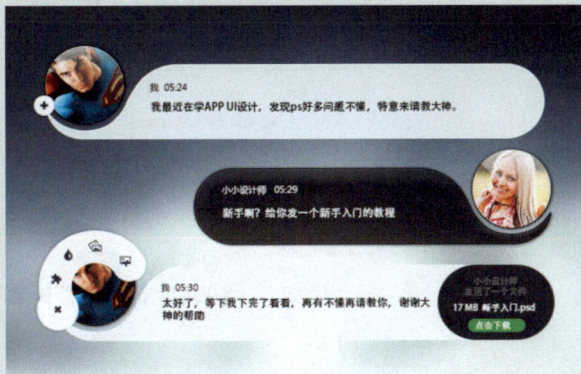

图 5-76 输入文字

图 5-77 复制并修改

27 使用"圆角矩形工具"绘制圆角矩形,并设置图层的不透明度为 30%,如图 5-78 所示。

图 5-78 绘制圆角矩形

28 为图层添加"斜面和浮雕""等高线"和"投影"样式,如图 5-79 所示。

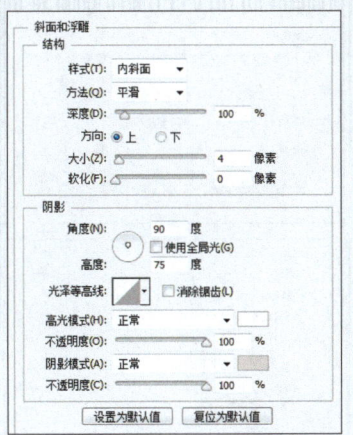
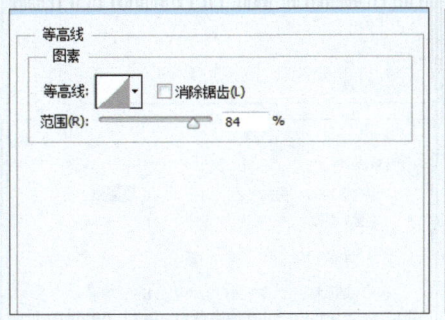
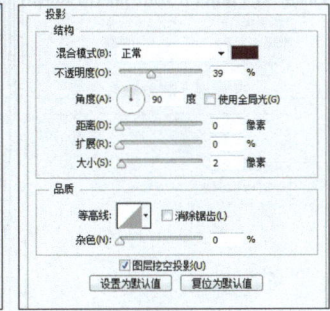

图 5-79 添加图层样式

29 再次绘制圆角矩形,如图 5-80 所示。然后为图层添加"描边"和"内阴影"样式,如图 5-81 所示。

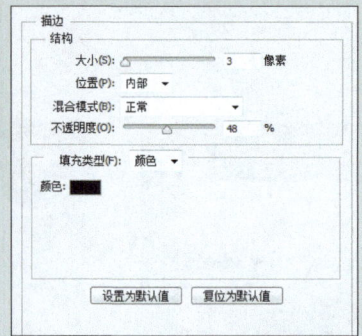
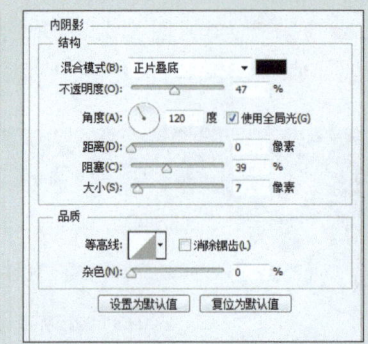

图 5-80 绘制圆角矩形　　　　　图 5-81 添加图层样式

30 单击"确定"按钮后的图像如图 5-82 所示。

31 使用"椭圆工具"绘制正圆，如图 5-83 所示。

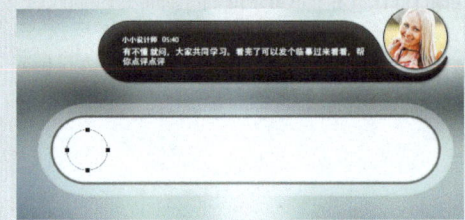

图 5-82 图形效果　　　　　　图 5-83 绘制正圆

32 为图层添加"斜面和浮雕""描边""内阴影""内发光""光泽"和"外发光"样式，如图 5-84 所示。

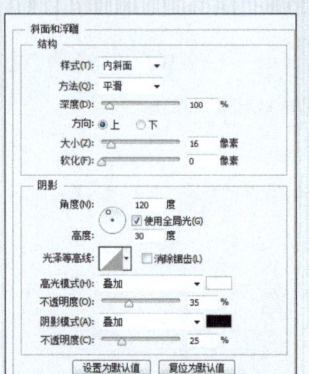
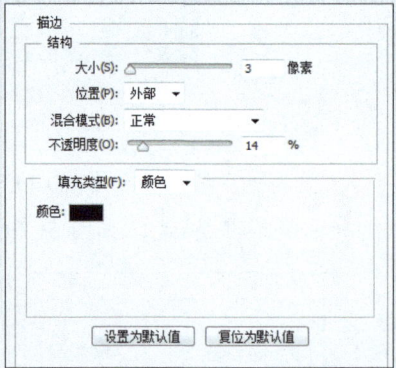
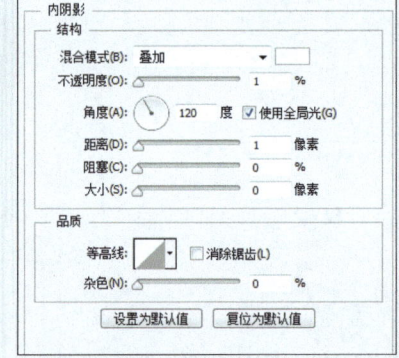

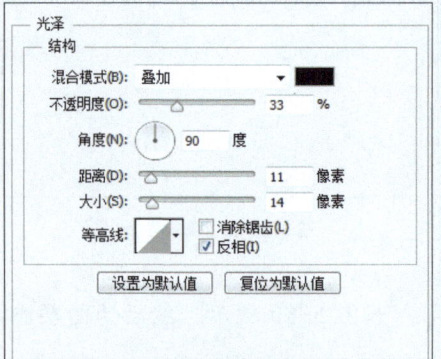

图 5-84 添加图层样式

33 执行确定操作后的图像如图 5-85 所示。

34 添加素材创建剪贴蒙版，如图 5-86 所示。

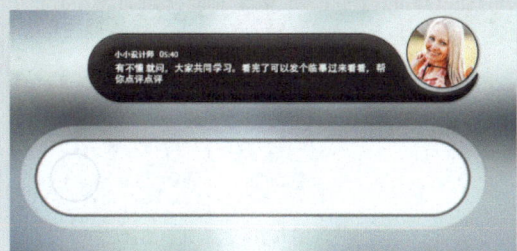

图 5-85 图像效果

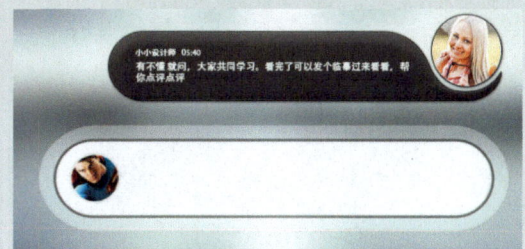

图 5-86 创建剪贴蒙版

35 复制图层，并调整到右侧，然后输入文字，如图 5-87 所示。

36 继续输入文字完成制作，如图 5-88 所示。

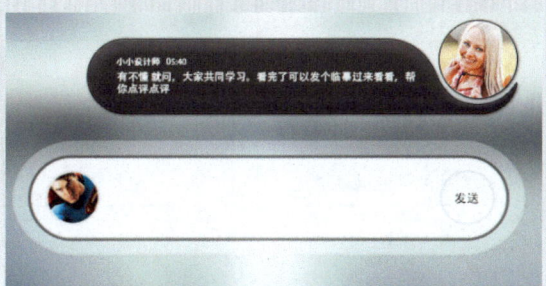

图 5-87 复制图层并输入文字

图 5-88 完成制作

5.2.2 操作提示对话框

在 APP 界面中进行某些操作后会弹出提示或反馈对话框，本节将介绍操作提示对话框的制作，图 5-89 所示为制作流程图。

图 5-89 制作流程图

01 在 Photoshop 中打开一张素材图片作为背景，如图 5-90 所示。

02 使用"圆角矩形工具"绘制圆角矩形，如图 5-91 所示。

图 5-90 打开图片

图 5-91 绘制圆角矩形

03 为图层添加"斜面和浮雕""等高线""内发光""颜色叠加""渐变叠加""图案叠加"和"投影"样式,如图 5-92 所示。

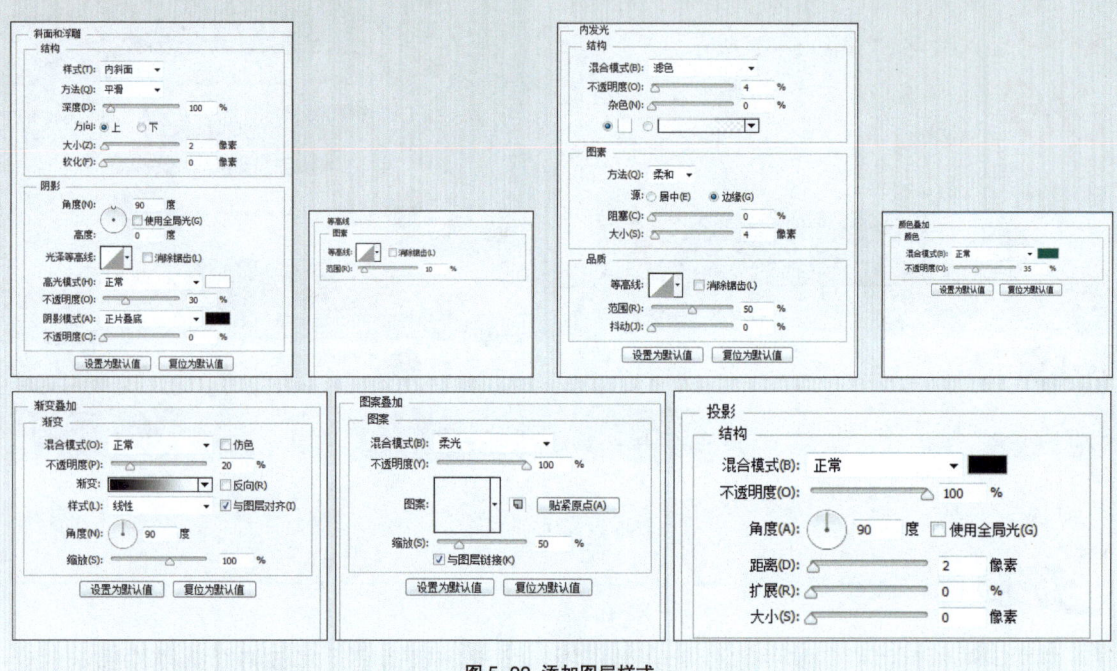

图 5-92 添加图层样式

04 单击"确定"后的图像效果如图 5-93 所示。

05 将其转换为智能对象,然后为图层添加"投影"样式,如图 5-94 所示。

图 5-93 图像效果

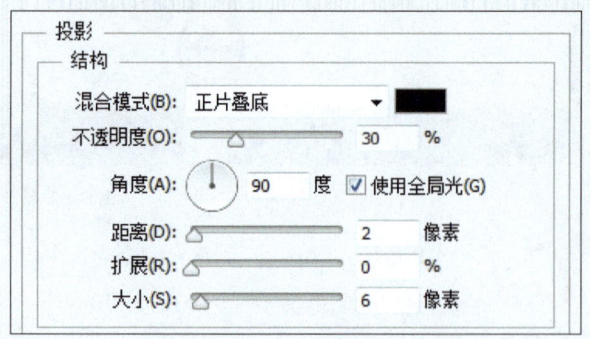

图 5-94 添加"投影"样式

06 执行"滤镜"|"杂色"|"添加杂色"命令，在打开的对话框中设置数量，如图 5-95 所示。单击"确定"按钮后的效果如图 5-96 所示。

图 5-95 设置数量　　　　　　　　　　图 5-96 图像效果

07 使用"矩形工具"绘制矩形，如图 5-97 所示。然后为图层添加"描边"样式，如图 5-98 所示。

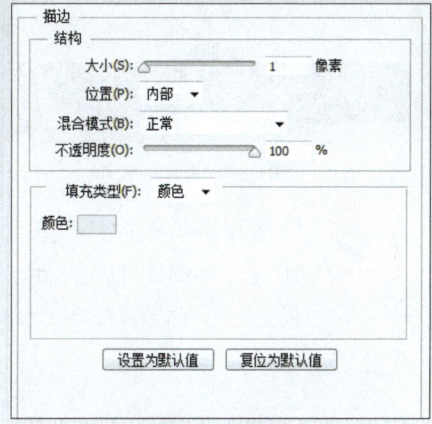

图 5-97 绘制矩形　　　　　　　　　　图 5-98 添加"描边"样式

08 继续为图层添加"内阴影""内发光"和"渐变叠加"样式，如图 5-99 所示。

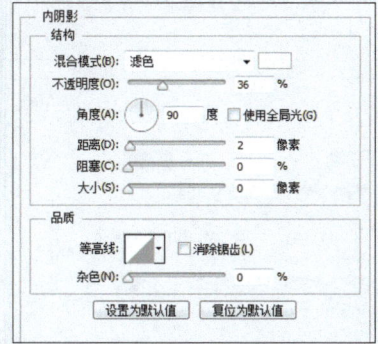
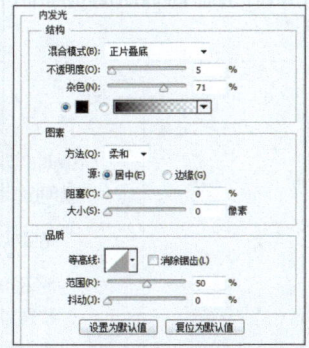
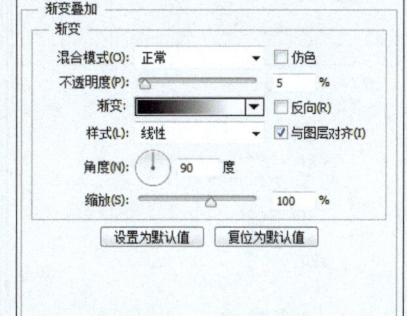

图 5-99 添加图层样式

09 单击"确定"按钮后的图像效果如图 5-100 所示。

10 复制图层并调整位置，如图 5-101 所示。

图 5-100 图像效果

图 5-101 复制图层

11 使用"圆角矩形工具"和"椭圆工具"绘制图形，如图 5-102 所示。然后为图层添加"斜面和浮雕"和"等高线"图层样式，如图 5-103 所示。

图 5-102 绘制图形

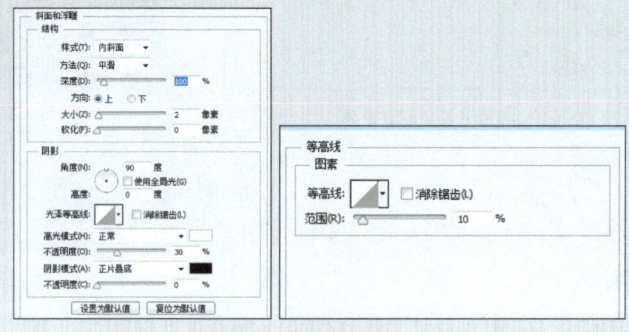

图 5-103 添加图层样式

12 继续为图层添加"内发光""颜色叠加""渐变叠加""图案叠加"和"投影"样式，如图 5-104 所示。

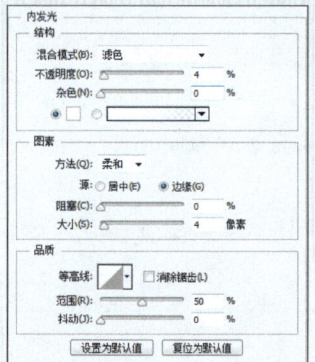

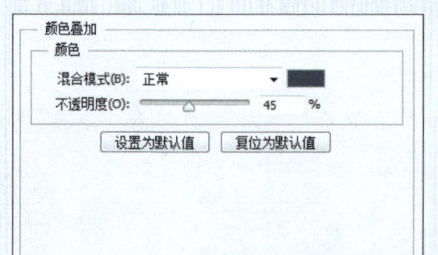

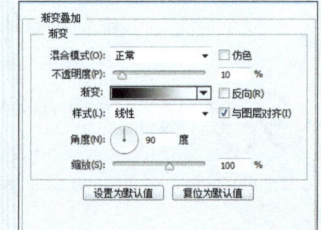

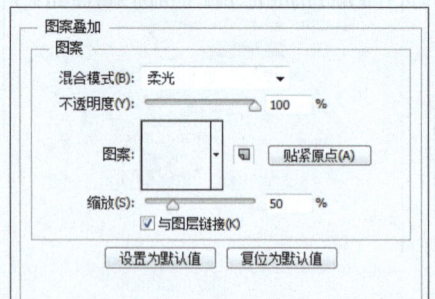

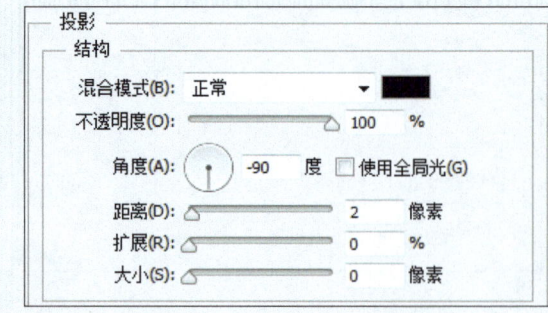

图 5-104 添加图层样式

图 5-105 图像效果

13 执行确定操作后的图像效果如图 5-105 所示。

14 将图形转换为智能对象,并为图层添加"投影"样式,如图 5-106 所示。

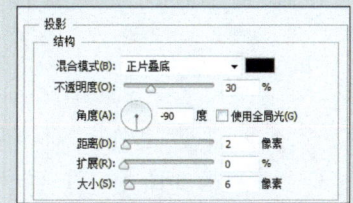

图 5-106 添加"投影"样式

图 5-107 设置参数

15 执行"滤镜"|"杂色"|"添加杂色"命令,在打开的对话框中设置参数,如图 5-107 所示。

16 单击"确定"按钮后的图像效果如图 5-108 所示。

图 5-108 图像效果

17 使用"椭圆工具"绘制正圆,如图 5-109 所示。

图 5-109 绘制正圆

18 为图层添加"内阴影""内发光""渐变叠加"和"投影"图层样式,如图 5-110 所示。

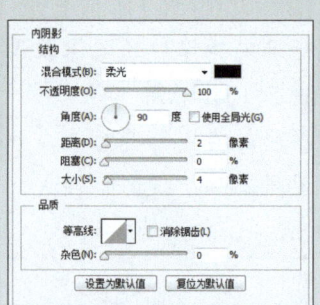 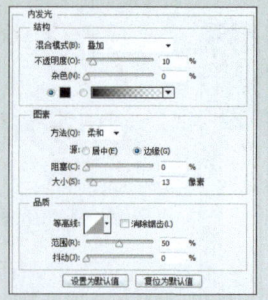 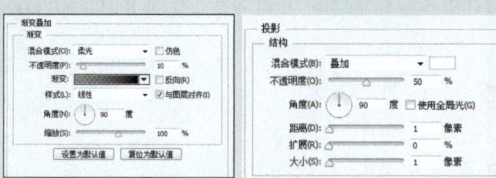

图 5-110 添加图层样式

19 单击"确定"按钮后的图像效果如图 5-111 所示。

20 使用"椭圆工具"绘制正圆，并修改填充颜色为绿色，如图 5-112 所示。

图 5-111 图像效果　　　　　　　　　　图 5-112 绘制正圆

21 为图层添加"斜面和浮雕""等高线""内发光""渐变叠加"和"投影"图层样式，如图 5-113 所示。

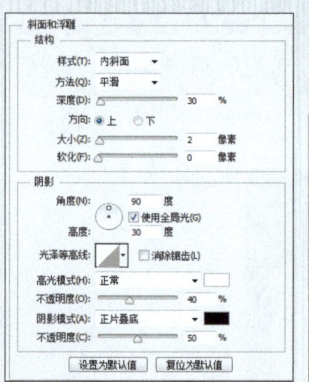 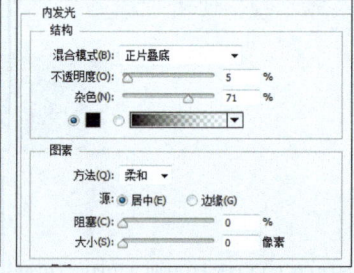

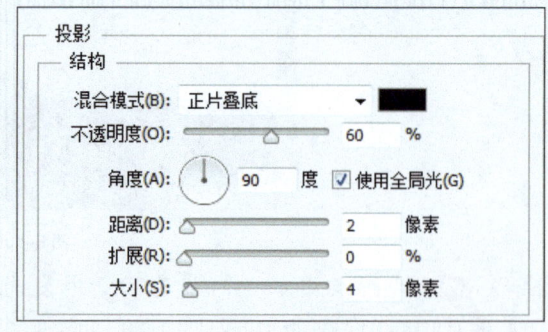

图 5-113 添加图层样式

22 执行确定操作后的图像效果如图 5-114 所示。

图 5-114 图像效果

23 使用绘图工具绘制图形,如图 5-115 所示。

图 5-115 绘制图形

24 为图层添加图层样式,如图 5-116 所示。

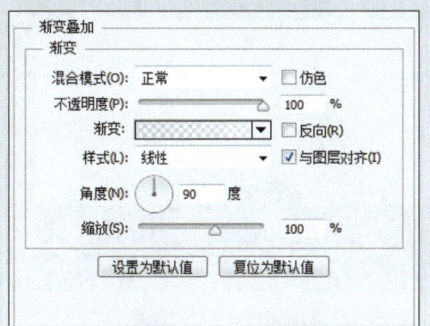

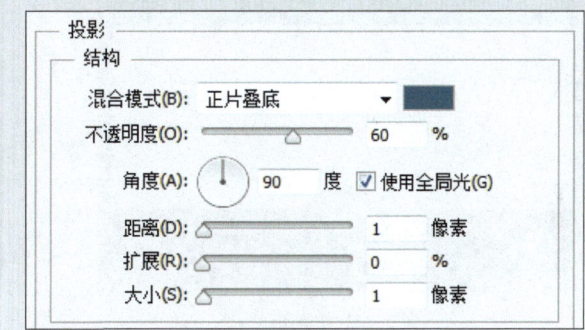

图 5-116 添加图层样式

25 执行确定操作后的效果如图 5-117 所示。单击鼠标右键,执行"拷贝图层样式"命令。然后用同样的方法绘制图形,如图 5-118 所示。

图 5-117 图像效果

图 5-118 绘制图形

26 粘贴图层样式,然后修改"投影"样式,如图 5-119 所示。

27 执行确定操作后的图像效果如图 5-120 所示。

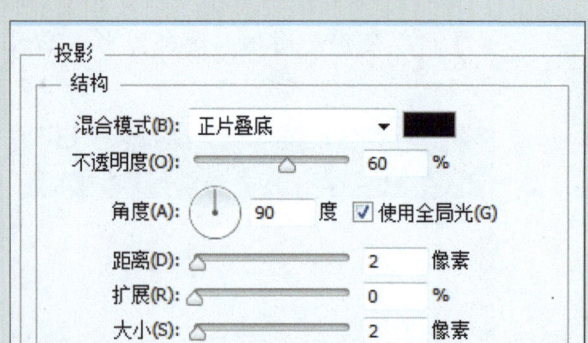

图 5-119 修改"投影"样式

图 5-120 图像效果

28 在上方绘制图形，如图 5-121 所示。

29 粘贴图层样式，效果如图 5-122 所示。

图 5-121 绘制图形

图 5-122 粘贴图层样式后的效果

30 使用"椭圆工具"绘制正圆，如图 5-123 所示。

31 粘贴下方矩形的图层样式，然后添加素材并创建剪贴蒙版，如图 5-124 所示。

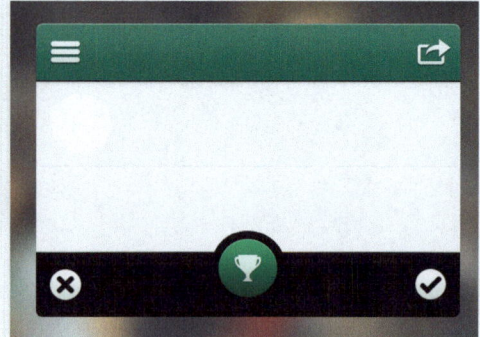

图 5-123 绘制正圆

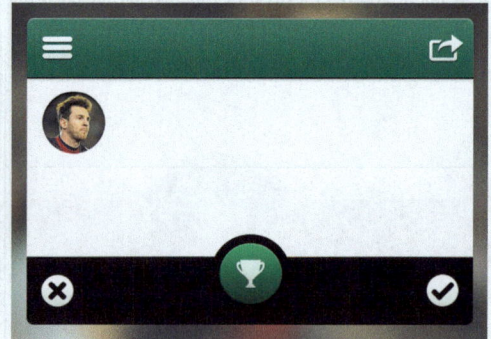

图 5-124 添加素材并创建剪贴蒙版

32 绘制正圆并添加图层样式，如图 5-125 所示。

33 使用"椭圆工具"绘制圆，并使两个圆中心对齐，如图 5-126 所示。

图 5-125 绘制圆并粘贴图层样式

图 5-126 绘制圆

34 为图层添加图层样式，添加后的效果如图 5-127 所示。

35 使用同样的方法添加素材，然后绘制图形并输入文字，完成效果如图 5-128 所示。

图 5-127 添加图层样式后

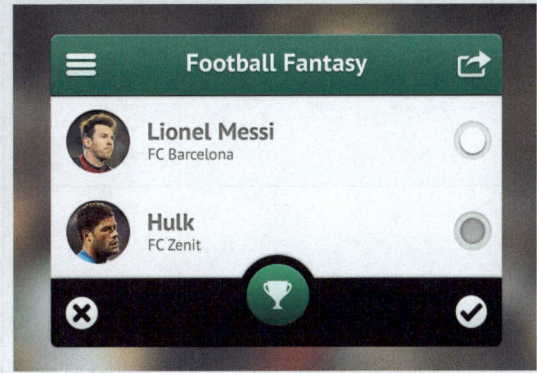

图 5-128 完成效果

5.3 主页桌面小工具设计

手机主页上的时间、天气、音乐控件是非常常见的，也是 APP UI 设计的重要元素之一，如图 5-129 所示。

图 5-129 手机主页

5.3.1 天气插件

天气插件一般包括天气图标、温度、时间、日期等信息，根据不同的布局将天气与时间重点显示。下面介绍天气插件的制作，图 5-130 所示为制作流程图。

图 5-130 制作流程图

01 使用"圆角矩形工具"绘制圆角矩形，如图 5-131 所示。然后为矩形添加"内阴影"和"内发光"图层样式，如图 5-132 所示。

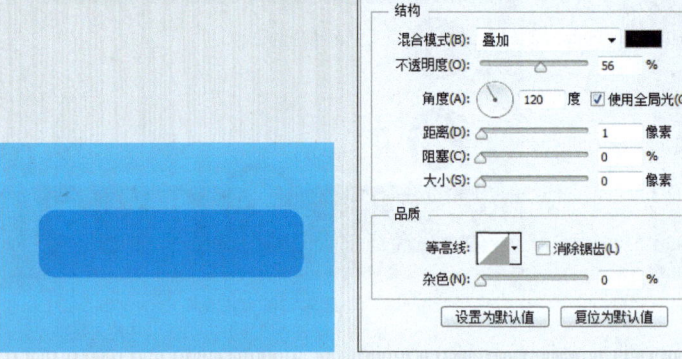

图 5-131 绘制圆角矩形　　　　　　图 5-132 添加图层样式

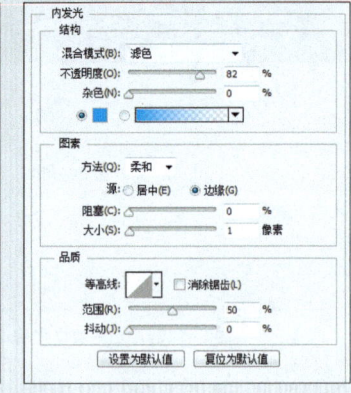

02 继续为矩形添加"渐变叠加"和"投影"样式，如图 5-133 所示。执行确定操作后的效果如图 5-134 所示。

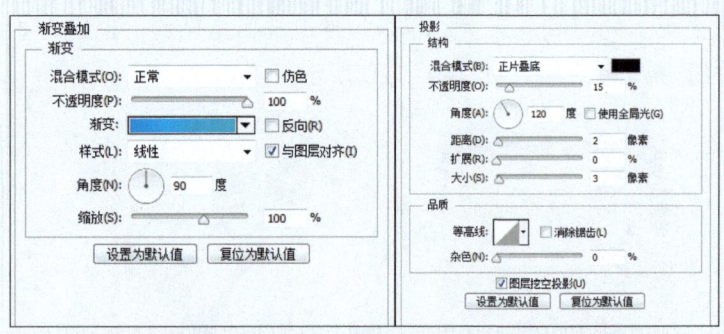

图 5-133 继续添加图层样式　　　　　图 5-134 图像效果

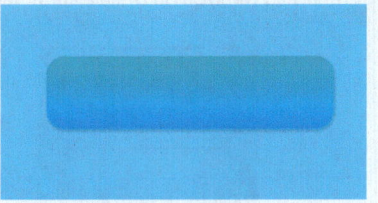

03 使用"圆角矩形工具"绘制圆角矩形，并设置混合模式为"叠加"、不透明度为 69%，如图 5-135 所示。

04 为图层添加遮罩，绘制遮罩后的效果如图 5-136 所示。

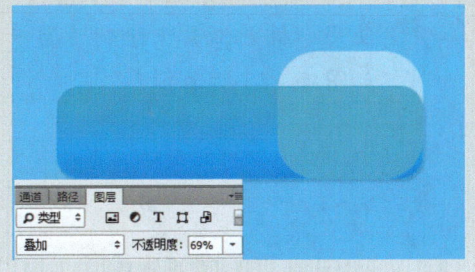

图 5-135 绘制圆角矩形

图 5-136 绘制遮罩后的效果

05 为图层添加"投影"图层样式，如图 5-137 所示。

06 使用绘图工具绘制图形，如图 5-138 所示。

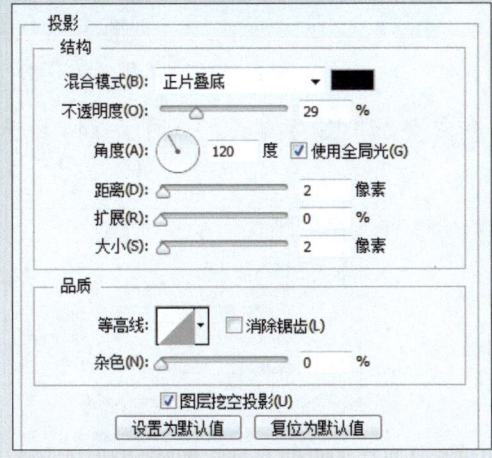

图 5-137 添加图层样式

图 5-138 绘制图形

07 复制图层并进行旋转，效果如图 5-139 所示。

08 使用"椭圆工具"绘制正圆，如图 5-140 所示。

图 5-139 复制并旋转

图 5-140 绘制正圆

09 为图层添加"内阴影""渐变叠加"和"外发光"图层样式，如图 5-141 所示。

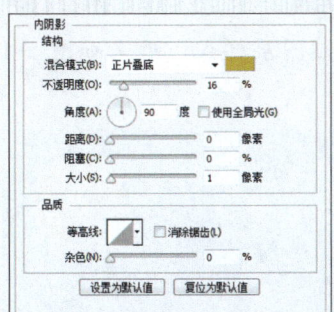 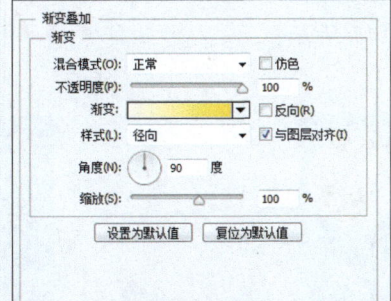

图 5-141 添加图层样式

10 执行确定操作后的效果如图5-142所示。

图5-142 确定后的效果

11 使用"椭圆工具"绘制正圆，如图5-143所示。

图5-143 绘制正圆

12 为图层添加"内阴影""内发光"和"渐变叠加"图层样式，如图5-144所示。

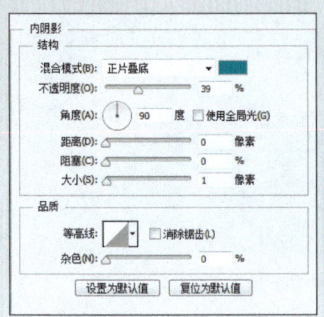 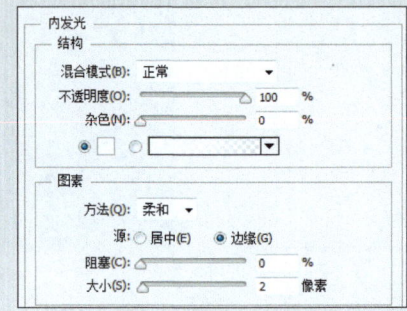 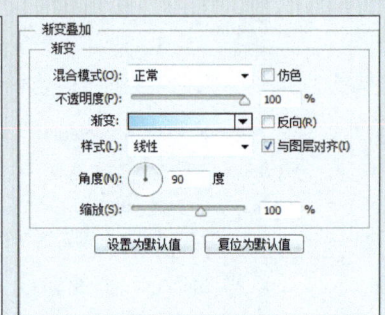

图5-144 添加图层样式

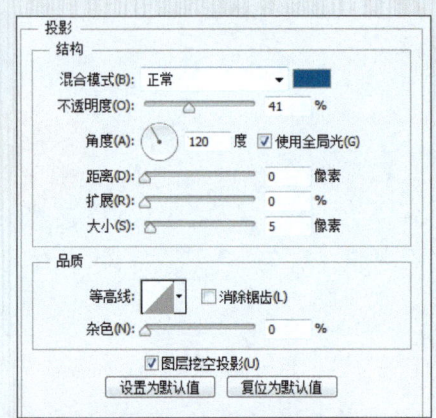

13 继续为图层添加"投影"样式，如图5-145所示。

14 执行确定操作后的图像效果如图5-146所示。

图5-145 添加"投影"样式

图5-146 确定后的效果

15 继续绘制正圆，并拷贝粘贴图层样式，如图5-147所示。

16 用同样的方法绘制图形，并粘贴图层样式，效果如图5-148所示。

图5-147 绘制正圆并粘贴图层样式

图5-148 绘制图形并粘贴图层样式

17 使用"横排文字工具"输入文字，如图 5-149 所示。

18 使用绘图工具绘制图形，如图 5-150 所示。

图 5-149 输入文字

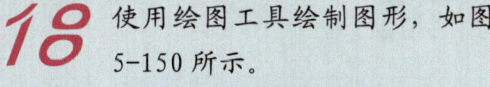

图 5-150 绘制图形

19 为图层添加"渐变叠加"和"投影"图层样式，如图 5-151 所示。

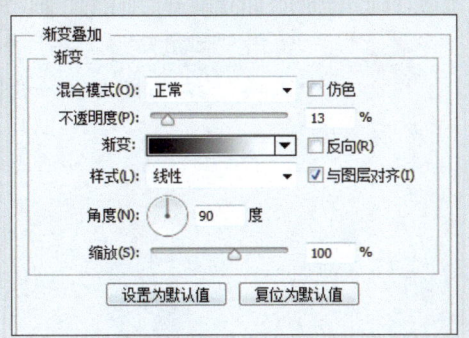 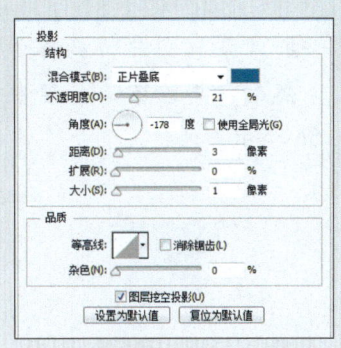

图 5-151 添加图层样式

20 执行确定操作后的图像效果如图 5-152 所示。

21 使用"直线工具"绘制线条，如图 5-153 所示。

图 5-152 确定后的效果

图 5-153 绘制线条

22 复制图层，然后向下移动图层，并对图形进行高斯模糊，旋转后即完成了制作，如图 5-154 所示。

图 5-154 完成效果

5.3.2 音乐插件

下面介绍音乐插件的制作，图 5-155 所示为制作流程图。

图 5-155 制作流程图

01 打开素材图片将其作为背景，然后使用绘图工具绘制图形，如图 5-156 所示。

02 使用"圆角矩形工具"和"椭圆工具"绘制图形，如图 5-157 所示。

图 5-156 绘制图形

图 5-157 绘制图形

03 使用"矩形工具"绘制矩形，如图 5-158 所示。

04 使用"椭圆工具"绘制椭圆，如图 5-159 所示。

图 5-158 绘制矩形

图 5-159 绘制椭圆

05 为图层添加"颜色叠加"图层样式,如图 5-160 所示。

06 单击"确定"按钮后的图像效果如图 5-161 所示。

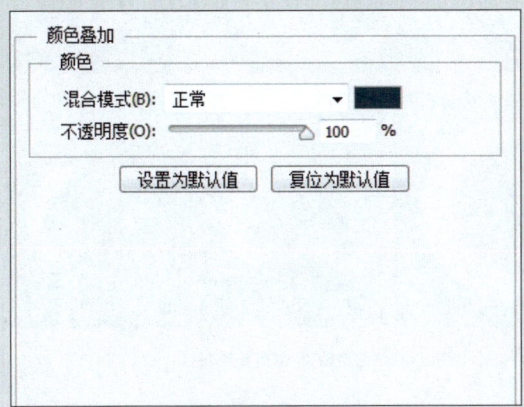

图 5-160 添加图层样式

图 5-161 确定后的效果

07 使用"矩形工具"绘制矩形,如图 5-162 所示。继续使用"矩形工具"绘制矩形,并设置图层混合模式为"叠加"、不透明度为 20%,如图 5-163 所示。

图 5-162 绘制矩形

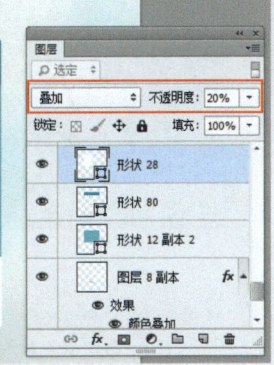

图 5-163 绘制矩形并设置参数

08 使用"直线工具"绘制两条直线,如图 5-164 所示。

09 使用绘图工具绘制图形,如图 5-165 所示。

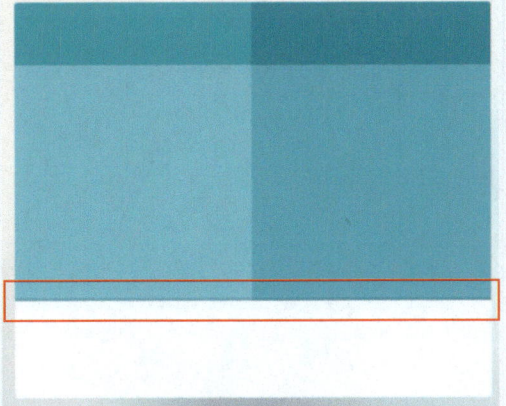

图 5-164 绘制直线

图 5-165 绘制图形

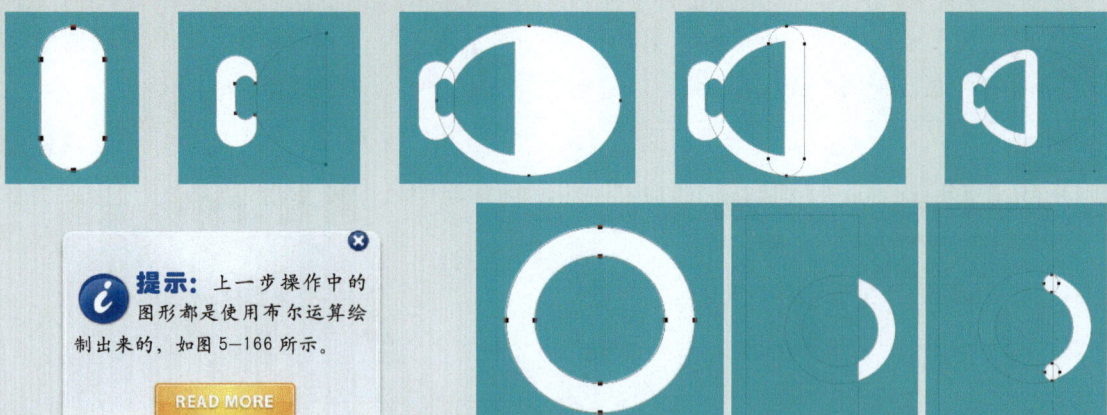

> **提示：** 上一步操作中的图形都是使用布尔运算绘制出来的，如图 5-166 所示。

图 5-166 图形的布尔运算绘制

10 使用"横排文字工具"输入文字，如图 5-167 所示。

11 使用绘图工具绘制播放按钮，如图 5-168 所示。

图 5-167 输入文字

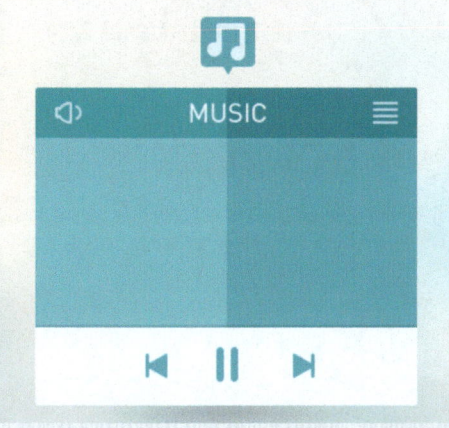

图 5-168 绘制播放按钮

12 绘制正圆并添加素材图片，如图 5-169 所示。

13 继续绘制图形并输入文字，如图 5-170 所示。

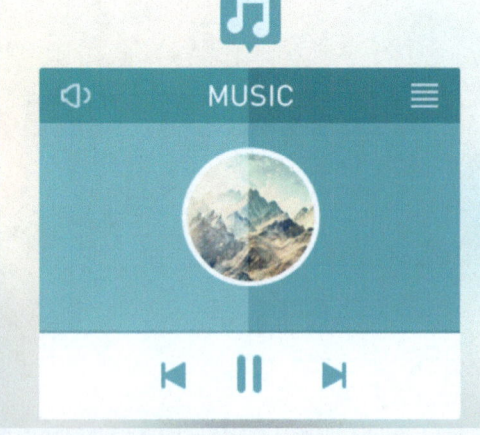

图 5-169 绘制正圆并添加素材

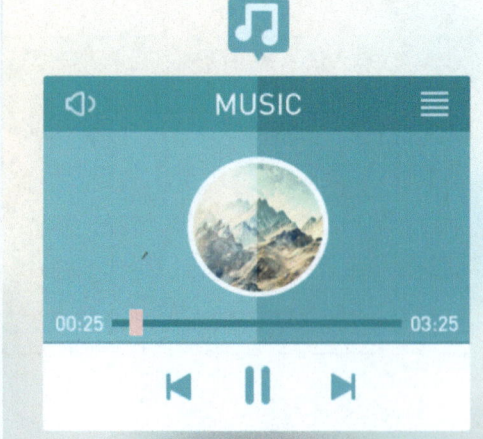

图 5-170 绘制图形并输入文字

14 完成效果如图 5-171 所示。

图 5-171 完成效果

5.4.1 设计师不得不知的安卓屏幕知识

1. 概念知识

- **分辨率**：分辨率就是手机屏幕的像素点数，一般描述成屏幕的"宽×高"，安卓手机屏幕常见的分辨率有 480×800、720×1280、1080×1920 等。如 720×280 表示此屏幕在宽度方向上有 720 个像素，在高度方向上有 1280 个像素。
- **屏幕大小**：屏幕大小是手机对角线的物理尺寸，以英寸（inch）为单位。如某手机为"5寸大屏手机"，就是指对角线的尺寸，5寸×2.54厘米/寸=12.7厘米，如图 5-172 所示。
- **密度**（dpi, dots per inch；或 ppi, pixels per inch）：从英文顾名思义，就是每英寸的像素点数，数值越高显示越细腻。如我们知道一部手机的分辨率是 1080×1920，屏幕大小是 5 英寸，能否算出此屏幕的密度呢？其实只需要算出对角线，根据中学时学的勾股定理可以得出对角线的像素数大约是 2203，用 2203 除以 5 就是此屏幕的密度了，计算结果是 440。440 dpi 的屏幕已经相当细腻了。

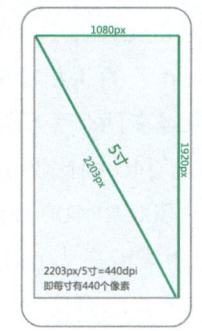

图 5-172 屏幕大小

2. 实际密度与系统密度

这里说的"实际密度"是指我们自己算出来的密度，这个密度代表了屏幕真实的细腻程度，如上述例子中的 440 dpi 就是实际密度，说明这块屏幕上每寸有 440 个像素。5 英寸

1080×1920 的屏幕密度是 440，而相同分辨率的 4.5 英寸的屏幕密度是 490。如此看来，屏幕密度将会出现很多数值，呈现严重的碎片化。而密度又是安卓屏幕将界面进行缩放显示的依据，那么安卓是如何适配这么多屏幕的呢？

其实，每部安卓手机屏幕都有一个初始的固定密度，这些数值是 120、160、240、320、480，这里将其称为"系统密度"。我们发现一个规律，相隔数值之间是两倍的关系。一般情况下，240×320 的屏幕是低密度 120 dpi，即 ldpi；320×480 的屏幕是中密度 160 dpi，即 mdpi；480×800 的屏幕是高密度 240 dpi，即 hdpi；720×1280 的屏幕是超高密度 320 dpi，即 xhdpi；1080×1920 的屏幕是超超高密度 480 dpi，即 xxhdpi，如表 5-1 所示。

密度	ldpi	mdpi	hdpi	xhdpi	xxhdpi
密度值	120	160	240	320	480
代表分辨率	240×320	320×480	480×800	720×1280	1080×1920

表 5-1 密度与分辨率

安卓对界面元素进行缩放的比例依据是"系统密度"，而不是"实际密度"。

3. 一个重要的单位 dp

dp 也可写为 dip，即 density-independent pixel。dp 更类似一个物理尺寸，如一个宽和高均为 100 dp 的图标在 320×480 和 480×800 的手机上"看起来"一样大，而实际上它们的像素值并不一样，如图 5-173 所示。dp 正是这样一个尺寸，不管这个屏幕的密度是多少，屏幕上相同 dp 大小的元素看起来始终差不多大。

另外，文字尺寸使用 sp，即 scale-independent pixel 的缩写，这样当用户在系统设置里调节字号大小时应用中的文字也会随之变大变小。

4. dp 与 px 的转换

在安卓系统中，系统密度为 160 dpi 的中密度手机屏幕为基准屏幕，即 320×480 的手机屏幕。在这个屏幕中，1 dp=1 px。

100 dp 在 320×480（mdpi，160 dpi）中是 100 px。那么 100 dp 在 480×800（hdpi，240 dpi）的手机上是多少 px 呢？我们知道 100 dp 在两个手机上看起来差不多大，根据 160 与 240 的比例关系，我们可以知道，在 480×800 中 100 dp 实际覆盖了 150 px。因此，如果用户为 mdpi 手机提供了一张 100 px 的图片，这张图片在 hdpi 手机上就会拉伸至 150 px，但是它们都是 100 dp。

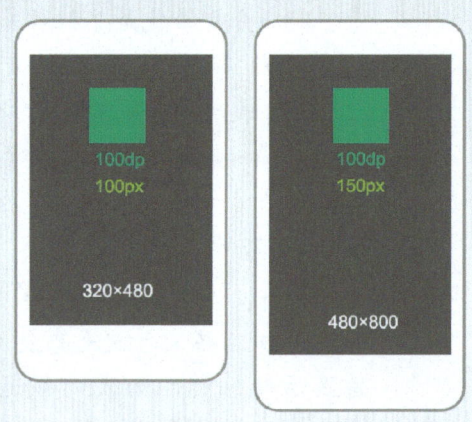

图 5-173 同一尺寸图标在不同分辨率手机上显示的效果

中密度和高密度的缩放比例似乎可以不通过 160 dpi 和 240 dpi 计算，通过 320 px 和 480 px 也可以算出。但是按照宽度计算缩放比例不适用于超高密度 xhdpi 和超超高密度 xxhdpi。即 720×1280 中 1 dp 是多少 px 呢？如果用 720/320，会得出 1 dp=2.25 px，实际上这样算出来是不对的。dp 与 px 的换算要以系统密度为准，720×1280 的系统密度为 320，320×480 的系统密度为 160，320/160=2，那么在 720×1280 中，1 dp=2 px。同理，在 1080×1920 中，1 dp=3 px。

ldpi:mdpi:hdpi:xhdpi:xxhdpi=3:4:6:8:12，我们只要记住这个比例，dp 与 px 的换算就十分容易了，如图 5-174 所示。

我们发现，相隔数字之间还是两倍的关系，在计算的时候以 mdpi 为基准。例如在 720×1280（xhdpi）中，1 dp 等于多少 px 呢？mdpi 是 4，xhdpi 是 8，两倍的关系，即 1 dp= 2 px。反着计算更重要，例如使用 Photoshop 在 720×1280 的画布中制作了界面效果图，两个元素的间距是 20 px，那要标注多少 dp 呢？两倍的关系，那就是 10 dp。

密度	ldpi	mdpi	hdpi	xhdpi	xxhdpi
分辨率	240×320	320×480	480×800	720×1280	1080×1920
比例	3	4	6	8	12

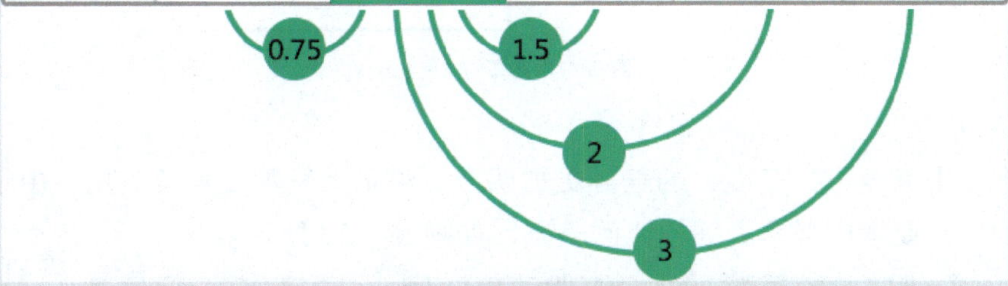

图 5-174 dp 与 px 的换算

当安卓系统的字号设为"普通"时，sp 与 px 的尺寸换算和 dp 与 px 是一样的。例如某文字大小在 720×1280 的 Photoshop 画布中是 24 px，那么告诉工程师这个文字大小是 12 sp。

5. 建议在 xdhpi 中作图

安卓手机有这么多屏幕，我们到底依据哪种屏幕作图呢？没有必要为不同密度的手机都提供一套素材，在大部分情况下一套就够了。

现在手机比较高的分辨率大概是 1080×1920，可以选择这个尺寸作图，但是图片素材将会增大应用安装包的大小，并且尺寸越大的图片占用的内存越多。如果不是设计 ROM，而是做一款应用，建议大家用 Photoshop 在 720×1280 的画布中作图。这个尺寸兼顾了美观性、经济性和计算的简单。美观性是指以这个尺寸做出来的应用在 720×1280 中显示完美，在 1080×1920 中看起来也比较清晰；经济性是指在这个分辨率下导出的图片尺寸适中，内存消耗不会过高，并且图片文件大小适中，安装包也不会过大。其计算简单，就是 1 dp=2 px。

对于做出来的图片，记着让界面工程师放进 drawable-xhdpi 的资源文件夹中。

6. 屏幕的宽高差异

在 720×1280 中作图要考虑向下兼容不同的屏幕。通过计算我们可以知道，320×480 和 480×800 的屏幕宽度都是 320 dp，而 720×1280 和 1080×1920 的屏幕宽度都是 360 dp。它们之间有 40 dp 的差距，这 40 dp 在设计中的影响还是很大的。如图 5-175 所示，蝴蝶图片距离屏幕的左、右边距在 320 dp 宽的屏幕和 360 dp 宽的屏幕中就不一样。

图 5-175 屏幕的宽度差异

不仅宽度上有差异，高度上的差异更加明显。对于天气等工具类应用，由于界面一般是独占式的，更要考虑屏幕之间的比例差异，如图 5-176 所示。

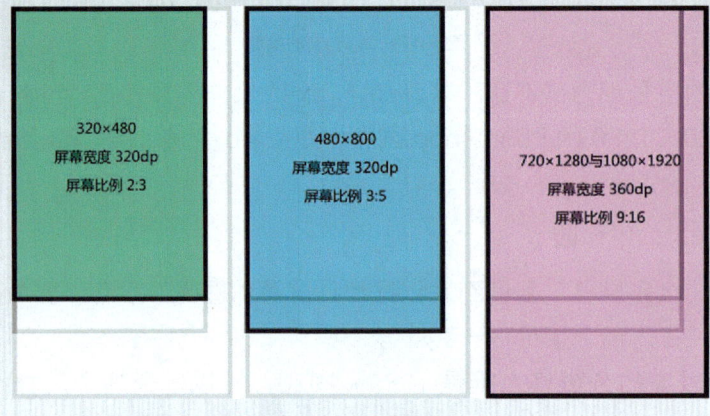

图 5-176 比例差异

如果想消除这些比例差异，可以通过添加布局文件来实现。一般情况下，布局文件放在 layout 文件夹中，如果要单独对 360 dp 的屏幕进行调整，可以单做一个布局文件放在 layout-w360dp 中；如果想对某个特殊的分辨率进行调整，可以将布局文件放在标有分辨率的文件夹中，例如 layout-854×480。

7. 几个资源的文件夹

如果在 720×1280 中做了图片，要让开发人员放到 drawable-xhdpi 的资源文件夹中，这样才可以显示正确。这里建议提供一套素材就可以了，可以测试一下应用在低端手机上运行是否流畅，如果比较卡，可以根据需要提供部分 mdpi 的图片素材，因为 xhdpi 中的图片运行在 mdpi 的手机上会比较占内存。

以应用图标为例，xhdpi 中的图标大小是 96 px，如果要单独给 mdpi 提供图标，那么这个图标大小是 48 px，放到 drawable-mdpi 的资源文件夹中。各资源文件夹中的图片尺寸同样符合 ldpi:mdpi:hdpi:xhdpi:xxhdpi=3:4:6:8:12 的规律，如图 5-177 所示。

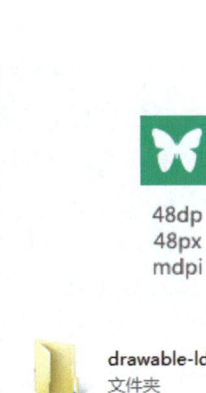

图 5-177 符合规律

如果把一个高 2 px 的分割线素材做成了 9.png 图片，想让细线在不同密度中都是 2 px，而不被安卓根据密度进行缩放，应该怎么办？这时可以把这个分割线素材放到 drawable-nodpi 中，这个资源文件夹中的图片将按照实际像素大小进行显示，而不会被安卓根据密度进行缩放。即在 mdpi 中细线是 2 px（2 dp），在 xhdpi 中细线是 2 px（1 dp）。

5.4.2 APP 动效设计

在如今琳琅满目的 APP 中如何脱颖而出呢？设计师要考虑的不仅仅是产品如何更合理地展现结构与功能，更重要的是思考自己的 APP 是否能在做到简便、易懂的同时给用户以新颖感。

此时，有限的屏幕空间仅靠文字的提示是不够的，APP 需要更多的新鲜血液，即动效设计。动效设计可以扩展空间内容、简化引导流程、降低学习成本，更重要的是给用户带来意想不到的惊喜，它就像人类的肢体语言，通过肢体语言传达更多的抽象信息和性格展现。肢体语言又称身体语言，是指通过头、眼、颈、手、肘、臂、身、胯、足等人体部位的协调活动来传达人物的思想，形象地借以表情达意的一种沟通方式。一个人要向外界传达完整的信息，单纯的语言成分只占 7/100，声调占 38/100，另外的 55/100 信息都需要由非语言的体态来传达。肢体语言的重要性可见一斑。

肢体语言大致可分为三类动效，即基本动效、招牌动效和高难度动效，这三种动效是如何在 APP 设计中体现的呢？

1. APP 设计的三类动效

① 基本动效让用户舒服

基本动效也可称为日常动效，如坐立、行走、握手、拥抱等，对应 APP 中的基本动效分三类。

- 指向性动效：如滑动、弹出等。
- 提示性动效：如滑动删除、下拉刷新等。
- 空间扩展：如翻动、放大等。

流畅、自然映射、重力模拟这些动效看似简单却能让用户在操作时轻松自如并有强烈的代入感。这类动效最重要的是让用户感到毫无负担、如沐春风，也就是不要夺人眼球，悄无声息地顺应用户行为，引导用户需求。

这类动效在设计过程中需要注意以下几点。

- 系统兼容和资源占用。
- 动态速度的节奏。
- 仿生性 or 现实重现。

招牌动效加深用户印象

招牌动效是基于基本动作有选择性的差异化展现，巧妙的设计在满足产品功能需求的基础上更能让用户惊艳。这类动效是 APP 的专属符号，APP 的品牌展现通过此类动效有较大的发挥空间。同时这类动效的设计更具尝试性和前瞻性，它是动效趋势的实践和探索，甚至能引发跟风潮流。

这类动效设计需要注意以下几点。

- 操作前的提示引导。
- 夸张化和个性化的表现。
- 对动态趋势的预测。

高难度动效让用户惊喜

基本动效让用户舒服，招牌动效让用户印象深刻，然而只有这些还不够，令人惊喜的高难度动作可以让别人对你刮目相看。这类动效很酷、很炫，可以让用户做长时间的视线停留享受，让用户在惊叹的同时不得不为设计师点赞，大大提升了对 APP 所属品牌及开发团队实力的认可。

当然不能忘了 APP 的主要功用，高难度动效只是锦上添花或画龙点睛，所以在 APP 设计中高难度动效并不一定都会使用，要根据 APP 的实际需要进行设计，在不干扰主功能的前提下进行探索展示，因此这类动效多出现在引导页或者特殊功能展示上，如图 5-178 所示。

对于这类动效需要注意的是在满足系统资源占用的前提下尽可能发挥。

图 5-178 动效展示

基本动效、招牌动效和高难度动效的合理运用可以让 APP 变得更出众、更性感、更有趣。在 APP 设计过程中，这三类动效要遵循"以基本动效为主，招牌动效为辅，高难度动效精选使用，切勿过度炫技"的准则。在全民扁平化的设计趋势中，相信动效会为设计带来更多的可能和惊喜。

2. 赋予动效生命力

一段动效首先需要是生动且有趣的，不仅要有好看的外观还要有流畅的体验。如果要做到这一点，需要赋予动效以生命力，具体有以下几种方法。

① 模拟惯性

现实中物体的运动是有惯性的，例如公交车突然刹车时乘客会突然往前一倒。仔细观察不同的动效，会发现图像在变化（放大、缩小和翻转）的末端都会"超出"一点再立即"反弹"回来，如此处理使得整个动效充满活力，显得生动、有趣。

① 模拟重力

与惯性一样，重力也是现实中存在的现象，所有物体在无向上的支持力的情况下都会下坠，例如倾倒垃圾。一般 APP 删除卡片的动效就是横向滑动直至消失，但是有些动效却加入了重力效应。如卡片在横向滑动的同时也在翻转并下坠，就像现实中往垃圾桶中倾倒垃圾一样。这在使得整个动效生动、有趣的同时也便于用户理解操作的含义。

① 均匀变速

一个优秀的动效肯定不会是匀速运动的，匀速运动的物体显得生硬和死板，就像机器人一样。要想让一个图像运动的有活力，就需要对其运动速度进行设计。界面中不同元素的运动速度不尽相同，但其运动均遵循一定的原则，其中之一就是均匀变速，切忌"急起"。也就是说界面元素在运动时的初始速度要为 0，以匀加速开始运动，而在运动结束阶段往往是可以急停的。

① 碎片化运动

使一款应用变得个性十足的一个好方法就是给它加上炫酷的动效，而使一个动效炫酷的常用方法就是碎片化运动。简单地说就是把界面中的图像拆解成一个个碎片，然后让它们进行不同步的运动，利用时间间隔和变速产生炫酷的效果。

3. 提升 APP 动效的内在美

真正优秀的动效不是只有漂亮外表的"花瓶"，还得具备优化交互和提升体验的作用。下面总结了三类动效的"内在美"。

① 引导

图形界面本是难懂且抽象的，增强引导是降低软件操作难度和提升用户体验的好方法。

① 动态聚焦

通过动态化的处理引导用户聚焦界面的关键部位，以使体验更加流畅。青蛙能够快速捕捉移动中的物体，人眼也具有相似特征，运动中的物体总能引起人们下意识的关注。

① 示意过渡

过渡动效就是给界面的变化加上流畅的过渡，目的是引导用户了解到底发生了什么，而不会使其不知所措。如添加卡片的过程进行了生动的模拟，让用户能够很轻易地了解发生了什么。试想一下，如果该页面没有滑动效果，而是直接生硬的跳转，是不是差劲很多？

② 空间转场

转场动效是被设计师普遍重视的一种特效，它的作用也是引导用户，让用户更好地理解页面跳转，知道自己身在何方。例如一个漂亮的转场动效，为了避免两个页面之间的跳转过于生硬，利用动效填补上了页面跳转的中间过程，使得体验更加流畅和自然。

4. 简化

有时优秀的设计就是出色的简化，简化界面信息和交互层级可以降低操作难度与提升用户体验。

① 隐藏二级操作项

利用动效可以使界面中的部分信息隐藏，在进行某些操作后隐藏的内容会动态展开，从而达到简化初始界面的目的，使界面简洁、大气。

② 按钮动效化

使按钮动效化能够让界面中的重要信息动态地浮现在同一按钮上，使得用户的目光紧紧盯着按钮，弱化了页面跳转带来的干扰，使体验更加流畅。

5. 增强反馈

软件的反馈对于用户体验的提高来讲至关重要，增强反馈可以起到更好的提示作用，使体验过程更加轻松和愉悦。抖动是增强反馈的方法之一，用动效反馈代替图形文字的静态提示更加自然和引人注目。例如一个动效出自苹果的 Pages 软件，在进入编辑状态后待编辑对象进入不断的抖动状态起到很好的引导作用。

动效化显然已成为移动互联网产品的新趋势，如何设计出有趣且吸引人的动效已成为设计师们的新课题。不同的产品适合不同类型的动效，有些产品适合炫酷的动效，有些则不适合。切记不要把动效设计成华而不实的花架子，而应该将其视为提升用户体验的新方法。

6. 动效设计何时动

> ▶ 等待的时间：面对缓冲、加载等，用户会缺少耐心，而充满个性、有趣的动效可以让用户被设计所吸引。
> ▶ 如果希望用户点击这个地方，可以在此处设计一个动效。
> ▶ 如果希望用户点击的效果不一样，也可以给它一个动效。

7. 常见的动效设计方法

下面是一些常见的动效设计方法，在合适的条件下自然要考虑从这些方法入手，为我们的设计增加一些动感。

- **将元素替换为个性化内容**：传统的等待或加载动画人们已经熟悉，要想让人眼前一亮，改头换面是必须的。如谷歌用了自己的颜色，"去哪儿"用了自己的Logo等，这些都可以在体现个性化动效的同时凸显产品品牌，不失为一个很好的选择。
- **更换产品的运动方式**：除了旋转运动之外，我们还可以运用重复、构建、变形、拟物和人的动作（翻书）等，只要是和产品定位相符的元素，我们都能给它创意一个独特的运动方式。
- **赋予组件明显的交互反馈**：冷冰冰的点击和出现往往不能吸引用户的注意力，所以当我们需要加强某些元素来引导用户的时候可以给这些元素加上适当的出现效果，如渐隐/渐显、位移、放大/缩小、光晕、分布等效果，这样会起到很好的引导效果。

　　动效设计的精妙之处在于瞬间使人们获得的体验，通过瞬间的可见变化丰富了人们在使用APP时的感觉，从而不再陌生、不再冰冷、不再无趣等。动效设计在赋予元素动的同时，我认为还要符合人们的认知，并不是所有的动都能让人愉悦，既要满足产品的需求，还要匹配人们当时的场景诉求。

第6章

APP 整体框架界面设计

一个 APP 想要吸引并留住客户，美观、实用、简便的用户界面设计是重要的一环。在前面章节中介绍了 APP 界面各种构成元素的设计方法，本章将介绍 APP 最终完成界面的设计方法。

APP 界面设计基础

因为手持设备屏幕较小,如何在有限的页面内呈现或引导有效信息又不显得杂乱臃肿考验了设计师的能力。

6.1.1 APP 分类

目前,各种 APP 应用层出不穷,APP 应用被大致分为系统工具、影音娱乐、网页浏览、办公阅读、社交通信、生活百科、购物缴费等。每个大类下又包含众多小类别,其中一些应用软件功能类似,但在设计与使用上有所差异,我们能根据喜好挑选适合自己的 APP 软件。

合理地定义产品非常重要,首先需要确定产品大致是属于哪种类型的 APP。

1. APP 的分类

目前市面上的 APP 大致分为三类(分类方式很多,此处的分类方式仅供参考)。

- 实用工具型:例如天气预报、录音、计算器、股票查询等应用。
- 生产效率型:这类应用主要用于解决用户在极短的时间并且不稳定的情况下(如在户外进行文字记录)高效地完成工作任务,例如印象笔记。
- 沉浸型:这类应用多数为游戏类,它能让用户长时间地沉浸在应用上。

2. 定义 APP 类型

比如需要做一款 APP 应用"旅游笔记",它能帮助用户随时随地记录旅行中的感想,并且实现不同平台之间的同步。那么如何定义它的类型呢?

① 列举所有用户喜欢的功能点

尽量罗列自己所能想到的任务与创意,罗列后再进行精简提炼。以"旅游笔记"为例,客户感兴趣的任务可能是记录行程、订购机票、检查随身物品、随心拍摄+分享、查找攻略、显示经历的足迹、标注所在地理位置、记录美食等。

② 确定目标用户

这款 APP 的目标用户除了在使用移动设备,期待精致的图片、简洁的交互方式、出色的表现以外,他们还具备什么样的特征呢?以"旅游笔记"为例,可以判断下列描述是否适合你的用户。

- 喜欢旅游、热爱购物、享受生活感动、善于分享。
- 希望有经历与人生痕迹、写攻略、背包客、驴友。
- 旅行为 3~5 天的度假、时间在 15 天以上的旅行。

考虑完这些问题,挑选三条最符合目标用户的特征,例如喜欢分享与写感想,查找路线与攻略,方便订票(机票、车票与门票)。

① 通过对目标用户的定义来筛选功能点

在确定了目标用户的特征后就能筛选出功能点。我们在第一步，为旅行程序列出大量潜在的功能点，虽然这些功能点都很有用，但并不意味着每个功能点对用户同样有用。第二步，列出目标用户对这些功能点的喜爱程度。

从目标客户的观点出发，再来检视功能点清单，最后能将程序聚焦在三个功能点上，即拍照分享写记录、订各种行程票、获取位置查找攻略。

最后，可以定义程序，精确地概括程序的功能以及目标用户。这个 APP 得到这样的定义：一个解决旅途攻略，记录点滴并线上购票的工具。

③ 为设备而设计

我们知道不同的设备有不同的系统，不同的系统有不同的原生交互与 UI 控件，良好、合理地利用这些控件能高度地节约开发成本，并且达到用户体验的一致，例如 iPhone 的 APP 的操作习惯就应该按照 iPhone 自身原有的惯性。

6.1.2 APP 界面设计的原则

下面介绍 APP 界面设计的原则。

1. 依据手机的物理特性设计界面的原则

- 应尽量减少文字的输入。由于手机在输入上的低效性，在设计过程中应尽量减少用户的输入，如果有可能可以设置默认值，或者让用户选择目标值。
- 信息结构好，屏与屏之间的逻辑关系清晰。由于手机屏幕相对较小，只能展示较少的信息量，这时在 APP 界面设计中就需要有清晰的信息架构，让用户能一目了然地知道 APP 的各个模块并能够自由切换。
- 移动 APP 的重要功能可以在界面中适当提示，将重要、高频使用的功能或信息放在首页或其他显眼的位置。

2. 依据手机的移动特性设计界面的原则

- 主要功能可以用单手操作完成。在 APP 开发过程中需要考虑最重要的核心功能是否能单手操作完成。常见手势翻页交互效果等。
- 界面必须简洁、操作简单、步骤少。层次不要太深，一般不超过三层。
- 可利用多种提示方式，如声音、振动提醒，以吸引用户的视线。例如快速体验移动触摸响应操作等。

6.1.3 界面的构图

设计和绘画一样，对需求和内容进行分析，采用适当的构图可以化繁为简，提高设计效率。构图的核心重点在于弄清楚产品的功能核心和卖点，把它们凸显出来，最终让用户获得更加舒服的体验。而杂乱无章的堆积会显得非常糟糕，甚至有时候用户会因为找不到自己想要的东西而马上离开，并留下非常不好的印象。通过前期构图可以节省时间，让设计更有条理。

1. 什么是构图

构图就是在有限的画面中将各种元素进行合理的布局和安排，使图形和文字在画面中达到最佳位置，产生最优视觉效果。

构图是整个画面的"骨架"，决定了视觉营销界面是否能准确地表达主题，吸引用户注意。

2. 常见的构图方法

下面介绍几种界面中常用的构图方法。

◎ 九宫格构图

人们最常见的九宫格构图是手机的解锁界面，如图6-1所示。这种构图主要运用在以分类为主的一级页面，起到功能分类的作用。

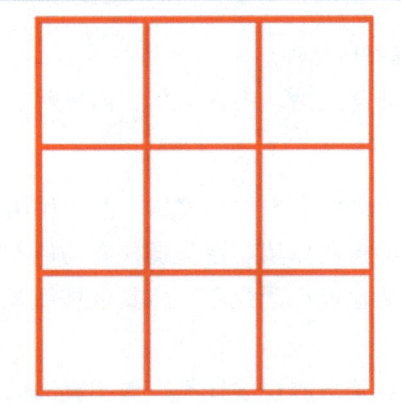
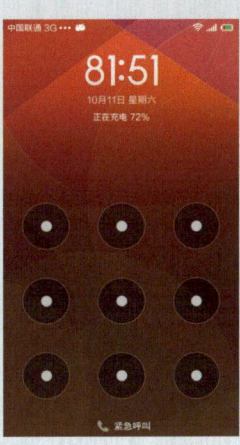

图6-1 九宫格构图

通常在界面设计中我们会利用网格进行布局，根据水平方向和垂直方向划分构成的辅助线，设计会进行得非常顺利。在界面设计中，九宫格这种类型的构图更加规范和常用，用户在使用过程中非常方便，应用功能会显得格外明确和突出，如图6-2所示。

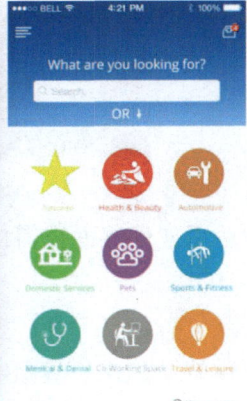

图6-2 九宫格界面设计

九宫格给用户一目了然的感觉，操作便捷是这种构图方式最重要的优势，灵活地运用九宫格辅助线区分出来的方块能够在有规律的设计方法中寻找突破。

在分配9个方块的时候不一定一个内容对应一个格子，也可以一对二、一对多，打破平均分割的习惯，增加留白，调整页面节奏，或者突出功能点或广告。各个方块的组成方式不同，页面的效果也会产生无数的变化，如图6-3所示。

图6-3 变化的九宫格

可以看出，这样的版式可以使界面变得非常灵活，内容简单、信息明了。

① 圆心点放射性构图

圆是有圆心的，在界面中往往通过构造一个大圆来起到聚焦、凸显作用。

放射性构图有凸显位于中间的内容或功能点的作用。在强调核心功能点的时候可以试着将功能以圆形排列到界面中间，以当前主要功能点为中心，将其他按钮或内容呈放射状排列起来。

将主要功能设置在版式的中间位置能引导用户的视线聚集在想要突出的功能点上，即使视线本来不在中间位置，也能引导用户再次回到中心的聚集处，如图6-4所示。

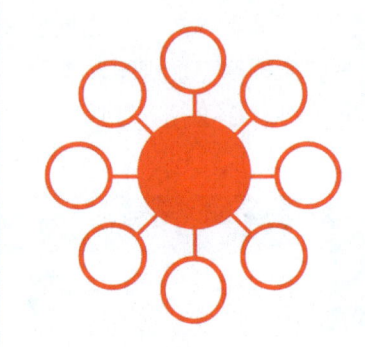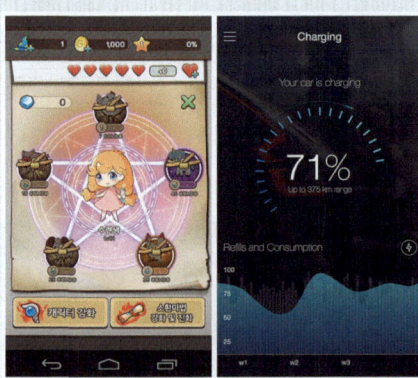

图6-4 圆心点放射性构图

在界面设计中，圆形的运用能使界面显得格外生动，在多数可操作的按钮上或交互动画中都能见到圆形的身影。

由于圆形具有灵动、活跃、有趣、可爱、多变的特点，在界面设计中常常将圆形设计与动画结合，从而让整个软件鲜活起来。界面中的圆形能集中用户的视线，引导用户进行点击操作，突出主要的功能点或数据，把产品核心展现出来，如图6-5所示。

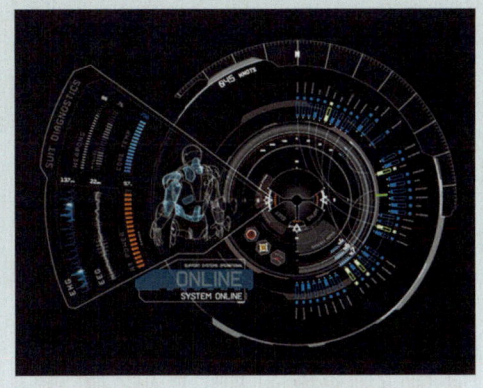

图 6-5 界面中的圆形

圆心点放射形设计会使软件显得更加智能化，包容万象。

如果要体现的功能点非常简单，只有几个功能按钮，可以尝试大圆的展示设计，突出最重要的功能，然后罗列并排出其他功能点。这种方式非常实用，就和画重点一样，圈出最重要的数据。善于运用大圆构图撑起整个画面，让界面显得圆润、饱满，如图 6-6 所示。

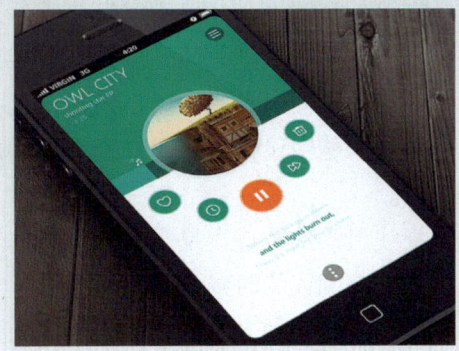

图 6-6 大圆的展示设计

三角形构图

这类构图方式主要运用在文字与图标的版式中，能让界面保持平衡、稳定。从上至下式的三角形构图能把信息层级罗列得更加规整和明确。

在界面中三角形构图大部分都是"图在上、字在下"，使人阅读起来更为舒服，有重点，有描述。如图 6-7 所示，登录页在设计中将 Logo 作为了图形的部分，输入框就是产品的核心描述。

个人信息页常用三角形构图。头像明确了这个页面的内容，而下面的粉丝、喜欢等数据就是对本人的一个描述和介绍，如图 6-8 所示。

如图 6-9 所示，儿童卫士宝贝信息设置页面运用了三角形构图与圆形构图的结合，将体重刻度做成可滑动操作的方式，而通过卡通形象来突出设置的对象及这个页面的功能。

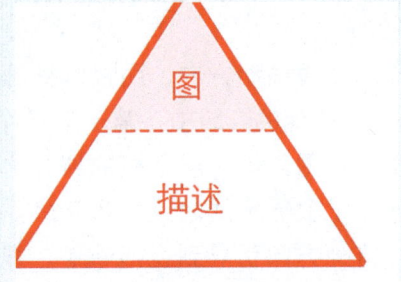
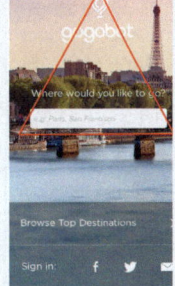

图 6-7 三角形构图

图 6-8 三角形构图　　　　　　图 6-9 三角形构图与圆形构图结合

3. 视线在界面中的构图法则

在设计实践中，如何引导读者视线对增强用户体验有重要作用。好的构图视线法则能够让用户获得非常舒服的阅读体验，而杂乱无章的构图往往让用户厌倦。

在进行界面设计的时候，对用户的视觉移动方向的预设是非常重要的。在界面中加入更为顺畅的构图设计引导用户视线移动的元素就能使用户更多地观察到产品的核心和产品的卖点。

视线流动的轨迹多是从上至下、从左到右移动，如果不能围绕这样的视线轨迹进行排版，用户在阅读的时候会显得很吃力，找不到重点，从而产生反感，所以在界面设计中需要格外注意这个地方。现在的界面一般是上下滑动的，做好视线引导可以大大减小用户的负担和减轻用户的阅读疲劳。

界面中最基础的视线构图是 S 形视线构图，如图 6-10 所示。

那么在界面中怎么运用 S 形视线构图呢？对于 S 形视线大家都懂，关键是如何运用 S 形视线来抓住用户眼球。

首先看一下视线的轨迹，在视线转角处视线轨迹最为密集，浏览更为集中在切换的地方，视线转折的地方停留时间最长，如图 6-11 所示。所以应该把重要的、想要突出的产品或功能放在此处，这样更容易让用户记住产品的卖点。

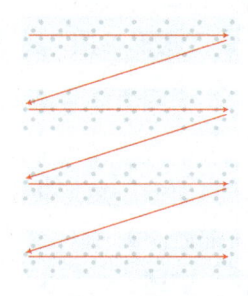

图 6-10 S 形视线构图

此外，为了帮助视线移动方向，图片的处理也非常讲究。在如图 6-12 所示的介绍中，第一张图片展开的效果用到了三角形构图，第一屏手机的展开方向与视线保持一致，强化了引导视线轨迹的指示性。同时多张图片借助手机排列方向引导到视线轨迹，很好地实现了图片—文字—图片之间的切换，将用户带入到整个产品画面中。

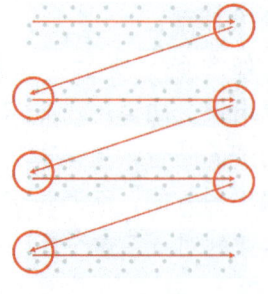

图 6-11 视线转折处

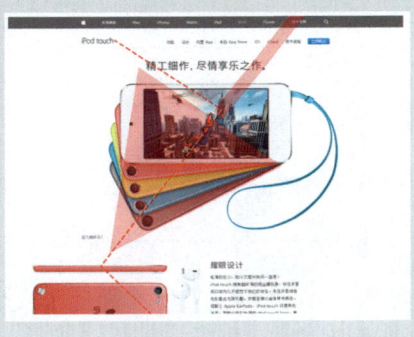

图 6-12 构图

为了使用户的阅读更有推进性，在图片层次和空间上也需要注重用户的视线效果，将焦点调整到合理的视线位置上，产品正面方向对准视线的来源点。通过这些调整不仅能使阅读顺畅，更加强了界面的平衡性。

与左右构图相比，S 形构图在上下滚动页面上优势非常明显。左右构图很容易给人疲劳感，而 S 形构图将图片和文字完美地结合在一起，配以大量的留白，如同山间的溪流，给人轻快、流畅的感觉，如图 6-13 所示。

在如图 6-14 所示的界面中，设计师很好地运用了 S 形视线构图，增强了穿插感和灵动性。人物的信息上下穿插布局，头像则成为视线的转折点，使这种双列模式的排版更有节奏。具体到每一部分，头像与内容采用了三角形构图，内容描述段落用到了文本居中式，画面显得稳定、和谐。

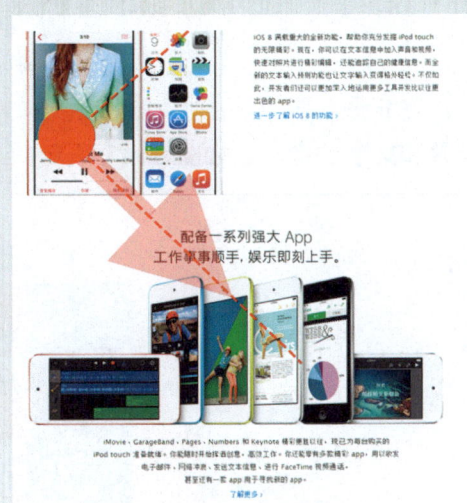

图 6-13 构图

在引导页中也常常用到 S 形构图。图文穿插布局，这样的构图层次感分明，动感十足，如图 6-15 所示。

图 6-14 S 形构图

图 6-15 引导页

由图文版式布局还可以演变出 F 字形构图，这种类型的构图大部分运用在图文左右搭配图和 Banner 中，如图 6-16 所示。使用 F 形构图能使图文搭配更有张力、更大气，使产品信息更为简单、明确。

图 6-16 图文左右搭配图

在 F 形构图中,主图为 F 的主干,右侧两行(或两部分)文字为辅,要注意合理分配图片和文字的占比,如图 6-17 所示。

图 6-17 F 形构图

F 形构图用在 Banner 中能使标题更为突出、主题更加吸引视线,如图 6-18 所示。

图 6-18 Banner 中的 F 形构图

值得注意的是,要充分利用主图的画面的指向性。例如,主图是人物,可将文字放置在与其眼神、朝向、手势等对应的方向,加强视线引导;如果是产品图,则可以通过产品的朝向来引导,这样用户能最快速地关注到文本信息,加强认知度和购买度,如图 6-19 所示。

图 6-19 指向性

4. 构图原则

对用户行为的迎合和引导有一些既有原则和方法，基本原则如下。

- 公司／组织的图标（Logo）在所有页面中都处于同一位置。
- 用户所需的所有数据内容均按先后次序合理显示。
- 所有的重要选项都要在主页显示。
- 重要条目要始终显示。
- 重要条目要显示在页面的顶端中间位置。
- 必要的信息要一直显示。
- 消息、提示、通知等信息均出现在屏幕上容易看到的地方。
- 确保主页看起来像主页（使主页有别于其他二、三级页面）。
- 主页的长度不宜过长。
- APP 的导航尽量采用底部导航的方式。菜单数目以 4～5 个最佳。
- 每个 APP 页面长度要适当。
- 在长网页上使用可点击的"内容列表"。
- 专门的导航页面要短小（避免滚屏，以便用户一眼能浏览到所有的导航信息，有全局观）。
- 优先使用分页（而非滚屏）。
- 滚屏不宜太多（最长 4 个整屏）。
- 当需要仔细阅读理解文字时应使用滚屏（而非分页）。
- 为框架提供标题。
- 注意主页中面板块的宽度。

> ▶ 将一级导航放置在左侧面板。
> ▶ 避免水平滚屏。
> ▶ 文本区域的周围是否有足够的间隔。
> ▶ 各条目是否合理分类于各逻辑区，并运用标题将各区域进行清晰的划分。

这些APP界面布局原则可以保证页面在布局方面的最基本的可用性，非常适合APP设计新手来掌握。

5. 构图的四项基本法则

四项法则分别为均衡、对比、律动、视点。

① 均衡

各元素在布局上保持视觉重量的平衡和匀称，从而使视觉界面具有平衡感和稳定性。对称是均衡的一种极端情况，平衡感和稳定性很强，适合于表现但局限性较大、缺乏变化，如图6-20所示。

图6-20 均衡

② 对比

在视觉界面中通过大小对比、字体大小、粗细对比、疏密对比、曲直对比等形式来突出和强化主题，引起用户关注，如图6-21所示。

图6-21 对比

① 律动

律动可以理解为有节奏、规律、跳跃、动感等元素，起引导用户的视觉轨迹的作用。研究表明，画面右上角最能吸引人的关注，而左下角对人的吸引力最小。律动能给人视觉上富有规律的节奏效果，进而吸引用户了解 APP 界面内容，如图 6-22 所示。

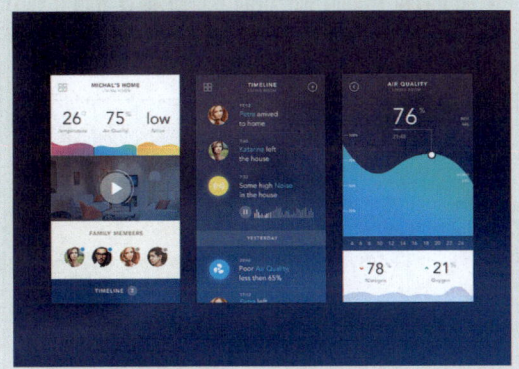

图 6-22 律动

② 视点

视点即视觉的中心点或者是视觉焦点，也是视觉传达要素的核心点。构图的视觉中心一定是界面最重要的内容，也是必须让用户了解的内容。视觉中心常常在画面中 518 的地方，以此为基础进行视点构图更能突出表现视觉主题，并将用户的注意力集中到主要内容上，如图 6-23 所示。

图 6-23 视点

6.1.4 常见的界面

下面介绍 APP 常见的界面类型。

1. 引导界面

APP 的新手引导，原本的出发点很简单，类似于一个简洁的产品说明书，其主要目的是为了向用户展示该 APP 的核心功能及用法，一般出现在用户首次安装 APP 后打开的时候。欢迎界面一般为 2～5 屏的全屏静态图，左右滑动进行翻页，有跳过按钮、新功能指示及操作引导，一般用蒙版加箭头指引的形式完成，如图 6-24 所示。

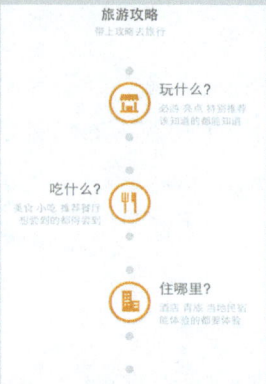

图 6-24 引导界面

2. 欢迎界面设计/APP 启动界面设计

欢迎界面像是应用的一道门，在使用前给用户一个提示，它通常包含图标、版本号、加载进度等信息。设计可以根据产品风格随意发挥，与图标呼应，强化产品的印象，如图 6-25 所示。

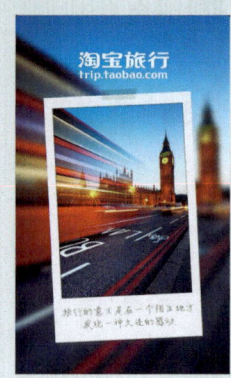

欢迎界面的制作要点如下。

图 6-25 启动界面

> ▶ 展示内容要简单明了，采用最新的交互及操作方式，只展示 APP 最核心、关键的操作，要留给用户探索和发现的余地，也就是在情理之中吊吊用户的口味。
>
> ▶ 展示内容应当连贯、有一定的逻辑关系，按照一定的顺序有机的排列。如先是亮点模块的介绍再是应用整体呈现，或者按照一个主打功能的 APP 设计操作流程介绍。总之做到有主有次，再到最后静静等待用户点击"开始体验"那一刻。
>
> ▶ 每页只放一个重点内容，切忌堆砌内容。每一个画面都有一个重点，可能是文字也可能是图。这样做是为了让用户快速阅读跳过，了解 APP 里面最核心的东西。欢迎界面只是用户第一次阅读的宣传册。
>
> ▶ 保持一致的设计风格必须保证欢迎界面的设计风格与产品的气质一致，不会误导用户习惯或是操作，常用的表现手段有局部放大、手绘箭头、讲故事情节等。
>
> ▶ 采用创意的广告词或引导语，这些或许是 APP 的点睛之笔，值得重视。在文案上也是需要非常考究的，要使用一般人都听得懂的词。

总之最佳的 APP 欢迎界面设计不是一本冷冰冰的说明书，而是需要设计师真正从用户的角度去理解用户对于欢迎界面的需求及用户阅读引导页的场景。

3. 主要的功能界面设计

以 iOS 为例，功能界面的结构通常自上而下分别是状态栏、导航栏、标签栏、工具栏。根据不同功能的界面，常见的设计方式有以下几种。

- 列表视图：适合目录、导航等多层级的界面，将信息一级级的收起，最大化地展示分类信息。
- 分层的界面：利用 iPhone 本身独有的特性让其固定，或垂直、水平滚动，节省空间。
- 拟物化设计：适合实现独立功能的界面设计，界面细节逼真写实，以现实的元素和操作唤起用户共鸣。

6.1.5 界面切图与导出

用户看到的产品界面并非设计师呕心沥血创作的效果图，而是将一个个单独的切图经开发和组合技术实现的。切图作为设计师与开发者之间的"桥梁"，它的作用很关键，合适的切图、精准的位置可以最大限度地还原效果图的设计，精妙的切图更会有事半功倍的效果。

1. 设计中需要切出来的元素

APP 界面由状态栏、导航栏、标签栏及内容区域组成，如图 6-26 所示。其高度尺寸如表 6-1 所示。

表 6-1 APP 界面不同区域的高度尺寸　　　　　　　　　　　　　　　　单位：PX（像素）

	iPhone4-5s	iPhone6	iPhone6 plus	Android（720×1280）
状态栏	40 px	40 px	60 px	50 px
导航栏	88 px	88 px	132 px	96 px
标签栏	98 px	98 px	146 px	96 px

一个 APP 需要切出的元素有图标、按钮、标签、Logo 等，如图 6-27 所示。

图 6-26 组成部分

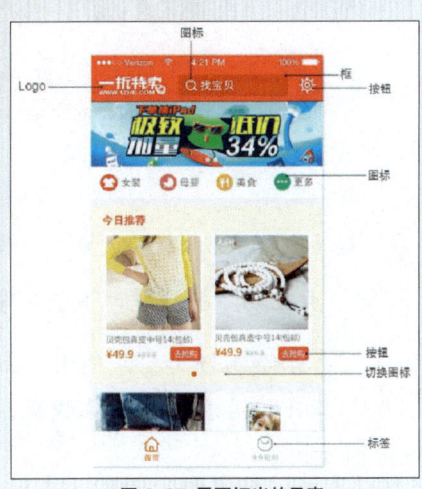

图 6-27 需要切出的元素

2. 点九切图

我们经常会做一个俗称"点九"的切图，什么是"点九"呢？"点九"是 Android 平台处理图片的一种特殊形式，由于文件的扩展名为".9.png"，所以被称为"点九"。"点九"也是在 Android 平台多种分辨率需适配的需求下发展出来的一种独特的技术。它可以将图片横向和纵向随意进行拉伸，而保留像素精细度、渐变质感和圆角的原大小，实现多分辨率下的完美显示效果，同时减少不必要的图片资源占用，可谓切图利器。

它相当于把一张 PNG 图分成了 9 个部分（九宫格），分别为 4 个角、4 条边，以及一个中间区域，如图 6-28 所示。4 个角是不做拉伸的，所以能一直保持圆角的清晰状态，而两条水平边和垂直边分别只做水平和垂直拉伸，所以不会出现边会被拉粗的情况，只有中间用黑线指定的区域做拉伸，结果是图片不会走样。

智能手机中有自动横屏的功能，同一幅界面会随着手机（或平板电脑）中方向传感器的参数不同而改变显示的方向，在界面改变方向后，界面上的图形会因为长宽的变化而产生拉伸，造成图形的失真变形。

大家都知道 Android 平台有多种不同的分辨率，很多控件的切图文件在被

图 6-28 分成了 9 个部分

放大拉伸后边角会模糊失真。在 Android 平台下使用点九 PNG 技术可以将图片横向和纵向同时进行拉伸，以实现多分辨率下的完美显示效果。

如图 6-29 所示，普通拉伸和点九拉伸的效果对比很明显，使用点九 PNG 技术后仍能保留图像的渐变质感和圆角的精细度。

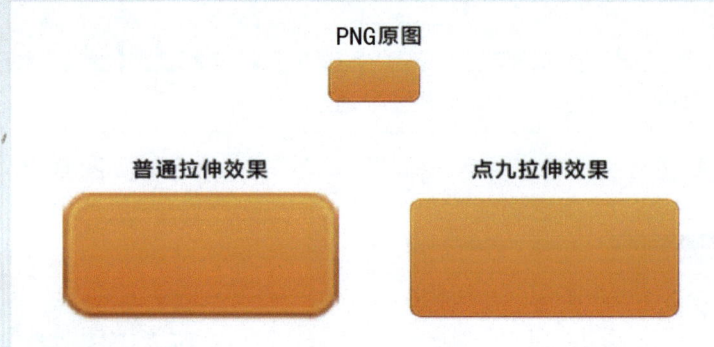

图 6-29 拉伸对比

3. 在 Photoshop 中绘制点九切图

了解了点九切图的原理，下面来学习点九切图的绘制方法。

01 打开绘制好的图，使用"裁剪工具"沿着图片边缘裁剪，如图 6-30 所示。

02 执行"图像"|"画布大小"命令，如图 6-31 所示。

图 6-30 裁剪后

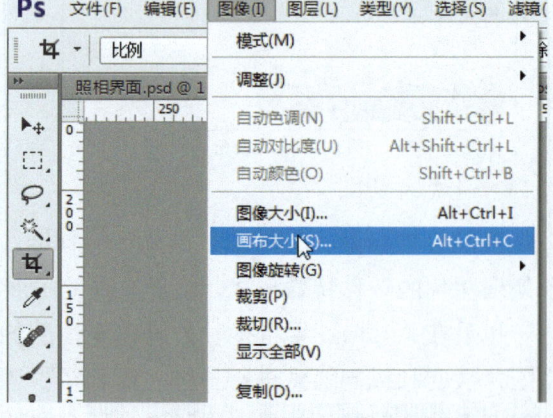

图 6-31 执行"图像"|"画布大小"命令

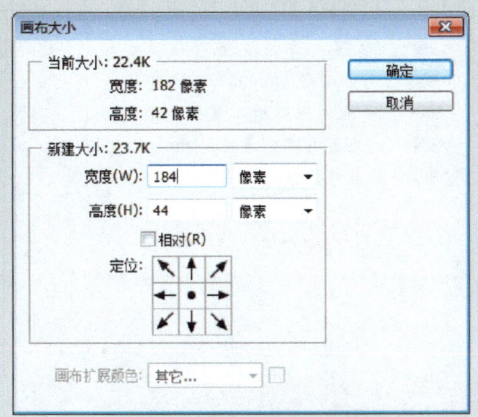

图 6-32 修改画布大小

03 弹出对话框,将宽度和高度均增加 2 px,如图 6-32 所示。

04 确定后效果如图 6-33 所示。

图 6-33 确定后的效果

05 查看图中的可拉抻区域,即不包括圆角、光泽等特殊区域,如图 6-34 所示。

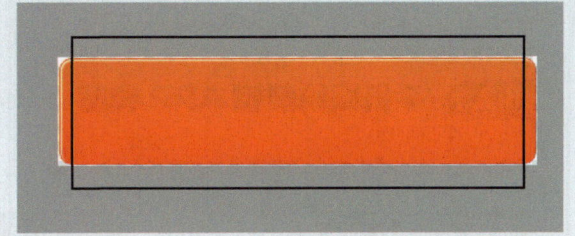

图 6-34 可拉伸区域

06 设置填充颜色为黑色,使用"画笔工具"对图片四周的透明区域进行绘制填充,如图 6-35 所示。

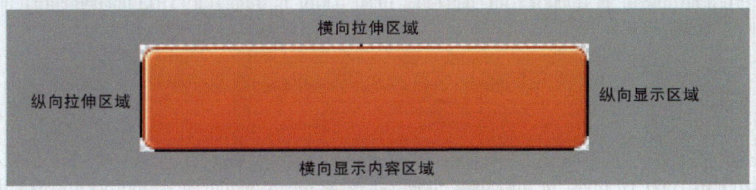

图 6-35 绘制效果

07 执行"文件" | "存储为 Web 所用格式"命令,在打开的对话框中设置优化格式为"PNG-24",如图 6-36 所示。

08 单击"确定"按钮,在打开的对话框中设置文件名称,其扩展名为 .9.png,如图 6-37 所示,即完成了点九切图的绘制。

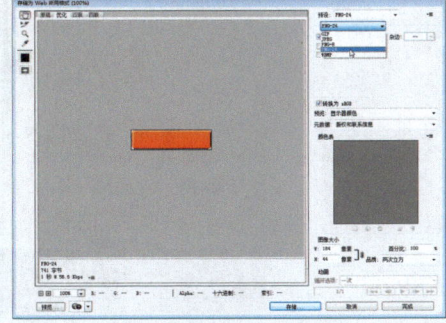

图 6-36 设置优化格式

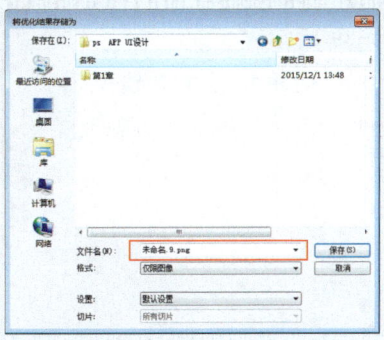

图 6-37 修改文件名称

6.2 主流类型 APP 界面设计

本节介绍不同界面的设计，包括系统界面、应用界面和主题界面三种。

6.2.1 手机系统照相 APP 界面

下面介绍手机系统照相界面的绘制，图 6-38 所示为制作流程图。

图 6-38 制作流程图

01 新建空白文档，尺寸为 640×960 px。然后打开素材图片，拖入文档中，如图 6-39 所示。

02 使用绘图工具绘制图形，如图 6-40 所示。

图 6-39 添加素材　　　　图 6-40 绘制图形

03 为图层添加"内阴影"和"图案叠加"图层样式，如图 6-41 所示。

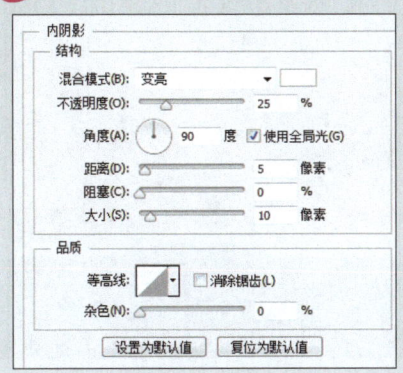 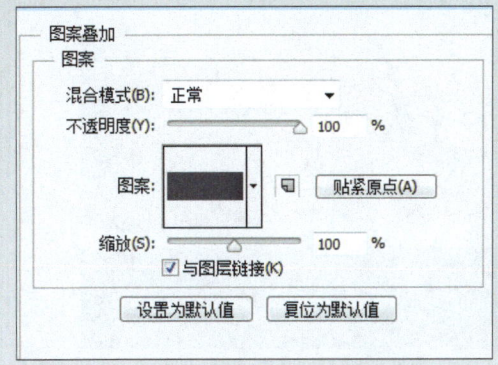

图 6-41 添加图层样式

04 执行确定操作后的图像效果如图 6-42 所示。然后复制图层，双击缩略图，修改填充颜色，如图 6-43 所示。

05 为图层添加图层蒙版，在蒙版中拉出渐变色，按住 Alt 键单击蒙版可以查看蒙版的绘制效果，如图 6-44 所示。

图 6-42 确定后的效果　　　图 6-43 复制并修改颜色　　　图 6-44 绘制蒙版

06 设置图层混合模式为"柔光"、不透明度为 55%，如图 6-45 所示。

07 为图层添加"内阴影"图层样式，如图 6-46 所示。

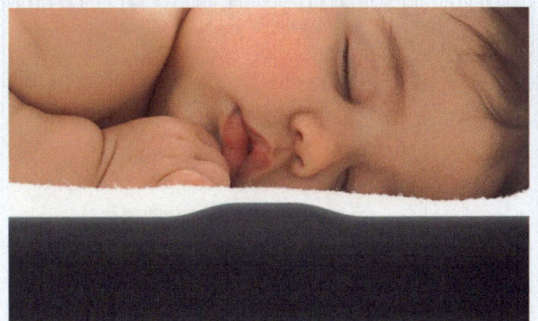 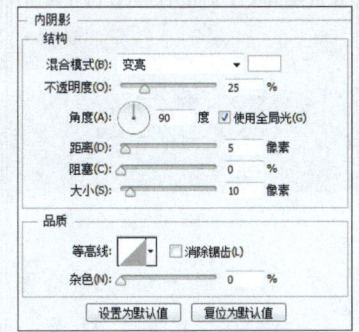

图 6-45 设置图层后的效果　　　图 6-46 添加图层样式

08 执行确定操作后的图像效果如图 6-47 所示。

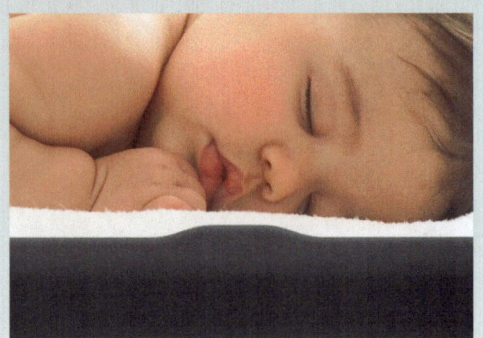

图 6-47 确定后的效果

09 添加素材图，设置图层混合模式为"明度"，如图 6-48 所示。

图 6-48 添加素材

10 添加图层蒙版，绘制蒙版后的效果如图 6-49 所示。

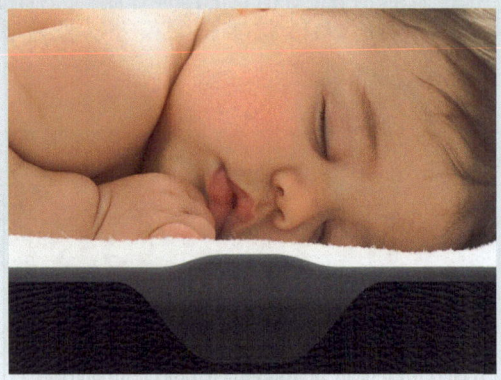

图 6-49 添加蒙版效果

11 为图层添加"内阴影"图层样式，如图 6-50 所示。

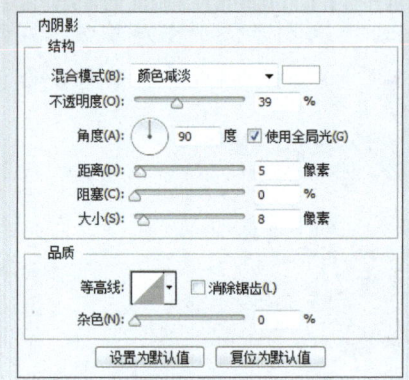

图 6-50 添加图层样式

12 执行确定操作后的图像效果如图 6-51 所示。

图 6-51 确定后的效果

13 复制一层，设置填充为 0%，并修改"内阴影"参数，如图 6-52 所示。

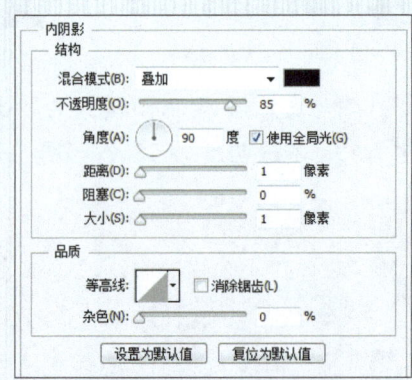

图 6-52 修改"内阴影"参数

14 再复制一层，清除图层样式，添加"投影"样式，如图 6-53 所示。

15 确定后的图像效果如图 6-54 所示。

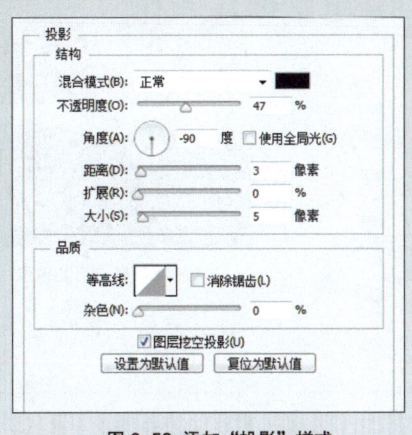

图 6-53 添加"投影"样式

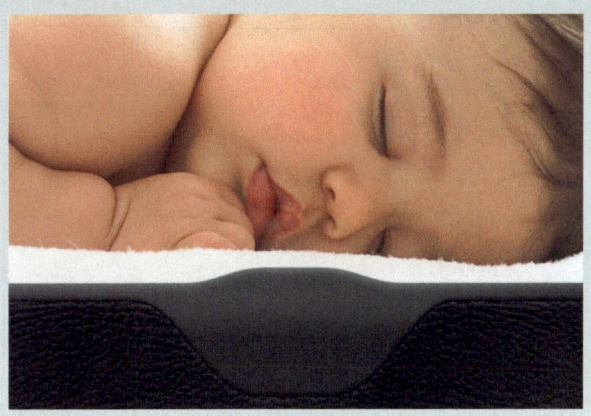

图 6-54 确定后的效果

16 再复制一层,修改"投影"参数,并设置"内阴影",如图 6-55 所示。

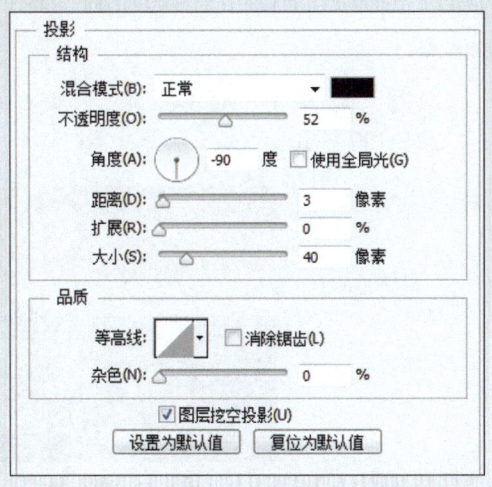 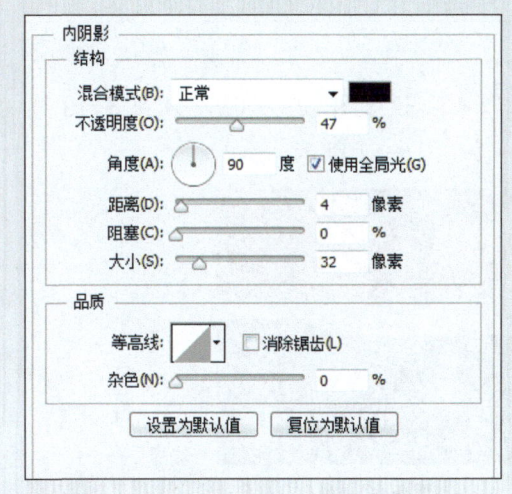

图 6-55 修改图层样式

17 执行确定操作后的图像效果如图 6-56 所示。

18 使用"矩形工具"绘制矩形,如图 6-57 所示。

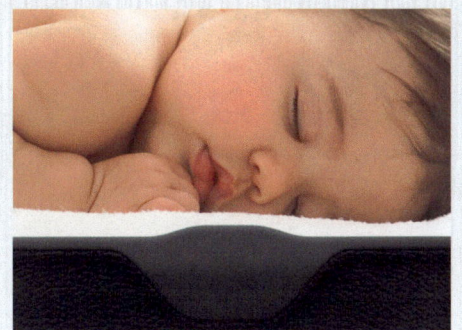

图 6-56 确定后的效果

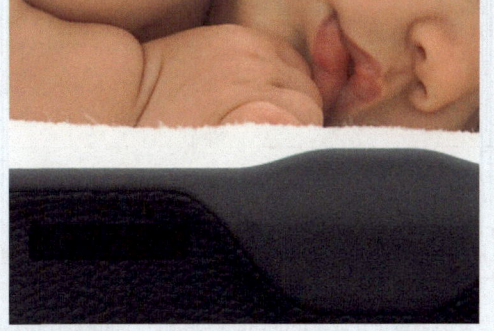

图 6-57 绘制矩形

19 为图层添加"投影"样式,如图 6-58 所示。

20 复制图层,设置填充为 0%,并修改"投影"参数,如图 6-59 所示。

21 确定后的图像效果如图 6-60 所示。

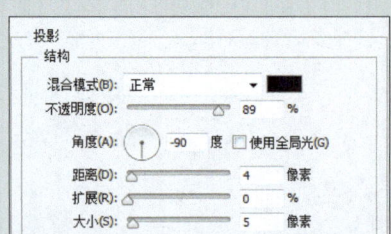
图 6-58 添加"投影"样式

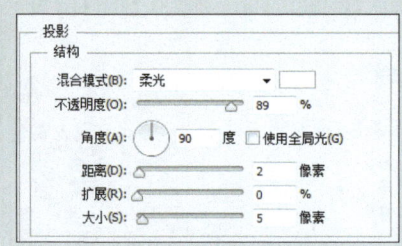
图 6-59 修改参数

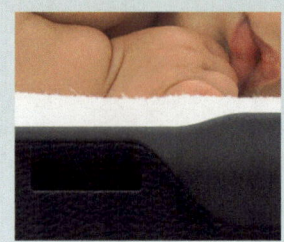
图 6-60 确定后的效果

22 复制图层,并修改图层样式,如图 6-61 所示。

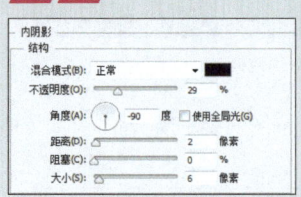 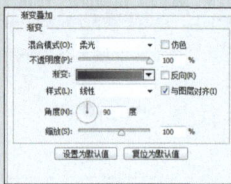 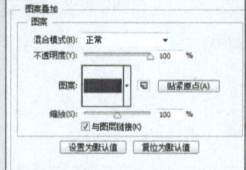 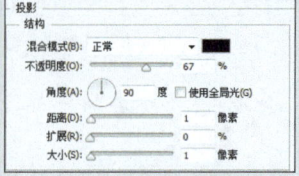

图 6-61 修改图层样式

23 设置填充为 0%,效果如图 6-62 所示。

24 使用"矩形工具"绘制矩形,如图 6-63 所示。

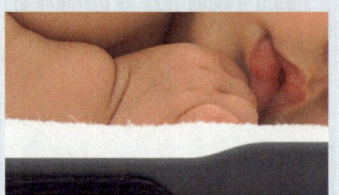

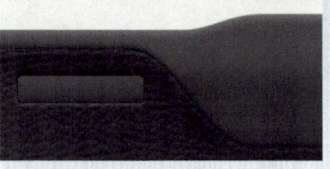

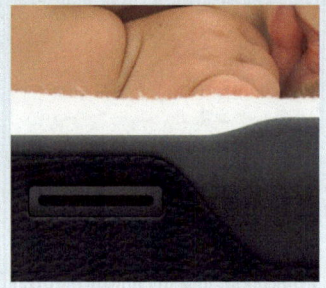

图 6-62 效果

图 6-63 绘制矩形

25 为图层添加"内阴影""颜色叠加"和"投影"样式,如图 6-64 所示。

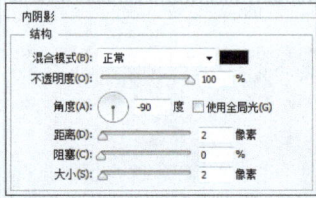 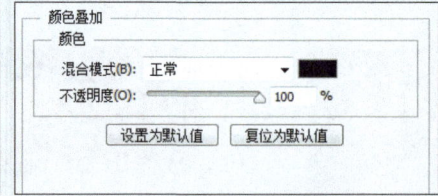 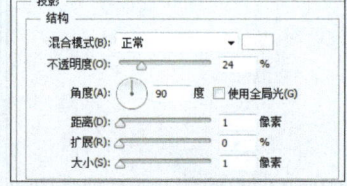

图 6-64 添加图层样式

26 执行确定操作后的图像效果如图 6-65 所示。

27 复制图层,清除图层样式,然后添加"投影"样式,如图 6-66 所示,并设置填充为 0%。

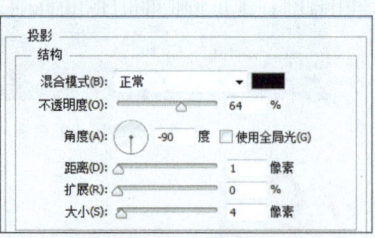

图 6-65 确定后的效果

图 6-66 添加"投影"样式

28 绘制图形，如图 6-67 所示。然后设置图层混合模式为"颜色加深"、不透明度为 40%。

29 复制图层，将其进行水平翻转，效果如图 6-68 所示。然后使用"矩形工具"绘制矩形，如图 6-69 所示。

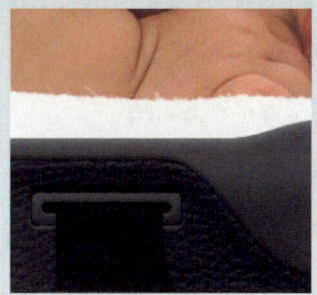
图 6-67 绘制图形

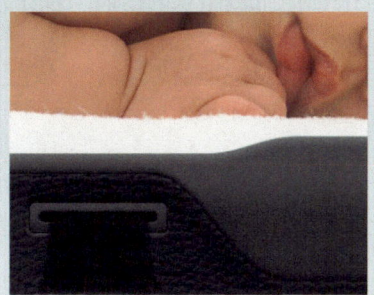
图 6-68 复制并翻转

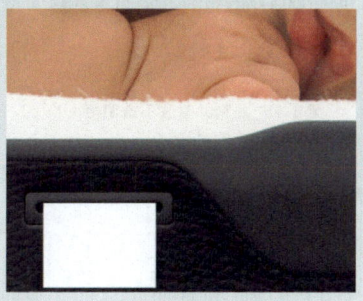
图 6-69 绘制矩形

30 为图层添加"渐变叠加"和"投影"样式，如图 6-70 所示。执行确定操作后的图像效果如图 6-71 所示。

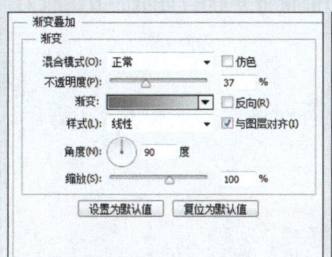
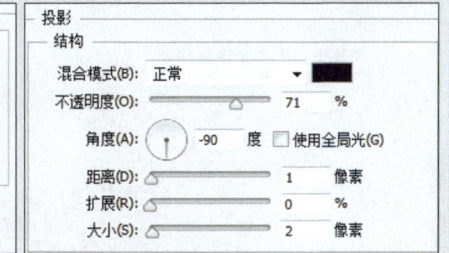
图 6-70 添加图层样式

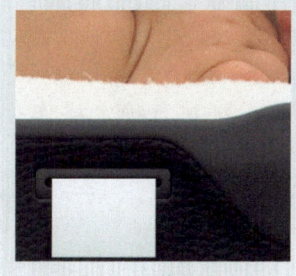
图 6-71 确定后的效果

31 打开素材图片，将其拖入到文档中，并调整大小与位置，如图 6-72 所示。

32 添加图层蒙版，绘制的蒙版效果如图 6-73 所示。

33 新建图层，在上方绘制阴影，并设置图层不透明度为 90%，如图 6-74 所示。

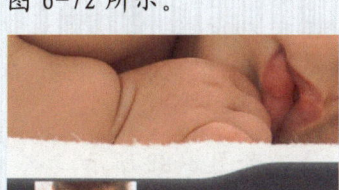

图 6-72 添加图片

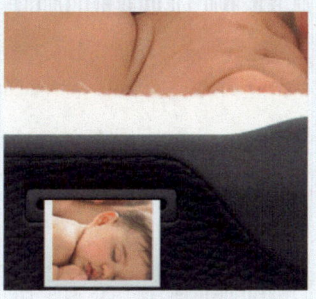
图 6-73 添加蒙版效果

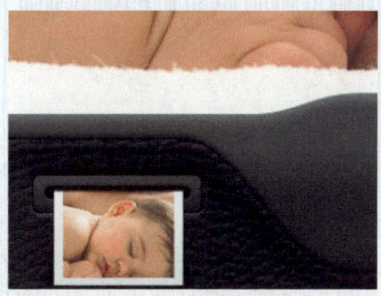
图 6-74 绘制阴影

34 复制一层，修改不透明度为 70%，如图 6-75 所示。

35 绘制矩形，填充颜色为白色，并设置混合模式为"强光"、不透明度为 32%，如图 6-76 所示。

36 绘制图形，设置混合模式为"叠加"、不透明度为 61%，如图 6-77 所示。

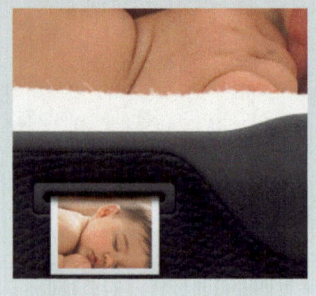
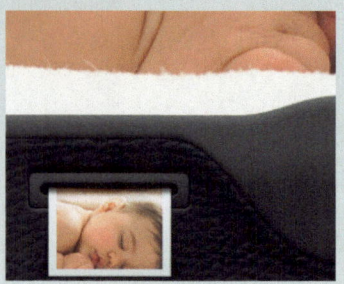
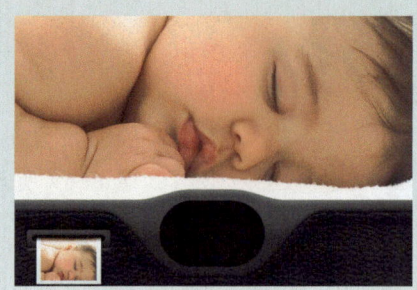

图 6-75 复制并修改不透明度　　图 6-76 绘制矩形　　图 6-77 绘制图形

37 设置不透明度为 86%、填充为 0%，并为图层添加图层样式，如图 6-78 所示。

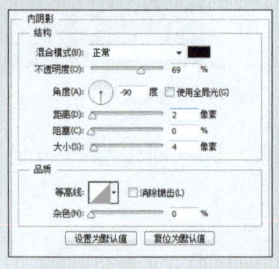
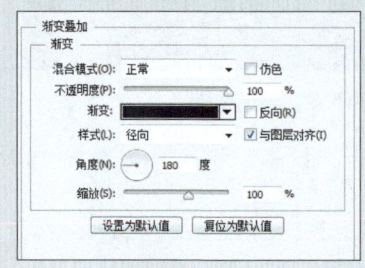
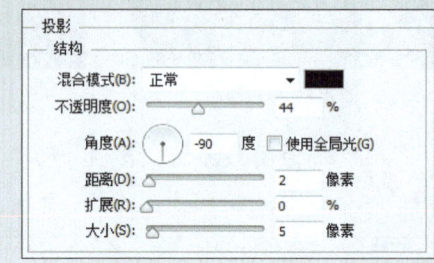

图 6-78 添加图层样式

38 执行确定操作后的图像效果如图 6-79 所示。

39 添加素材图片，如图 6-80 所示。

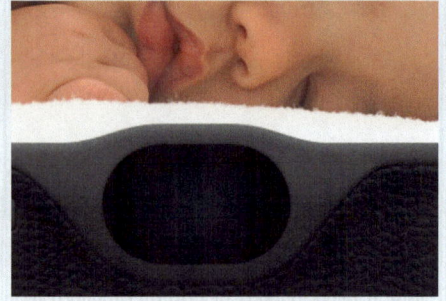
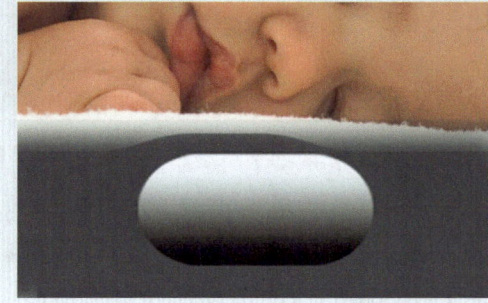

图 6-79 确定后的效果　　　　　　　　　图 6-80 添加素材图片

40 设置图层混合模式为"柔光"、不透明度为 55%，并添加蒙版，效果如图 6-81 所示。

41 绘制圆角矩形，设置填充为 0%，并为图层添加图层样式，如图 6-82 所示。

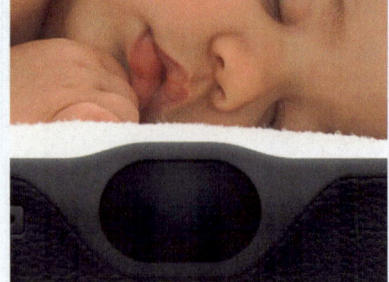
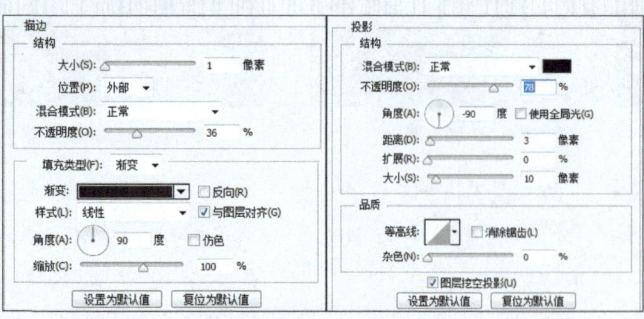

图 6-81 效果　　　　　　　　图 6-82 添加图层样式

42 执行确定操作后的图像效果如图 6-83 所示。

43 复制图层，修改图层样式，效果如图 6-84 所示。

44 绘制图形并添加图层样式，如图 6-85 所示。

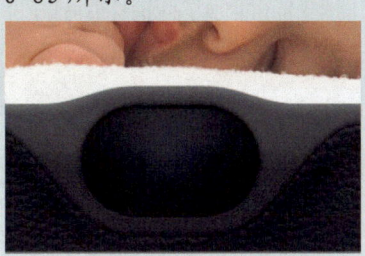
图 6-83 确定后的效果

图 6-84 复制图层并修改

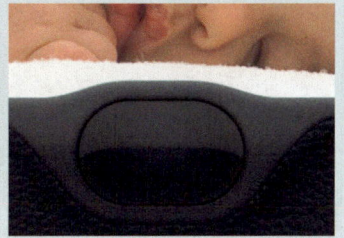
图 6-85 绘制图形并添加图层样式

45 用同样的方法绘制图形并添加"投影"样式，效果如图 6-86 所示。然后绘制图形，并添加图层样式，如图 6-87 所示。

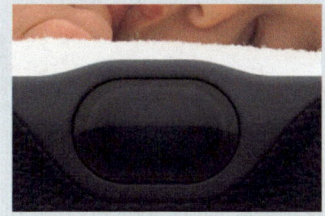
图 6-86 绘制并添加图层样式

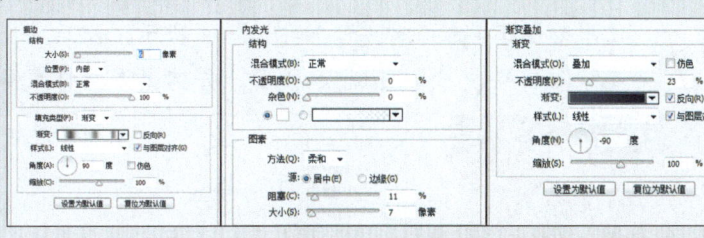
图 6-87 添加图层样式

46 设置图层混合模式为"排除"、填充为 0%，效果如图 6-88 所示。

47 绘制图层，设置图层混合模式为"亮光"、填充为 74%，如图 6-89 所示。

图 6-88 效果

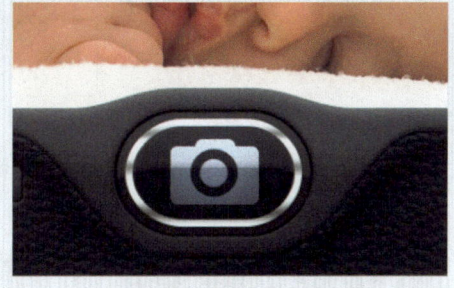
图 6-89 绘制图形

48 为图层添加"渐变叠加"和"投影"样式，如图 6-90 所示。执行确定操作后的图像效果如图 6-91 所示。

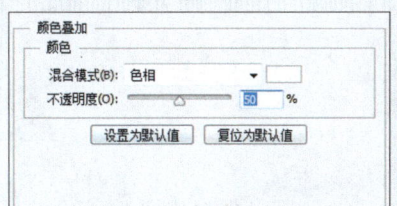
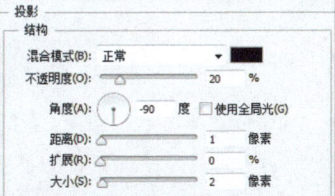
图 6-90 添加图层样式

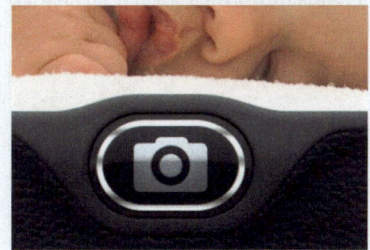
图 6-91 确定后的效果

49 用同样的方法在右侧绘制图形，如图 6-92 所示。

50 在中间绘制图形，并进行高斯模糊，如图 6-93 所示。

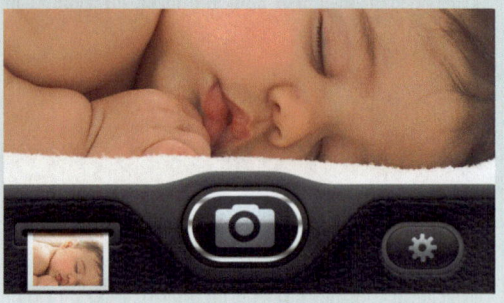

图 6-92 绘制图形

图 6-93 绘制图形并高斯模糊

51 使用绘图工具绘制线条，如图 6-94 所示。然后为图层添加"内发光"和"外发光"图层样式，如图 6-95 所示，并拷贝图层样式备用。

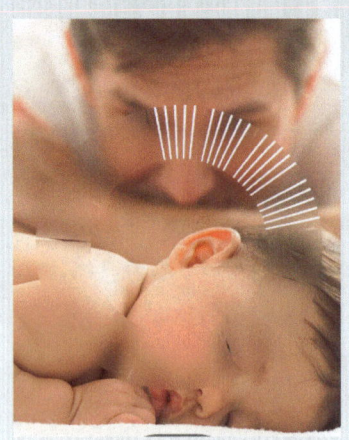

图 6-94 绘制线条

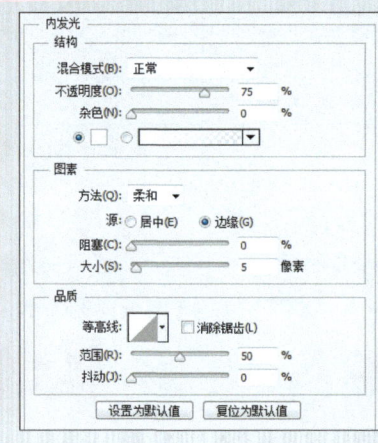

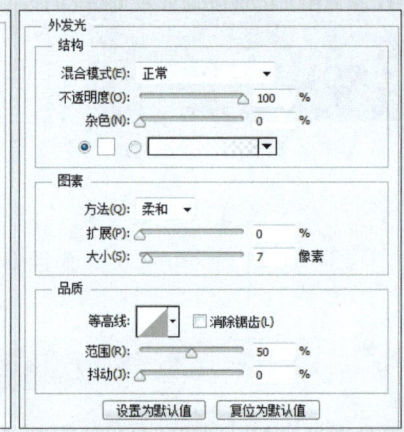

图 6-95 添加图层样式

52 继续绘制线条，如图 6-96 所示，设置不透明度为 5%，并粘贴图层样式，如图 6-97 所示。然后使用绘图工具绘制图形，如图 6-98 所示。

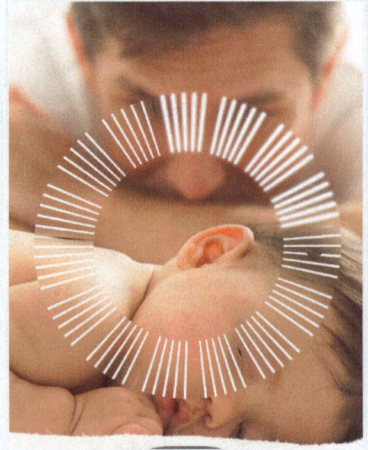

图 6-96 绘制线条

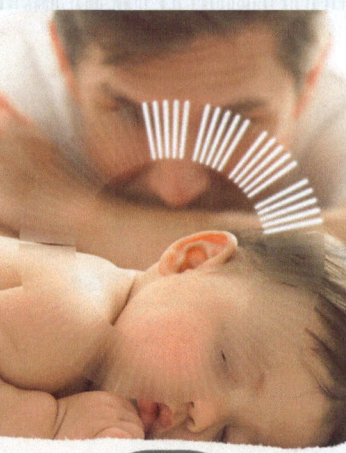

图 6-97 粘贴图层样式

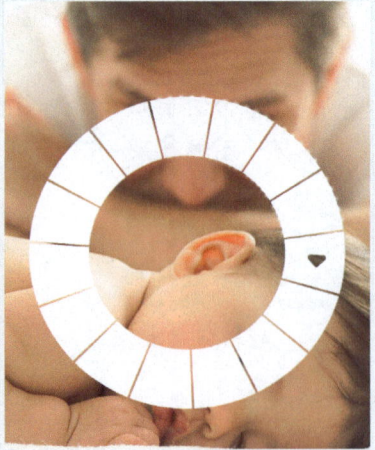

图 6-98 绘制图形

53 设置图层混合模式为"亮光"、填充为8%，效果如图6-99所示。然后为图层添加"内发光"样式，效果如图6-100所示。

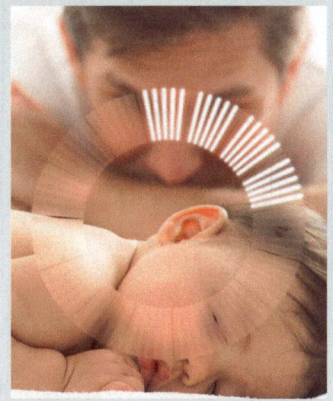
图6-99 设置混合模式与填充后的效果

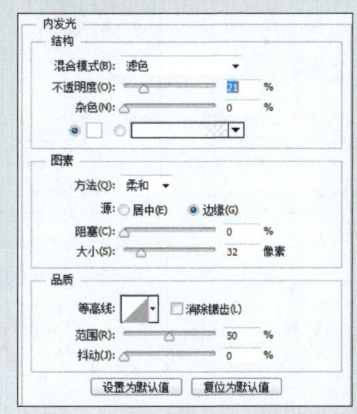
图6-100 添加"内发光"样式

54 添加多个图层，绘制效果如图6-101所示。然后使用绘图工具绘制图形，如图6-102所示。

55 添加图层蒙版，在蒙版上进行绘制，然后设置图层混合模式为"滤色"、不透明度为79%，如图6-103所示。

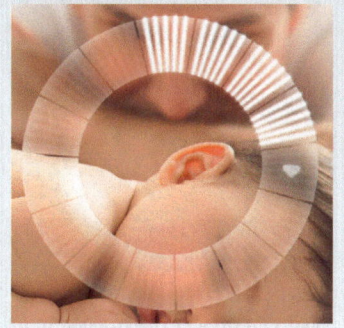
图6-101 绘制效果

图6-102 绘制图形

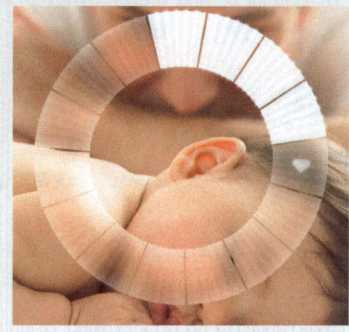
图6-103 效果

56 为图层添加"外发光"图层样式，如图6-104所示。执行确定操作后的效果如图6-105所示。

57 复制几个图层并分别修改图层的图层样式、混合模式、不透明度及填充，效果如图6-106所示。

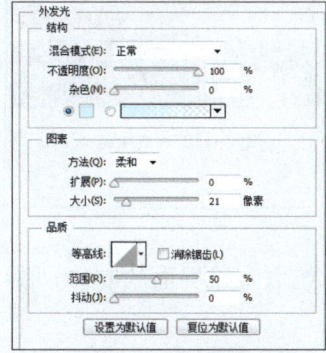
图6-104 添加图层样式

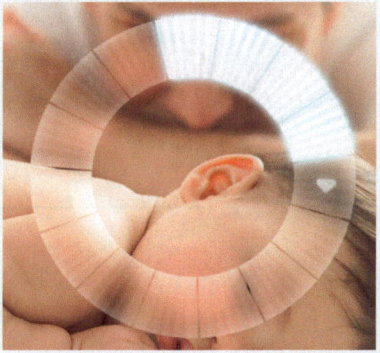
图6-105 确定后的效果

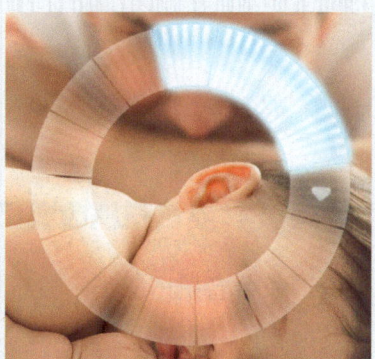
图6-106 复制并修改效果

58 绘制圆,设置填充为 64%,如图 6-107 所示。然后为图层添加"渐变叠加"、"图案叠加"和"外发光"图层样式,如图 6-108 所示。

图 6-107 绘制圆并修改填充效果

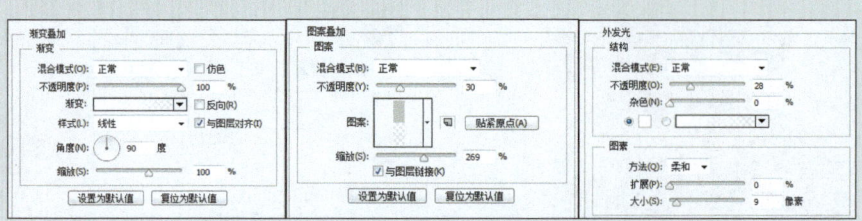

图 6-108 添加图层样式

59 执行确定操作后的效果如图 6-109 所示。

60 使用"横排文字工具"输入文字,如图 6-110 所示。

图 6-109 确定后的效果

图 6-110 输入文字

61 在上方绘制矩形并添加图层样式,效果如图 6-111 所示。

62 用前面介绍的方法绘制图形并设置效果,完成绘制,如图 6-112 所示。

图 6-111 绘制图形

图 6-112 完成绘制

6.2.2 手机系统收音机 APP 界面

手机收音机一般是手机系统中自带的 APP,下面介绍手机系统收音机界面的制作,图 6-113 所示为制作流程图。

   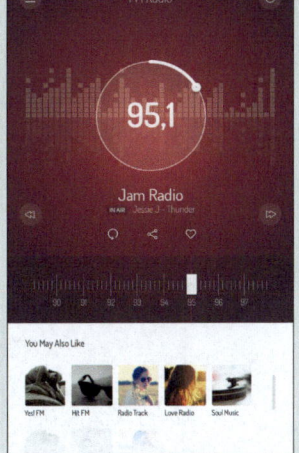

图 6-113 制作流程图

01 执行"文件"|"新建"命令,在打开的对话框中设置宽度和高度,如图 6-114 所示。然后使用"矩形工具"绘制矩形,如图 6-115 所示。

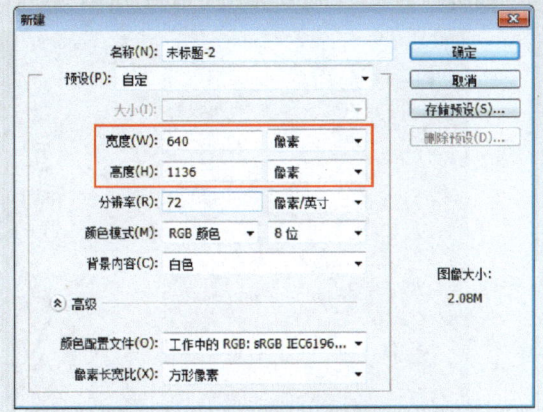 

图 6-114 新建文档　　　　　　　　　图 6-115 绘制矩形

02 为图层添加"渐变叠加"图层样式,然后单击渐变色,在打开的对话框中设置渐变色,如图 6-116 所示。单击"确定"按钮后,效果如图 6-117 所示。

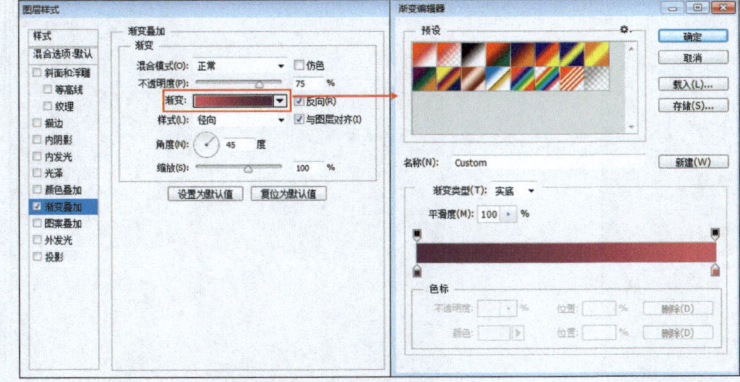 

图 6-116 添加"渐变叠加"图层样式　　　　　图 6-117 效果

257

03 使用绘图工具绘制图形，如图 6-118 所示。

图 6-118 绘制图形

04 复制图层，将其垂直翻转，并设置不透明度为 6%，如图 6-119 所示。

图 6-119 复制并修改不透明度

05 绘制图形并输入文字，如图 6-120 所示。然后使用"椭圆工具"绘制正圆，设置不透明度为 10%，并为图层添加"描边"样式，效果如图 6-121 所示。

图 6-120 绘制图形并输入文字

图 6-121 绘制圆并设置效果

06 使用"钢笔工具"绘制曲线，如图 6-122 所示。

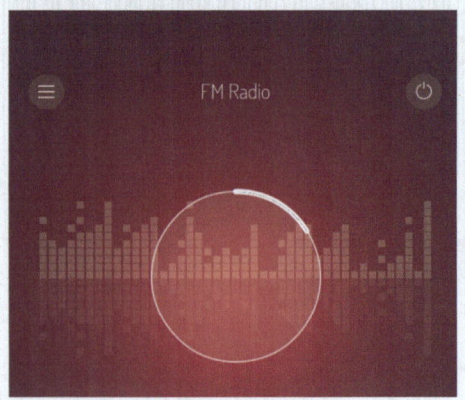

图 6-122 绘制曲线

07 使用"椭圆工具"绘制正圆，如图 6-123 所示。

图 6-123 绘制正圆

08 为图层添加"内阴影""渐变叠加"和"投影"样式,如图 6-124 所示。

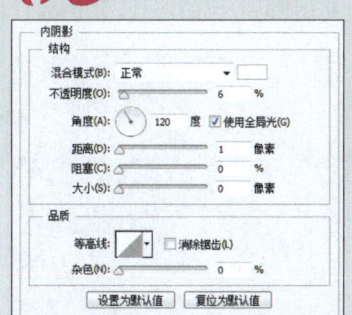 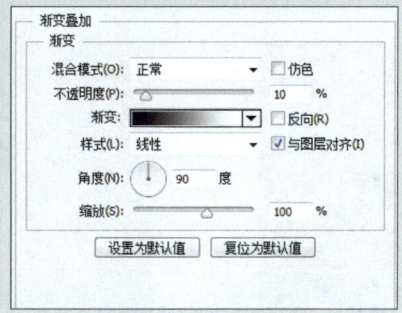 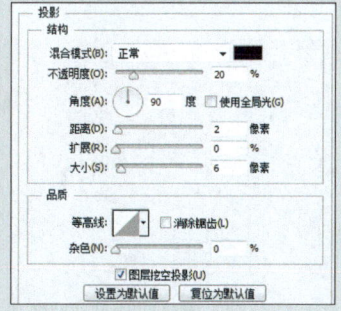

图 6-124 添加图层样式

09 在圆中间绘制一个填充颜色为 #4b3a48 的小圆,设置图层不透明度为 30%,效果如图 6-125 所示。然后使用"横排文字工具"输入文字,如图 6-126 所示。

图 6-125 绘制圆

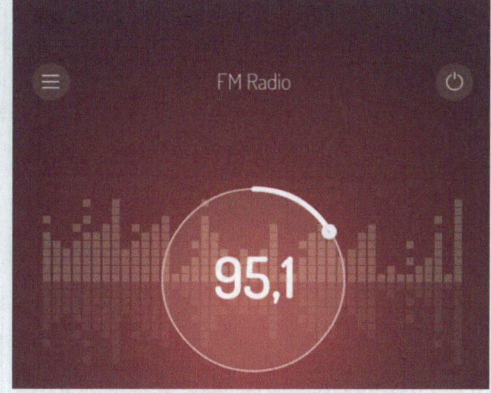

图 6-126 输入文字

10 绘制图形并输入文字,如图 6-127 所示。

11 继续绘制图形并输入文字,如图 6-128 所示。

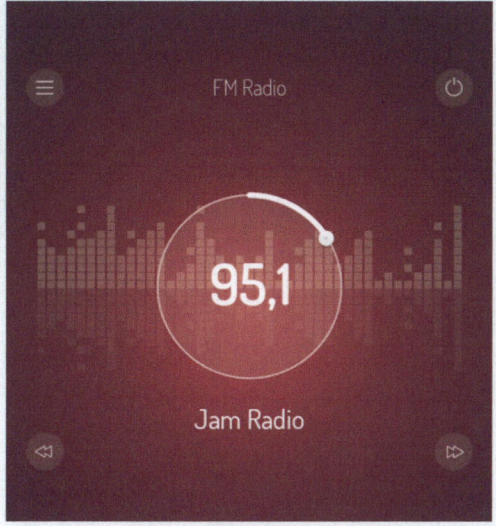

图 6-127 绘制图形并输入文字

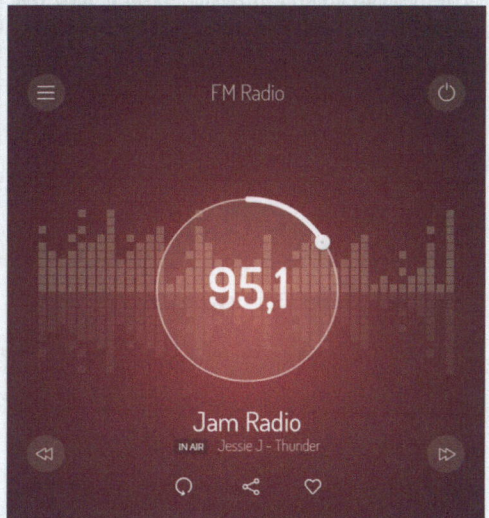

图 6-128 绘制图形并输入文字

12 绘制线段并输入文字，如图6-129所示。

13 使用"矩形工具"和"直线工具"绘制图形，如图6-130所示。

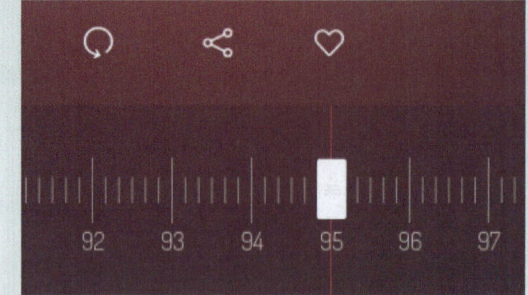

图6-129 输入文字

图6-130 绘制图形

14 为图层添加"内阴影""渐变叠加"和"投影"图层样式，如图6-131所示。

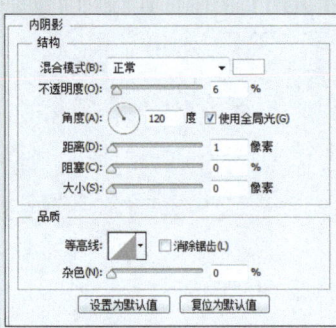 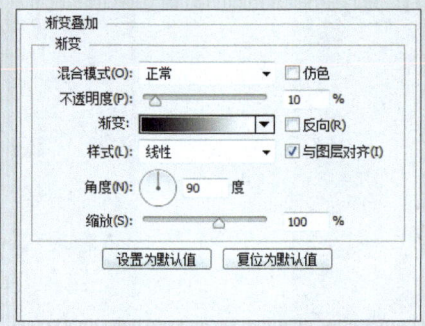 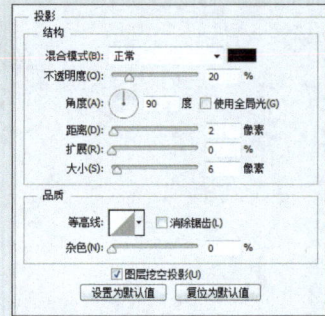

图6-131 添加图层样式

15 执行确定操作后的效果如图6-132所示。

16 添加图片并输入文字，如图6-133所示。

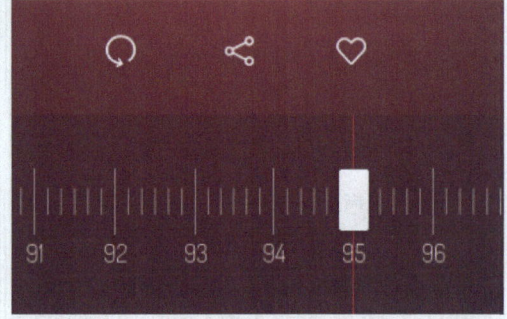

图6-132 确定后的效果

图6-133 添加图片并输入文字

17 绘制矩形并添加蒙版，在蒙版中拉出渐变色，效果如图6-134所示。

18 在最上方添加状态栏的文字与图片，如图6-135所示。

图 6-134 绘制矩形并设置蒙版效果　　　　　　　　图 6-135 添加状态栏

19 完成界面的绘制，然后用同样的方法绘制出子界面，如图 6-136 所示。

图 6-136 完成制作

6.2.3 天气预报 APP 界面

下面介绍天气 APP 应用界面的设计，图 6-137 所示为制作流程图。

图 6-137 制作流程图

01 使用"矩形工具"绘制矩形，如图6-138所示。

02 为图层添加"渐变叠加"图层样式，如图6-139所示。

03 单击"确定"按钮后的图像效果如图6-140所示。

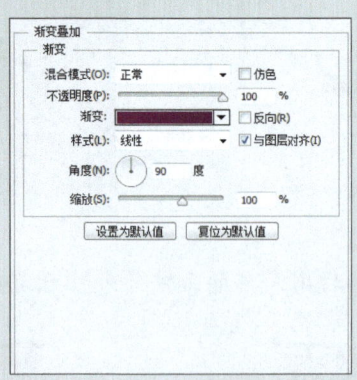

图6-138 绘制矩形　　　　图6-139 添加图层样式　　　　图6-140 确定效果

04 使用绘图工具绘制图形，并使用"横排文字工具"输入文字，如图6-141所示。

05 继续使用绘图工具绘制图形并输入文字，如图6-142所示。

图6-141 绘制图形并输入文字　　　　图6-142 绘制图形并输入文字

06 绘制天气图形并输入文字，如图6-143所示。

07 继续在下方绘制图形并输入文字，如图6-144所示。

图6-143 绘制图形并输入文字　　　　图6-144 绘制图形并输入文字

08 在界面两侧继续输入文字并绘制圆角矩形,如图 6-145 所示。

09 添加蒙版,在蒙版中绘制渐变效果,如图 6-146 所示。

图 6-145 输入文字并绘制圆角矩形

图 6-146 绘制蒙版

10 绘制矩形,并设置不透明度为 7%,然后复制多个,如图 6-147 所示。

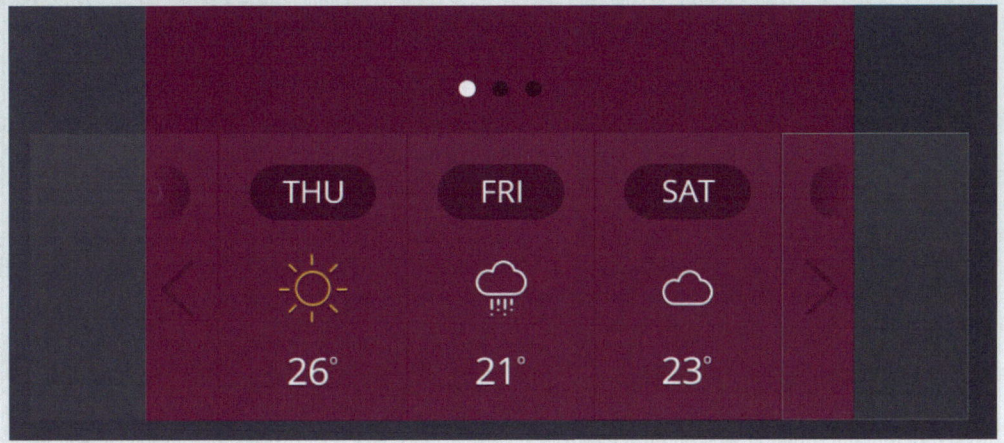

图 6-147 绘制矩形并复制多个

11 用同样的方法为左、右边缘的图形添加蒙版,制作渐变效果,如图 6-148 所示。

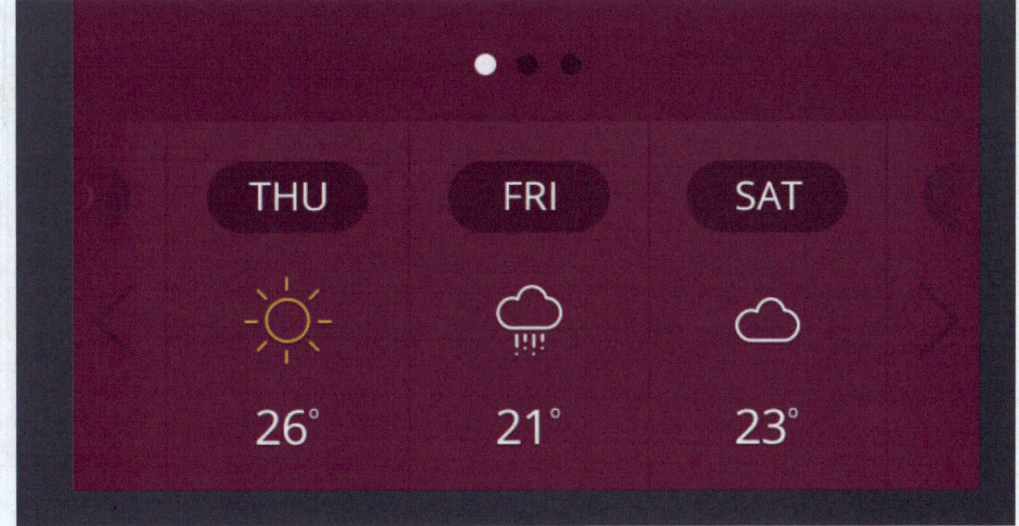

图 6-148 添加蒙版效果

12 使用"圆角矩形工具"绘制圆角矩形,如图 6-149 所示。然后设置图层填充为 0%,并为图层添加"斜面和浮雕""外发光"和"投影"图层样式,如图 6-150 所示。

图 6-149 绘制圆角矩形

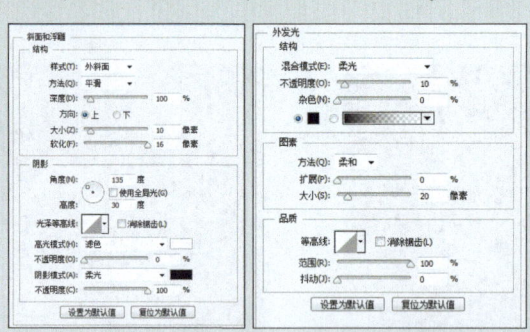

图 6-150 添加图层样式

13 复制图层,清除图层样式,然后双击缩略图层,修改填充色为渐变填充,如图 6-151 所示。

14 填充效果如图 6-152 所示。

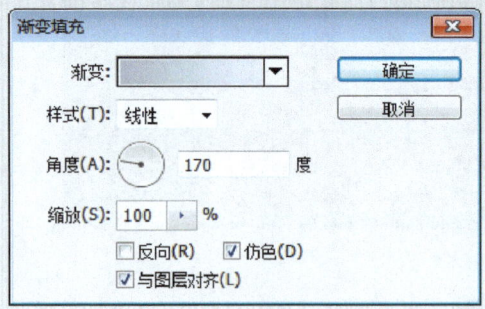

图 6-151 渐变填充

图 6-152 填充效果

15 绘制图形,如图 6-153 所示。

16 设置图层混合模式为"柔光"、不透明度 60%,效果如图 6-154 所示。

图 6-153 绘制图形

图 6-154 效果

17 继续绘制图形，如图6-155所示。

18 设置图层混合模式为"滤色"、不透明度为3%，然后添加图层蒙版，在蒙版中填充渐变，效果如图6-156所示。

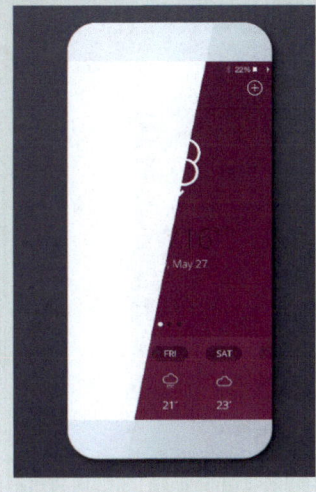

图6-155 绘制图形　　　　图6-156 修改图层后的效果

19 使用绘图工具在手机底部绘制图形，如图6-157所示。

20 在上方绘制圆角矩形，并设置填充颜色为渐变色，如图6-158所示。

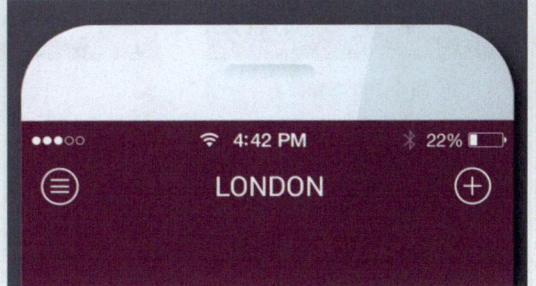

图6-157 绘制图形　　　　图6-158 绘制圆角矩形

21 为图层添加"斜面和浮雕"样式，然后单击"光泽等高线"选项右侧的三角按钮，如图6-159所示。

22 在展开的列表中选择"锥形-反转"选项，如图6-160所示。

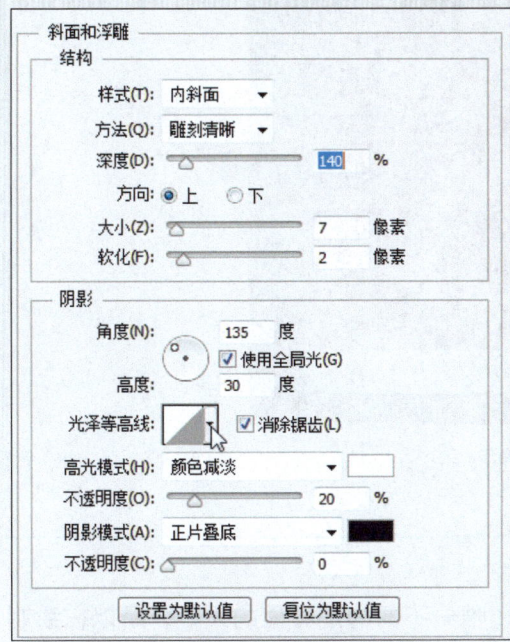

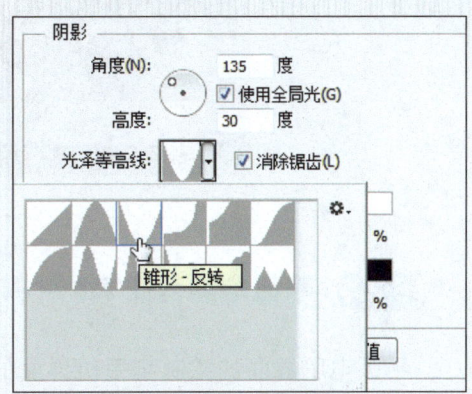

图6-159 单击按钮　　　　图6-160 选择"锥形-反转"选项

23 执行确定操作后的图像效果如图 6-161 所示。

24 使用"圆角矩形工具"绘制圆角矩形，如图 6-162 所示。

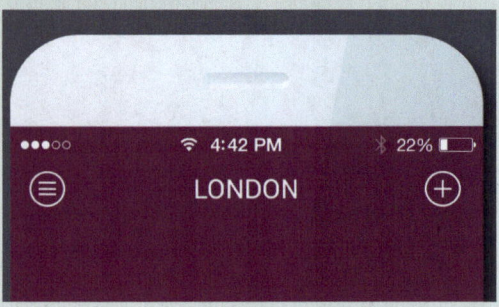

图 6-161 确定后的图像效果

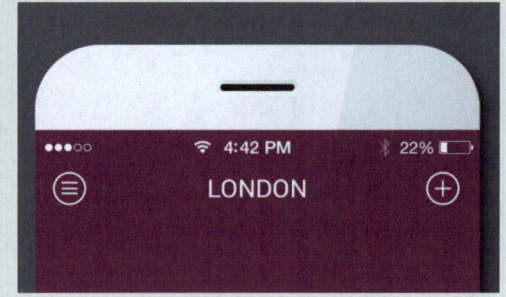

图 6-162 绘制圆角矩形

25 绘制三个同心圆，分别修改颜色，并为第二个圆的添加"内发光"图层样式，如图 6-163 所示。然后使用"直线工具"在手机屏幕上、下边缘绘制直线，如图 6-164 所示。

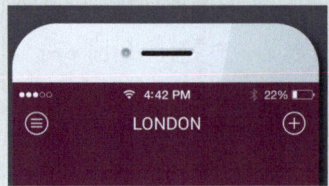

图 6-163 绘制圆

图 6-164 绘制直线

26 设置图层混合模式为"柔光"、填充为 15%，完成制作，用户还可以制作其导航界面，如图 6-165 所示。

图 6-165 完成制作

6.2.4 平板电脑音乐 APP 界面

平板电脑界面的绘制与手机界面的绘制相同，唯一不同的是界面的大小，所以在绘制前需要确定尺寸。下面介绍平板电脑音乐 APP 界面的设计，图 6-166 所示为制作流程图。

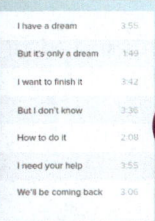

图 6-166 制作流程图

01 使用"矩形工具"绘制矩形，如图 6-167 所示。

02 继续使用"矩形工具"绘制矩形，如图 6-168 所示。

图 6-167 绘制矩形

图 6-168 绘制矩形

03 绘制圆角矩形，并添加素材，然后创建剪贴蒙版，如图 6-169 所示。

04 使用"横排文字工具"输入文字，如图 6-170 所示。

图 6-169 添加素材

图 6-170 输入文字

05 使用"矩形工具"在右侧绘制矩形条，如图 6-171 所示。

06 使用"横排文字工具"输入文字，如图 6-172 所示。

图 6-171 绘制矩形条

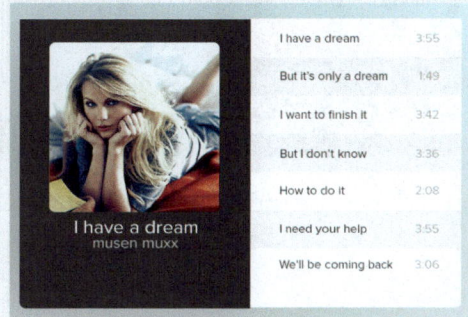

图 6-172 输入文字

07 绘制圆角矩形，如图6-173所示。

08 绘制矩形，设置填充为30%，并添加"渐变叠加"图层样式，如图6-174所示。

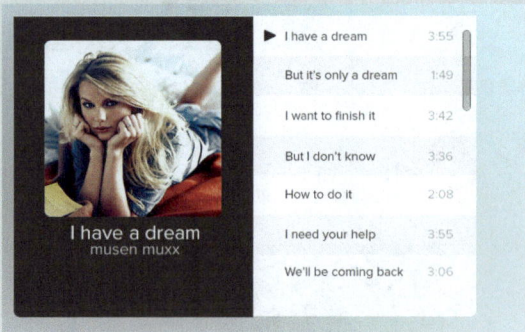

图6-173 绘制图形

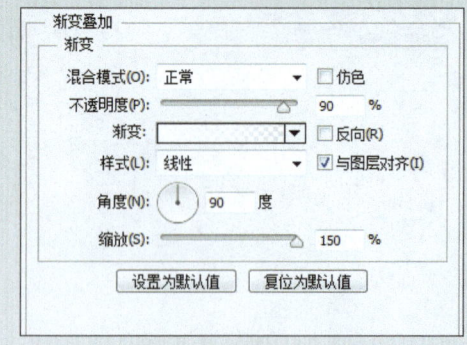

图6-174 添加"渐变叠加"图层样式

09 单击"确定"按钮后的图像效果如图6-175所示。

10 使用"圆角矩形工具"绘制圆角矩形，如图6-176所示。

图6-175 确定后的效果

图6-176 绘制圆角矩形

11 使用绘图工具绘制播放控件，如图6-177所示。

12 使用"圆角矩形工具"在上方绘制圆角矩形，如图6-178所示。

图6-177 绘制播放控件

图6-178 绘制圆角矩形

13 使用"横排文字工具"输入文字,并绘制三个圆,完成效果如图 6-179 所示。

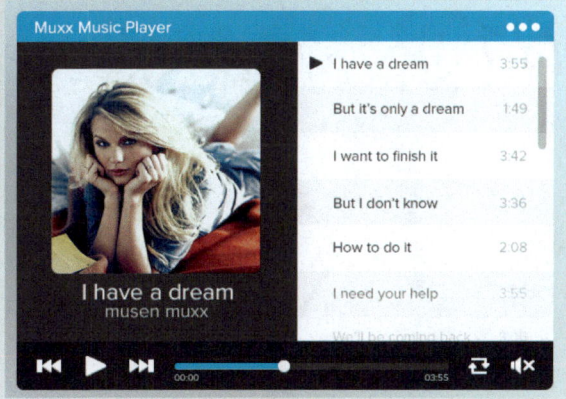

图 6-179 完成效果

6.2.5 手机主题 APP 界面

手机可以改变主题,使界面变得多样化,锁屏界面、主界面都会随之改变。主题一般以一个风格进行图标、按钮、文字的设计。本节绘制的手机主题界面如图 6-180 所示。

图 6-180 手机主题界面

1. 锁屏界面设计

下面介绍锁屏界面的制作,图 6-181 所示为制作流程图。

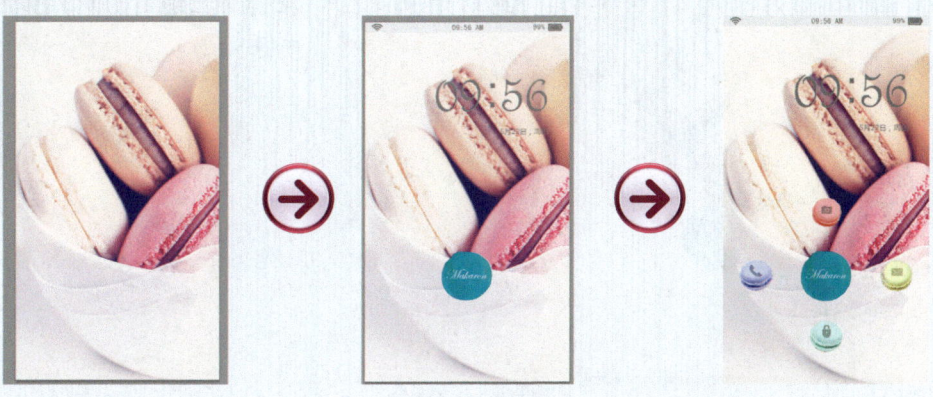

图 6-181 制作流程图

01 新建空白文档,将素材拖入文档中作为背景,如图 6-182 所示。

02 在上方绘制矩形为状态栏,并绘制图标、输入文字,如图 6-183 所示。

图 6-182 添加素材

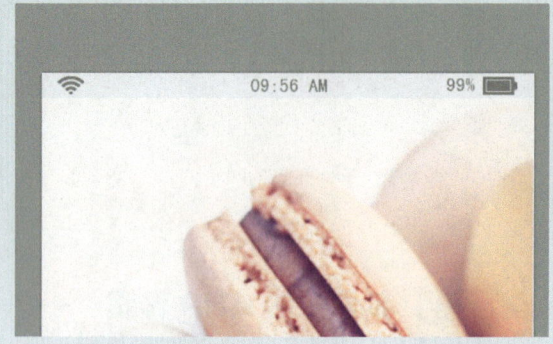

图 6-183 绘制状态栏

03 使用"横排文字工具"输入文字,如图 6-184 所示。

04 添加素材图片,如图 6-185 所示。

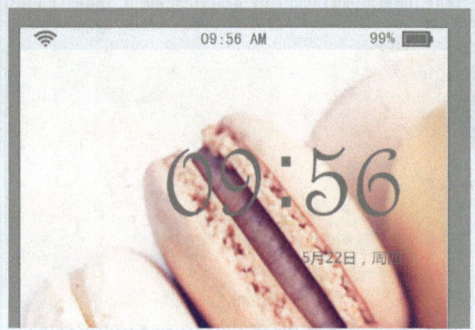

图 6-184 输入文字

图 6-185 添加素材图片

05 继续添加素材图片,如图 6-186 所示。

06 在素材上绘制图形,如图 6-187 所示。

图 6-186 添加素材图片

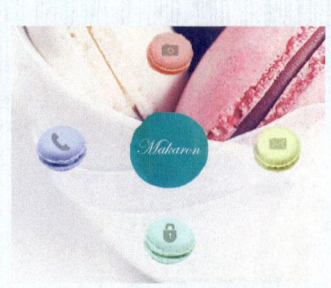

图 6-187 绘制图形

07 为第一个图层添加"内阴影"图层样式，如图 6-188 所示。

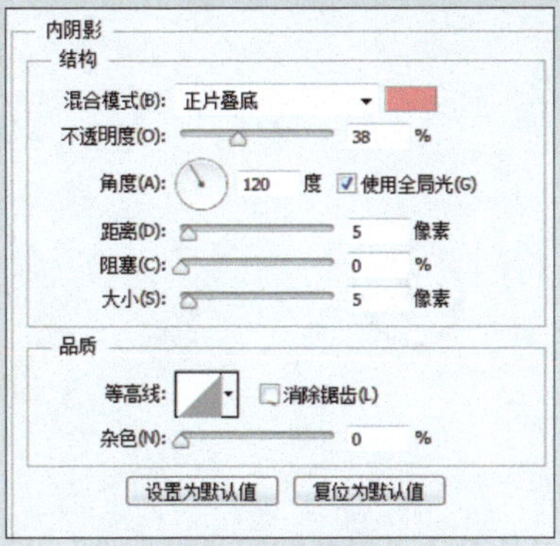

08 执行确定操作后的图像效果如图 6-189 所示。

图 6-188 添加图层样式

图 6-189 图像效果

09 拷贝图层样式到其他三个图层，并分别修改里面的颜色，如图 6-190 所示。

10 绘制三个圆，如图 6-191 所示。

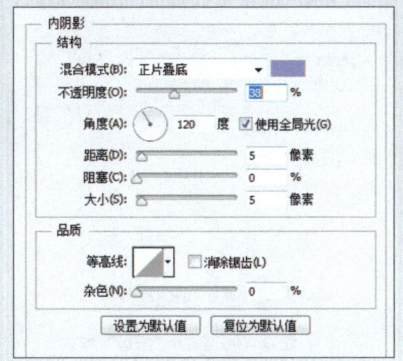

图 6-190 修改颜色

图 6-191 绘制圆

11 分别设置三个图层的不透明度为 85%、70%、50%，将三个图层放置在一个组中，设置组的不透明度为 60%。然后复制三个，并改变位置与方向，如图 6-192 所示。

12 完成锁屏界面的绘制，如图 6-193 所示。

图 6-192 复制效果

图 6-193 完成绘制

2. 图标设计

在绘制主界面前需要设计出图标样式，图 6-194 所示为制作流程图。

图 6-194 制作流程图

01 使用绘图工具绘制图形，如图 6-195 所示。

02 为图层添加"描边"样式，如图 6-196 所示。

图 6-195 绘制图形

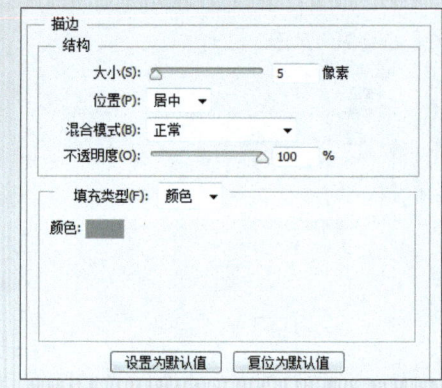

图 6-196 添加"描边"样式

03 执行确定操作后的图像效果如图 6-197 所示。继续绘制图形，如图 6-198 所示。然后用同样的方法绘制图形，效果如图 6-199 所示。

图 6-197 确定后的效果

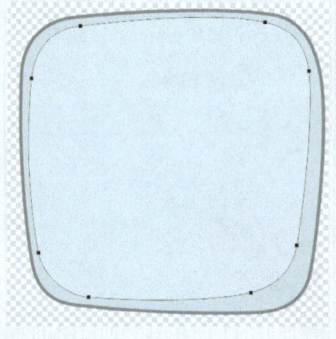

图 6-198 继续绘制图形

图 6-199 绘制效果

04 继续使用绘图工具绘制图形，如图 6-200 所示。

05 为图形绘制高光效果，即完成一个图标的绘制，如图 6-201 所示。

图 6-200 绘制图形

图 6-201 完成图标的绘制

06 用同样的方法绘制其他图标，如图 6-202 所示。

07 在"图层"面板中将不同的图标放置在相应组中，如图 6-203 所示。

图 6-202 绘制其他图标

图 6-203 放置在组中

③. **主界面设计**

下面介绍主界面的绘制，在绘制主界面前可以对主页的天气插件进行单独绘制，这里是放置在一起绘制的。图 6-204 所示为绘制流程图。

图 6-204 绘制流程图

01 打开锁屏界面,将其另存为"主界面设计",然后将其他图层删除,如图6-205所示。

02 使用"圆角矩形工具"绘制圆角矩形,如图6-206所示。

图 6-205 删除图层后　　　　图 6-206 绘制圆角矩形

03 修改不透明度为60%,然后双击进入"图层样式"对话框,添加"斜面和浮雕""内发光""外发光"和"投影"样式,如图6-207所示。

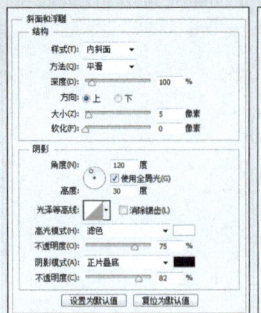
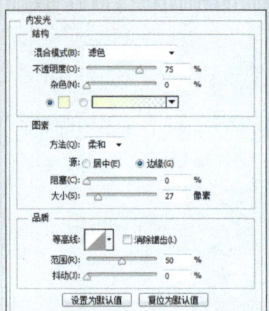
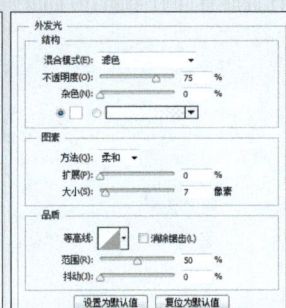
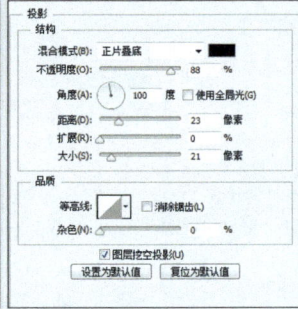

图 6-207 添加图层样式

04 执行确定操作后的图像效果如图6-208所示。

05 新建图层,绘制高光,如图6-209所示。

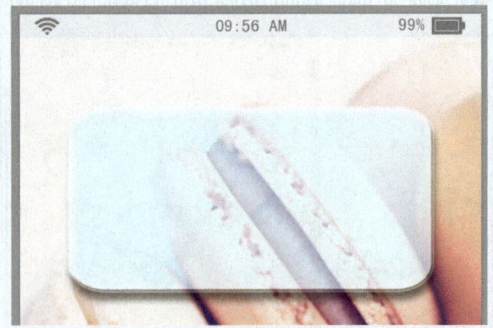
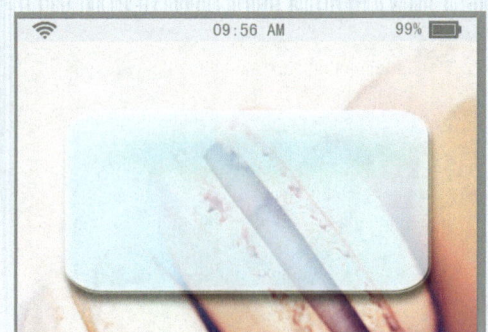

图 6-208 确定后的图像效果　　　　图 6-209 绘制高光

06 使用"横排文字工具"输入文字,并绘制图形,如图6-210所示。

07 使用"椭圆工具"在下方绘制几个圆点,如图6-211所示。

图 6-210 输入文字并绘制图形

图 6-211 绘制圆点

08 将前面绘制的图标拖入到界面最下方，即完成了主界面的绘制，如图 6-212 所示。

09 保存后可以制作第二个界面效果，将图标拖入后进行对齐排列即可，如图 6-213 所示。

图 6-212 完成绘制

图 6-213 第二个界面效果

6.3 APP UI 设计师心得

6.3.1 APP 界面切图命名和文件整理规范

切图命名的英文缩写的三个原则如下。

- 较短的单词可通过去掉"元音"形成缩写。
- 较长的单词可取单词的头几个字母形成缩写。
- 此外还有一些约定成俗的英文单词缩写。

iOS 系统 APP 界面设计的切图命名规范如图 6-214 所示。

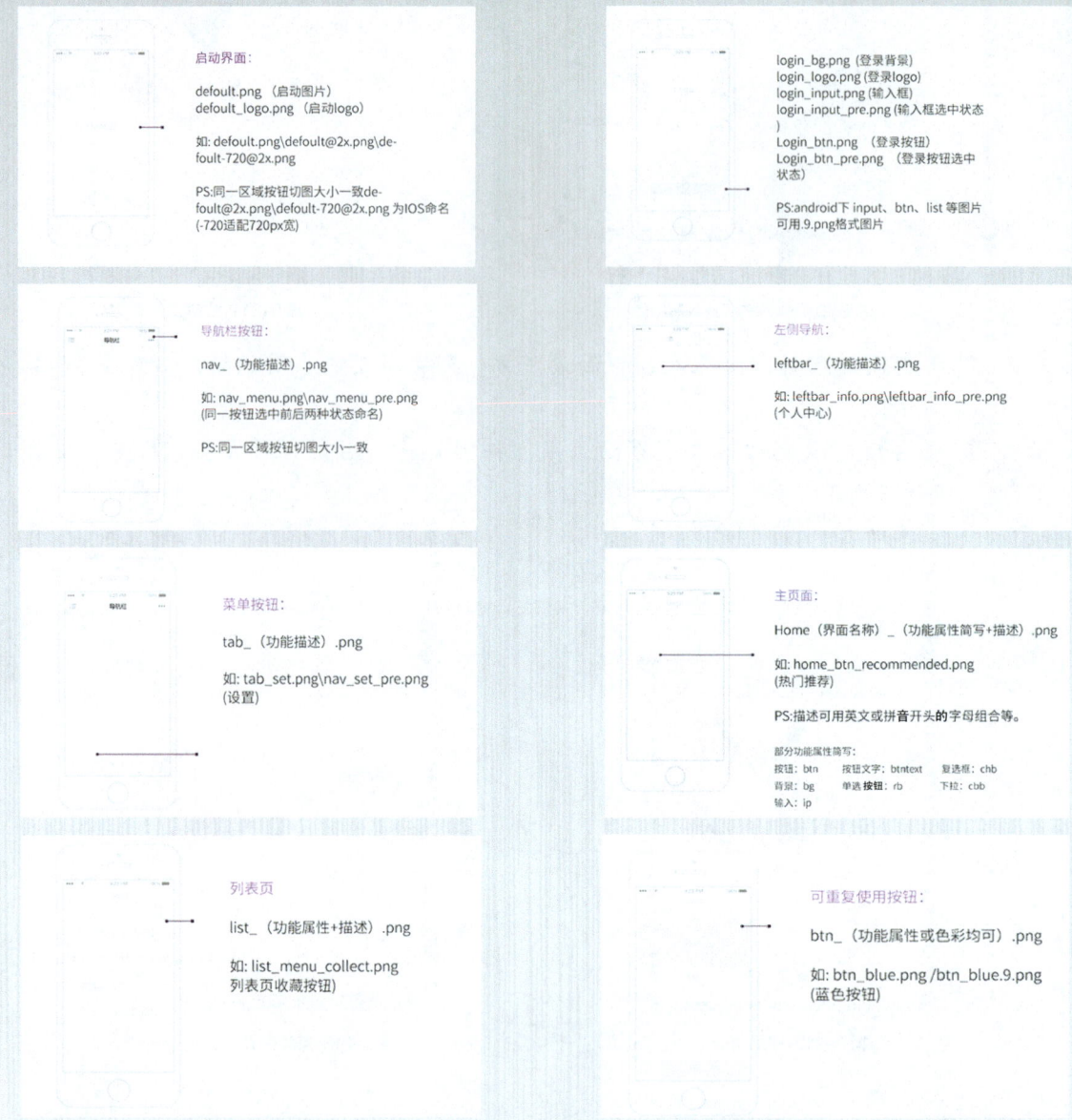

图 6-214 iOS 系统 APP 界面设计的切图命名规范

6.3.2 APP 设计师必知的用户体验十大原则

1. 流程图是一切工作的基础

即便是一个简单的 APP 也要有一个思虑周全的流程图,以确保它有合乎逻辑的、合理的导航结构。另一点就是要确保核心功能所在的屏幕位于上层,而不是被埋没在多层导航元素之下。

2. 设计师要明确把握自己的分工

设计师创建的每一个细节都要经过开发者才能变得活灵活现，花几个小时和花几天时间所做出的设计更改对 APP 功能的影响是截然不同的。

3. 避免使用位图和低分辨率的图片

一般而言，设计首先是为视网膜显示屏、高分辨率的显示屏设计，然后按比例缩减。更好的做法是使用矢量图形进行设计，而不是使用位图或者栅格图像。

4. 点击区域设置要合理

大多数用户的食指宽 1.6~2 cm(44~58 px)。在设计时要考虑到手指的宽度，而且用户在快速移动手指的时候很难准确地点击小片屏幕。在屏幕上加大量的按钮和功能很容易，但按钮一定要足够大，间隔也要足够大，否则用户容易误点。

5. 介绍动画的设计要精细

如果打算使用介绍动画，那么要让动画时间尽可能短，让设计尽可能精细以及足够吸引人，值得用户花费时间等待。在 APP 加载过程中会先展现图片，再过渡至动画，要确保这个过渡是平滑的、贴切自然的。

6. 给用户一个加载提示设计

APP 加载时间过长很容易让用户以为出现了什么故障，也会带来糟糕的用户体验。在 APP 加载的时候不要让用户看到空白的屏幕，使用加载指示条或者小动画让用户知道 APP 处于正常运行当中，如果能加入一个加载进度指示条就更好了。

7. 不同的操作系统要有不同的设计

不同的移动操作系统（如 iOS、Android 和 WPh7) 有迥异的审美观，开发者需要认真学习各操作系统的人机界面指南，做好不同版本 APP 的移植工作，不要让用户迷茫和不适应。

8. 在高密度像素屏幕上禁止填充过多的信息或 UI 组件

充塞了很多信息或者 UI 组件的界面会显得非常杂乱，并且难以有效导航，更会影响界面上主要功能的展现。

9. 可用性测试的必要性

可用性测试是必须的，不管 APP 看起来多么好，都要找值得信任的人（或者有经验的设计师）进行小范围封闭测试，在公开发布之前更新一下界面。另一个简单易行地获得用户反馈的方法是在分类网站张贴广告招募合适的人进行焦点小组测试。

10. 不要忘记手势功能，但不要滥用

不要忘记手势功能但也不能滥用，通常要避免通过使用手势功能进入菜单。

本书是一本专门介绍使用 Photoshop 设计制作 APP 元素的图书。全书分为 6 章，每章都包含丰富的 APP 设计知识和设计制作过程的详细讲解，包括 APP UI 元素设计基础、APP 图标设计、APP 按钮设计、APP 导航设计、APP 其他界面元素设计和 APP 整体框架界面设计，通过案例逐一讲解，使读者由浅及深逐步地了解使用 Photoshop 进行 APP 设计的整体设计思路和制作过程。

本书将 APP UI 元素设计的相关理论与实例操作相结合，不仅能使读者学到专业知识，也能在实例操作中掌握实际应用，从而全面掌握 APP UI 的元素设计方法。本书适合广大 APP UI 设计师想从事或转型为 APP UI 设计师的相关人员，大中专相关专业院校师生，以及广大平面设计爱好者，希望通过对本书的深入学习，可以让广大读者的设计水平更上一层楼。

图书在版编目（CIP）数据

更赞的 UI：Photoshop 创意 APP 元素设计从入门到精通 / 贾冬青，刘振名编著. —北京：机械工业出版社，2016.4（2024.2 重印）

ISBN 978-7-111-53301-6

Ⅰ.①更… Ⅱ.①贾… ②刘… Ⅲ.①移动电话机-人机界面-程序设计②图象处理软件 Ⅳ.①TN929.53②TP391.41

中国版本图书馆 CIP 数据核字（2016）第 060394 号

机械工业出版社（北京市百万庄大街 22 号　邮政编码 100037）
策划编辑：丁　伦　　责任编辑：丁　伦
责任校对：张艳霞　　责任印制：刘　媛
涿州市般润文化传播有限公司印刷
2024 年 2 月第 1 版·第 2 次印刷
185mm×260mm·18 印张·446 千字
标准书号：ISBN 978-7-111-53301-6
　　　　　ISBN 978-7-89386-007-2（光盘）
定价：89.90 元（附赠 1DVD，含教学视频）

电话服务　　　　　　　　　网络服务
客服电话：010-88361066　　机　工　官　网：www.cmpbook.com
　　　　　010-88379833　　机　工　官　博：weibo.com/cmp1952
　　　　　010-68326294　　金　书　　　网：www.golden-book.com
封底无防伪标均为盗版　　　机工教育服务网：www.cmpedu.com